茄果类蔬菜病虫害
快速鉴别与防治妙招

王天元　王昭新　张蕊　编

化学工业出版社

·北京·

内容简介

本书以图文并茂的方式详细介绍了各种茄果类蔬菜的病虫害症状、快速鉴别方法、病原（病因）及发病规律、虫害生活习性及发生规律、虫害形态特征及病虫害的综合防治方法（生产中的防治妙招）。全书内容详细、科学实用，含有大量彩色高清图片，非常直观，同时文字简练、通俗易懂，非常贴合基层读者。

本书是广大蔬菜专业种植户、蔬菜企业技术人员、农业技术推广人员、植保工作人员的良好参考读物，同时也可供农林院校蔬菜园艺及相关专业师生参考阅读。

图书在版编目（CIP）数据

茄果类蔬菜病虫害快速鉴别与防治妙招/王天元，王昭新，张蕊编 . —北京：化学工业出版社，2024.8

ISBN 978-7-122-45730-1

Ⅰ.①茄… Ⅱ.①王… ②王… ③张… Ⅲ.①茄果类-病虫害防治 Ⅳ.①S436.41

中国国家版本馆CIP数据核字（2024）第107645号

责任编辑：邵桂林　　　　　文字编辑：李玲子　药欣荣　陈小滔
责任校对：边　涛　　　　　装帧设计：韩　飞

出版发行：化学工业出版社
　　　　　（北京市东城区青年湖南街13号　邮政编码100011）
印　　装：北京缤索印刷有限公司
850mm×1168mm　1/32　印张9½　字数263千字
2024年9月北京第1版第1次印刷

购书咨询：010-64518888　　　售后服务：010-64518899
网　　址：http://www.cip.com.cn
凡购买本书，如有缺损质量问题，本社销售中心负责调换。

定　　价：59.80元　　　　　　　　版权所有　违者必究

蔬菜生产是农业生产的重要组成部分。由于种植蔬菜效益比较高，市场需求旺盛，因此种植规模持续扩大。蔬菜发生病虫害是不可避免的，病虫害防治是蔬菜生产的重要保障。只有正确识别、了解病虫害的发生规律、传播途径，才能做到对症下药，进行及时的预防和控制。蔬菜生长周期短，安全生产问题日益受到重视和关注。在病虫害防治上，过去由于长期单一依赖化学药剂防治，病虫害产生耐药性，天敌数量严重减少或灭绝，造成农药残留污染超标。既要减少化学药剂的污染，同时又能保证蔬菜丰产、稳产、高效，已成为蔬菜生产的重要举措。正确合理使用低毒、低残留、无公害农药，按照科学的使用方法，科学有效地防治蔬菜病虫害。充分利用整个农业的生态系统，应用综合防治方法，采取可持续治理策略，安全、经济、有效地控制病虫危害发生，减少生产损失，提高蔬菜产品质量。

为了适应蔬菜生产的需求，我们结合各地蔬菜生产及实践经验编写了这本书。书中紧密围绕无公害蔬菜生产需求，针对蔬菜生产上可能遇到的主要病虫害，包括不断出现的新病虫害，为了使读者准确快速鉴别病虫害，做到有效防治，本书采用图文并茂的方式重点介绍了番茄、茄子和辣椒病虫害症状、快速鉴别、病原及发病规律、虫害形态特征、虫害生活习性及发生规律及病虫害的综合防治方法。本书贴近农业生产、贴近农村生活、贴近菜农需要，设计了"提示"和"注意"等小栏目，以引起读者的关注。本书力求体现科学性、实用性和可操作性，可作为广大蔬菜生产者、各地家庭农场、蔬菜基地、农家书屋、农业技术服务部门的学习和参考图书，也可供基层农业技术人员和农业院校相关专业师生阅读学习参考。希望本书能成为指导现代蔬菜生产、帮助农民朋友脱贫致富的好帮手。

本书在编写过程中得到了有关专家和社会上的大力支持与帮助，参阅了相关书刊，引用了一些蔬菜专家的文献资料和图片，在此对相关单位和个人表示衷心的感谢！

尽管从主观上力图将理论与实践、经验与创新、当前与长远充分结合起来写好此书，但由于编者水平有限，加之编写时间仓促，疏漏之处在所难免，敬请广大读者批评指正，希望提出宝贵意见，以便修改和完善。

编　者

2024 年 7 月

目录

第一章　番茄病虫害快速鉴别与防治 / 1

第一节　番茄主要传染性病害快速鉴别与防治 / 1

第三章　辣椒病虫害快速鉴别与防治 / 204

第一节　辣椒主要传染性病害快速鉴别与防治 / 204

第二节　辣椒主要生理性病害快速鉴别与防治 / 253

第三节　辣椒主要虫害快速鉴别与防治 / 272

参考文献 / 293

番茄病虫害快速鉴别与防治

第一节　番茄主要传染性病害快速鉴别与防治

一、番茄灰霉病

1. 症状及快速鉴别

番茄灰霉病可为害果实、叶片、幼茎及花等部位，主要侵害果实，以青果发病较重。

（1）果实　初期病部果皮呈灰白色水浸状软腐。而后在果面、花萼及果柄表面出现一层大量灰绿或灰褐色霉层，呈水腐状。后期病果上可出现黑色菌核，失水僵化。为害青果时头穗果受害最重、最多（图1-1～图1-4）。

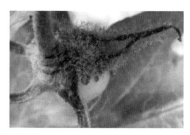

图1-1　残留花托染病

图1-2　灰白色水浸状软腐

图1-3　后期出现霉层

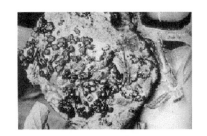

图1-4　病果黑色菌核

（2）叶片　从叶片尖端开始发病，由边缘向里沿支脉间呈"V"字形向内扩展。初呈水浸状，后展开呈黄褐色，边缘不规则，叶斑上有明暗深浅相间的轮纹，病、健组织分界明显，表面有少量灰白色霉层。叶片最后枯死（图1-5～图1-9）。

（3）茎　多在分枝处或基部为害。初呈水浸状小点，后扩展为长圆形或不规则形浅褐色大斑。湿度大时病斑表面有灰色霉层，即病菌分生孢子及分生孢子梗。严重时绕茎一周病枝折断。病部以上茎叶枯死，导致枯萎病（图1-10～图1-14）。

图1-5　叶片尖端开始发病

图1-6　沿支脉间呈"V"形病斑

图1-7　叶斑深浅相间的轮纹

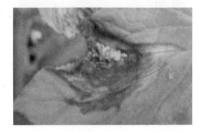

图1-8　表面生有少量灰白色霉层

(a)   (b)

图1-9　叶片枯死

(a)   (b)

图1-10　多在分枝处发病

图1-11　水浸状小点

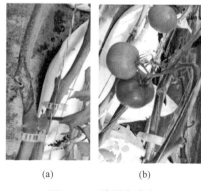

(a)   (b)

图1-12　浅褐色大斑

图1-13　灰色霉层

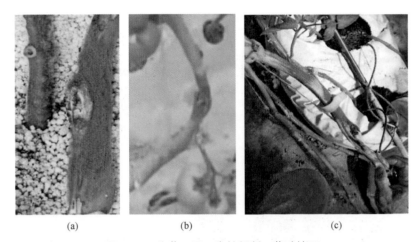

(a)　　　　　　　　　(b)　　　　　　　　　(c)

图1-14　绕茎一周，病枝折断，茎叶枯死

（4）花　残留的柱头或花瓣多先被侵染，花及花托枯萎（图1-15）。

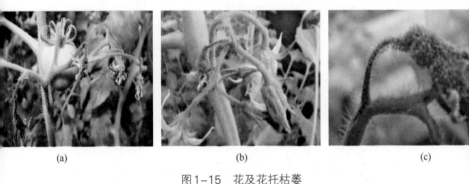

(a)　　　　　　　　　(b)　　　　　　　　　(c)

图1-15　花及花托枯萎

提示　当番茄果实出现水浸状软腐，密生灰色霉层，烂果多，失水僵化，即可诊断为灰霉病（图1-16）。

2. 病原及发生规律

病原为灰葡萄孢菌，属半知菌亚门真菌。

病菌主要以菌核（寒冷地区）或菌丝体及分生孢子（温暖地区）

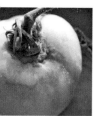   

(a)　　　　　　　(b)　　　　　　　(c)　　　　　　　(d)

图1-16　番茄灰霉病

随病残体遗落在土中越夏或越冬。条件适宜时萌发菌丝产生分生孢子，借气流、雨水和农事生产操作进行传播，主要依靠气流传播，从寄主伤口或衰老器官侵入致病。病菌为弱寄生菌，可在有机物上营腐生生活，在寡照条件下，空气湿度90%以上，4～31℃时即可引起发病，但发育适温为20～23℃。对湿度要求严格，高湿维持时间长，发病严重。植株生长衰弱易于发病。

低温、连续阴雨天气多的年份为害重。病果的平面分布呈中心式传播，有明显的发病中心。保护地易结露、温度高，易发病，光照不足易发病，种植密度过大也有利于发病。

3. 防治妙招

（1）**选择抗性强的品种**　大红硬果比粉红果番茄对灰霉病抗性强，如瑞丽、玛格丽特、以色列FA-189、台湾百利等。

（2）**加强田间管理**　起垄栽培、地膜覆盖、膜下浇水等可降低温棚空气湿度。改善温棚通风透光条件，合理密植，防止密度过大。及时整枝打杈，摘取下部老叶。经常擦洗棚膜，保持棚膜洁净。

（3）**调控棚内的生态条件**　加强通风，降低湿度，促果生长健壮，增加免疫力。晴天上午推迟放风，使棚温迅速上升至33℃再开始放顶风。31℃以上的高温可减缓病菌孢子萌发速度，推迟产孢，降低产孢量。当棚温降至25℃以上中午继续放风，使下午棚温保持在20～25℃。棚温降至20℃关闭通风口，夜间棚温保持15～17℃。

（4）**清园处理，及时清除病残体**　整地前清除上茬残枝败叶，减少菌源。定植前高温闷棚和熏蒸消毒，利用夏秋休闲的高温季节密闭大棚。发病初期及时摘除病果、病叶及侧枝，带出棚外集中烧毁或深埋。

摘除病果及病叶时用塑料袋套住后摘除，以免操作不当散发病菌，传播病害。

（5）药剂防治

① 预防。早期以预防为主，掌握苗期、初花期、果实膨大期 3 个关键时期用药。

苗期：定植前在番茄苗床用 41% 聚砹·嘧霉胺 800 倍液，或 50% 速克灵 1500 倍液，或 50% 多菌灵 500 倍液喷淋番茄苗，选择无病苗移栽进棚。

初花期：第 1 穗果开花时用 41% 聚砹·嘧霉胺 800 倍液喷施，5～7 天用药 1 次进行预防。在每年发病的前一周全面喷药，发病后再防治 1 次。或在蘸花时加入 0.1% 的 50% 速克灵，或 0.05% 的嘧霉胺，或 0.05% 的乙霉威药剂。

果实膨大期：在浇催果水的前 1 天用 41% 聚砹·嘧霉胺 800 倍液喷雾防治，5～7 天用药 1 次，连用 2～3 次。或对准头穗果喷嘧霉胺 2000 倍液，或乙霉威 2000 倍液。

② 治疗。发病初期可用 50% 腐霉利可湿性粉剂 1000～1500 倍液，或 50% 异菌脲 1000 倍液，或乙霉威 800 倍液，或 40% 嘧霉胺悬浮剂 1200 倍液，或 65% 甲霉灵可湿性粉剂 1000～1500 倍液，或菌核净 800 倍液，或 75% 百菌清 800 倍液，或 50% 多菌灵 500 倍液，或 75% 甲基托布津 800 倍液，或 45% 噻菌灵悬浮剂 3000 倍液，或 60% 防霉宝超微粉剂 500 倍液，或 2% 武夷菌素水剂 150 倍液，以上药剂交替使用。发病初期开始每隔 5～7 天喷 1 次，连续防治 2～3 次。

每隔 10～15 天掺加 1 次 1000 倍"天达-2116"可提高药效，增强植株的抗逆性。喷雾法施药后要及时通风，降低湿度。连作番茄以预防为主，宜在发病前施药。

用 2,4-D（2,4-二氧苯氧乙酸）或防落素（番茄灵）蘸花时，在稀释液中加 50% 腐霉利可湿性粉剂 1000 倍液，或 50% 异菌脲可湿性粉剂 1000 倍液混用，可阻止病菌侵染，具有较好的防治效果。

如果遇阴雪天，棚室可用 10% 腐霉利烟剂，或用 45% 百菌清烟剂熏烟，每 667 平方米用药 200～250 克，傍晚分点布放好，用暗火点燃后立即密闭烟熏 1 夜，次日开门通风。粉尘施药在傍晚喷撒 5% 百菌清粉尘剂，每 667 平方米用 1 千克，喷药后闭棚过夜。

二、番茄斑枯病

番茄斑枯病也叫鱼目斑病、斑点病、白星病。

1. 症状及快速鉴别

番茄各生育阶段均可发病，该病侵害叶片、叶柄、茎、花萼及果实。主要为害叶片。

叶片发病，多从植株下部开始。初在叶背面产生水浸状圆形小斑点，随后叶正、反两面出现圆形或近圆形病斑，边缘深褐色，中部灰白色，稍凹陷，并散生许多黑色小粒点。病斑直径 2～3 毫米，形似鱼眼状。严重时叶片布满斑点，叶片褪绿变黄，引起早期脱落。

茎上呈褐色、椭圆形病斑。

果实发病，出现褐色、圆形病斑（图 1-17）。

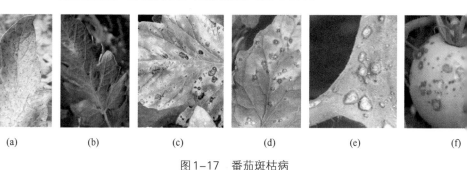

(a)　　　(b)　　　(c)　　　(d)　　　(e)　　　(f)

图 1-17　番茄斑枯病

2. 病原及发病规律

病原为番茄壳针孢菌，属半知菌亚门真菌。

该菌以菌丝体和分生孢子器在病残体、多年生茄科杂草上、冬暖棚室内或附着在茄科蔬菜作物或种子上越冬，成为翌年初侵染源。条件适宜时分生孢子借风雨传播或被雨水反溅到番茄植株上，也可通过农事传播。从气孔侵入进行初侵染，然后在病部产生病原菌分生孢子器，分生孢子扩大为害进行再侵染。近地面的叶片先发病。病菌发育适温 22～26℃，12℃以下或 27℃以上发育不良。高湿有利于分生孢子溢出，适宜相对湿度 92%～94%，如果湿度达不到要求不发病。如果遇多雨，特别是雨后转晴易发病。番茄生长衰弱，肥料不足，植株也易发病。

3. 防治妙招

（1）种子处理　选用浦红 1 号、蜀早三号等抗病品种，从无病株上选留种子。播种前种子用 50～52℃温汤浸 25～30 分钟，取出晾干后催芽播种。

（2）农业防治　苗床用新土或 2 年内未种过茄科蔬菜的地块育苗。应在无病区作畦，或用无菌的田园客土育苗，防止苗期染病。低洼地采用高畦或半高畦栽培。重病地要与非茄科作物实行 3～4 年轮作，最好与豆科或禾本科作物轮作。及时清洁田园，铲除杂草及病株残叶，减少菌源。

（3）药剂防治　发病初期可用 75% 百菌清可湿性粉剂 600 倍液，或 64% 杀毒矾可湿性粉剂 500 倍液，或 3% 多抗霉素 600～800 倍液，或 50% 异菌脲可湿性粉剂 1000 倍液，或 70% 甲基托布津可湿性粉剂 1000 倍液，或 70% 代森锰锌 800 倍液，或 58% 甲霜灵·锰锌可湿性粉剂 500 倍液，或 50% 混杀硫悬浮剂 500 倍液，或 40% 多·硫悬浮剂 500 倍液，或 50% 多菌灵可湿性粉剂 500～1000 倍液，或 25% 络氨铜水剂 500 倍液。每隔 7～10 天喷 1 次，视病情为害程度可连喷 2～3 次。

保护地栽培可用 7% 叶霉净粉尘剂 1 千克 /667 米 ^{2} 进行喷撒。

三、番茄灰斑病

番茄灰斑病也叫番茄褐斑病、芝麻斑病。

1. 症状及快速鉴别

该病主要为害番茄叶片，也可为害叶柄、茎和果实。

叶片发病，初现褐色小点，逐渐扩展为近圆形或椭圆形病斑。直径 1～10 毫米，灰褐色，周缘明显，中间凹陷变薄，有光亮，叶片背面尤为明显，可区别于其他叶斑病。大病斑有时呈现轮纹，有的轮纹不明显。后期病斑迅速扩大至叶片的 1/3～3/4。高温、高湿时有灰黄至黑褐色的霉状物。病斑上着生小黑点，呈轮纹状排列，边缘色暗，易破裂或脱落（图1-18）。

(a)　　　　　(b)　　　　　(c)　　　　　(d)　　　　　(e)

图1-18　番茄灰斑病为害叶片

叶柄、果梗染病，病斑灰褐色凹陷，湿度大时长出黑霉，大小不等，有时呈条状。

茎部发病，多始于中上部的枝杈处，初为暗绿色水浸状，后变黄褐色或灰褐色，大小不等，呈长条状或不规则形、凹陷病斑。潮湿时病部长出黑霉。病部粗糙，边缘褐色有小黑点，轮纹不明显，易折断或半边枯死。严重时茎髓部腐烂、中空或仅残留维管束组织。

果实发病，蒂部附近呈水浸状、黄褐色、凹陷、不整形小病斑，光滑，扩大后形成深褐色的硬疤。大的病斑直径可达 3 厘米，病部产生暗褐色霉状物，并产生深褐色轮状排列的小点。病部不软化不腐败，一般较坚实（图1-19）。

| (a) | (b) | (c) | (d) |

图1–19　番茄灰斑病为害茎及果实

2. 病原及发病规律

病原为番茄壳二孢菌，属半知菌亚门真菌。

病原菌以分生孢子器随病残体在土壤内及地表越冬。翌年遇雨水及灌溉水时放射出分生孢子侵染植株。病菌主要靠雨水反溅和气流传播，从气孔侵入，潜育期2～3天。气温20℃以上时易发病。病菌生长适宜的温度为25～28℃，适宜空气相对湿度为80%以上，适宜pH值6.5～7.5。高温高湿，特别是高温多雨季节病害易流行。

菜地潮湿，地势低洼，排水不良，肥料不足，密度大，株、行间郁闭，通风透光差，长势弱的地块发病重。氮肥施用过多，生长过嫩，抗性降低易导致发病。土壤黏重、偏酸，多年重茬，田间病残体多易导致发病。温暖、高湿、多雨、日照不足也易导致发病。

3. 防治妙招

（1）农业防治　选用粤农2号、早雀钻及杂交一代等比较抗病的品种。与非茄科蔬菜作物轮作2～3年。低洼易积水地采用高畦或高垄栽培，防止畦面积水。合理密植改善田间通透性。采用配方施肥，适当增施磷、钾肥，可喷施多效好4000倍液，或1.4%复硝钠水剂7000倍液，提高植株抗病力。采收后及时清除病果、病叶，带出园外集中烧毁或深埋，及时深翻，减少初侵染源。

（2）药剂防治　发病初期开始喷药。可用25%络氨铜水剂500

倍液，或 50% 乙烯菌核利干悬浮剂（农利灵）1000～1300 倍液，或 75% 百菌清可湿性粉剂 500～800 倍液，或 50% 苯菌灵可湿性粉剂 1500 倍液，或 50% 多菌灵可湿性粉剂 500～600 倍液，或 50% 混杀硫可湿性粉剂 500 倍液，或 77% 可杀得可湿性粉剂 500 倍液，或 1∶1∶200 倍的波尔多液，或 50% 多·硫悬浮剂 600 倍液，或 36% 甲基硫菌灵悬浮剂 500 倍液。间隔 7～10 天喷 1 次，共喷药 3～4 次。

四、番茄灰叶斑病

1. 症状及快速鉴别

发病率由高到低的顺序依次是叶片、叶柄、果梗、花、茎。

发病初期，叶面布满暗色圆形或不正圆形的小斑点，后沿叶脉向四周扩大破裂穿孔，甚至逐渐枯死脱落。果实不能膨大。成熟时果实变黄红色，缺乏光泽。

花受害，主要在花萼和花柄上出现约 2 毫米的灰褐色病斑。在花未开之前发病时引起落花，不能坐果。挂果后花萼发病不引起落果，但果蒂干枯。

茎受害，多在叶发病重的地方出现约 2 毫米的灰褐色、近圆形凹陷斑，后逐渐干枯，植株不能正常生长（图 1-20）。

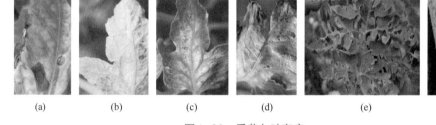

(a)　　　　(b)　　　　(c)　　　　(d)　　　　(e)

图 1-20　番茄灰叶斑病

2. 病原及发病规律

病原为茄匍柄霉，属半知菌亚门真菌。

病菌可在土壤中病残体或种子上越冬。翌年温、湿度适宜产生分生孢子进行初侵染。孢子通过风雨传播进行再侵染。温暖潮湿、阴雨天及结露持续时间长是发病的重要条件。一般土壤肥力不足，植株生长衰弱，发病重。

3. 防治妙招

（1）农业防治　选用抗病品种。对已发病的植株及时清除病残体。收获后及时清园，集中烧毁或深埋。株距保持 20～30 厘米，及时整枝抹芽，保证田间通风透光。适时放风降湿，科学灌水。增施有机肥及磷、钾肥，增强植株抗病性。

（2）生态防治　适时排湿控温，采用变温管理，能有效排湿。

（3）药剂防治

病害发生前进行预防。可用 20% 噻菌铜悬浮剂 500 倍液，或 25% 阿米西达悬浮剂 1500 倍液，或用 3 亿 CFU/ 克的哈茨木霉菌 300 倍液喷雾，每隔 7～10 天喷施 1 次。发病严重时缩短用药间隔，同时可结合有机硅，增加药液附着性。

病害初发生为害时，可用 10% 世高水分散粒剂 1500 倍液，或 64% 杀毒矾 400 倍液，或 52% 抑快净水剂 1800 倍液，或 68.75% 的杜邦易保水分散粒剂 1300 倍液，或 47% 加瑞农（春雷·王铜）可湿性粉剂 700 倍液，或 75% 百菌清可湿性粉剂 600 倍液，或 80% 代森锰锌可湿性粉剂 600 倍液喷施。每隔 7～10 天喷 1 次，连续 2～3 次。

发病中后期，可用 40% 噁霉胺悬浮剂 800～1000 倍液，或 40% 腐霉利可湿性粉剂 1500 倍液，或 25% 嘧菌酯悬浮剂 1500 倍液。每隔 5～7 天喷 1 次，共喷 2～3 次。

提示　喷雾时尽量使用小孔径喷片，降低叶表面湿度。注意叶片正、背面均要喷到。

注意　苯醚甲·丙环乳油对番茄生长有抑制作用，在生长旺盛的地块尽量少用或不用。

棚室保护地，阴雨天发病，尽量选择烟雾剂或粉尘剂。发病初期开始喷撒 5% 加瑞农或 7% 防霉灵或 5% 灭霉灵粉尘剂；每 667 平方米每次用 1 千克。也可选用 15% 克菌灵烟雾剂，用量为 200 克 /667 米 ^{2}；或 45% 百菌清烟剂，用量为 200～250 克 /667 米 ^{2}，进行熏治。

提示 烟雾剂傍晚用暗火点燃，施药后封闭棚室过夜。

五、番茄黑环病毒病

1.症状及快速鉴别

番茄幼苗感染后 7～12 天出现许多局部及系统的小黑环斑，有时茎上也出现黑环斑。严重时枝尖生长点变黑枯死。苗期严重期过后发病症状可减轻，以后只有轻微斑驳或叶片畸形，不再有黑环斑（图1-21）。

(a)　　　　　　　　(b)　　　　　　　　(c)

图 1-21　番茄黑环病毒病

2.病原及发病规律

该病属病毒侵染。线虫是近距离自然传播的传播媒介，主要是长针线虫。当线虫在感染黑环病毒的植株上取食再为害健株时，吸附到口针鞘上的病毒就可传入。此外种子也可传播病毒。

3.防治妙招

（1）**种子消毒**　播种前可用清水浸种 3～4 小时，再放入 10% 磷酸三钠溶液中浸 30～50 分钟，或用 0.1% 高锰酸钾溶液浸种 30 分钟，捞出后用清水冲净再催芽播种。

（2）**轮作倒茬，净化土地**　定植田要进行 2 年以上轮作，有条件的结合深翻施用石灰，促使土壤中的病毒钝化。

（3）加强管理　采用配方施肥，增强寄主抗病力。适期播种，适时早定植，早中耕锄草，及时培土，促进发根。晚打杈，及时浇水。

（4）药剂防治　发病初期可用20%盐酸吗啉胍·乙铜可湿性粉剂500倍液，或2%氨基寡糖素水剂300倍液，或1.5%的植病灵乳剂1000倍液，或三氮唑核苷水剂500倍液，或2%宁南霉素水剂150～250倍液，或5%菌毒清水剂300～500倍液喷雾。每隔5～7天喷1次，连续喷2～3次。也可喷洒10%吡虫啉可湿性粉剂2000倍液杀死传毒线虫。

六、番茄黄化曲叶病毒病

1.症状及快速鉴别

染病植株矮化，生长缓慢或停滞，顶部叶片变小，常稍褪绿发黄，叶片边缘上卷增厚，叶质变硬，背面叶脉常显紫色。早期染病严重萎缩。后期染病仅上部叶和新芽表现症状，结果数量减少，果小，成熟期果实着色不均（红不透），失去商品价值（图1-22）。

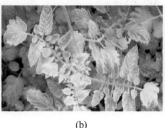

(a)　　　　　　　　(b)　　　　　　　　(c)　　　　　　　　(d)

图1-22　番茄黄化曲叶病毒病

2.病原及发病规律

病原为中国番茄黄化曲叶病毒，属双生病毒科菜豆金色花叶病毒属。

在自然条件下只能由烟粉虱以持久方式传播，又被称为粉虱传双生病毒。主要由带毒B型烟粉虱为害传播和带毒种苗远距离人为传播。严重时可造成毁灭性病害。

3.防治妙招

（1）**培育无病无虫苗** 异地引苗常传播病毒，从外地发病严重的地区购进未经植保检疫部门检测的番茄苗，番茄黄化曲叶病毒病普遍发生，会给生产带来重大损失。

苗床用黄化曲叶病毒灵 B 灌根剂 3000 倍液喷布，喷后整地。并使用 40～60 目防虫网覆盖。苗期 2～3 片叶时开始预防，约隔 5 天喷施黄化曲叶病毒疫苗 1 次，连续喷 3 次。

（2）**农业防治** 定植时可用黄化曲叶病毒灵 B 2000～3000 倍液浇穴。缓苗后可用黄化曲叶病毒灵 A（1 袋兑 1 桶水），每隔 3～4 天喷施 1 次，连喷 4 次。适当控制氮肥用量和保持田间湿润。施肥灌水少量多次，保证不旱不涝，适时放风避免棚内高温，调节好田间温、湿度。增施有机肥，促进植株生长健壮，提高植株的抗病能力。大棚风口用 40～60 目防虫网隔离，配合田间吊黄板预防烟粉虱。

（3）**药剂防治** 用黄化曲叶病毒灵 B 2000～3000 倍液灌根。3～4 天喷 1 次黄化曲叶病毒灵 A 或黄化曲叶病毒疫苗，连喷 4～5 次。或用黄化曲叶病毒灵 B 冲施，用量 1000～1500 毫升 /667 米^2。

> **注意** 在治疗期间，停止使用生长素及控旺的药物，也不能用普通的治病毒药物。

七、番茄细菌性斑点病

番茄细菌性斑点病也叫细菌性叶斑病、番茄细菌性微斑病、细菌性叶斑疹病。

1.症状及快速鉴别

该病主要为害叶、茎、花、叶柄和果实。尤以叶缘及未成熟的果实最明显。

叶片感病，产生深褐色至黑色不规则斑点，直径 2～4 毫米，斑点周围常有黄色晕圈。

叶柄和茎干症状相似，产生黑色斑点，病斑周围无黄色晕圈，易连成斑块。严重时可造成一段茎秆变黑。

花蕾受害，在萼片上形成许多黑点。连片时萼片干枯不能正常开花。

幼嫩果实初期的小斑点稍隆起，果实近成熟时病斑周围往往仍保持较长时间的绿色。病斑附近果肉略凹陷，病斑周围黑色，中间色浅，并有轻微凹陷（图1-23）。

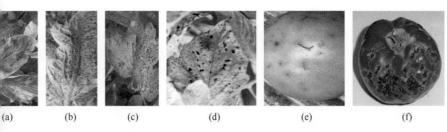

(a)　　　　(b)　　　　(c)　　　　　(d)　　　　　(e)　　　　　(f)

图1-23　番茄细菌性斑点病

2. 病原及发病规律

病原为丁香假单胞菌番茄叶斑病致病变种，属细菌。

病菌可在番茄植株、种子、病残体、土壤和杂草上越冬。在干燥的种子上可存活20年，可随种子作远距离传播。播种带菌的种子幼苗可发病。定植后传入大田，通过雨水飞溅、昆虫、整枝、打杈、采收等传播或再侵染造成流行。在田间只要最初有10%的植株发病，就可传染到整个地块。

病菌喜温暖潮湿的环境，适宜发病的温度范围18～28℃。最适发病温度20～25℃，相对湿度90%以上。最适感病生育期为育苗末期至定植坐果前后。种植密度大，株、行间郁闭，通风透光不好发病重。氮肥施用过多，生长过嫩，抗性降低，易发病。土壤黏重、偏酸，多年重茬，田间病残体多，杂草丛生，地下害虫严重的田块，发病重。肥料未充分腐熟、有机肥带菌或肥料中混有本科作物病残体的易引起发病。地势低洼积水、排水不良、土壤潮湿，含水量大易引起发病。气候温暖、露重、高湿、多雨有利于病害的发展流行。

3. 防治妙招

（1）加强检疫　严格执行检疫制度，疫区内的种子、果实等不准外运，非疫区不用疫区的种子等材料。防止带菌种子传入非疫区。

（2）种子处理　可用 55℃温水浸种 30 分钟。或用 0.6% 醋酸溶液浸种 24 小时。或 5% 盐酸浸种 5～10 小时。浸种后用清水冲洗掉药液，稍晾干后再进行催芽。

（3）加强田间管理　与非茄科蔬菜实行 3 年以上的轮作。整枝、打杈、采收等农事操作要认真仔细，注意避免病害的传播。在干旱地区采用滴灌或沟灌，尽可能避免喷灌。开好排水沟系，降低地下水位。合理密植，适时开棚通风换气，降低棚内湿度。施用酵素菌沤制的堆肥或充分腐熟的优质有机肥，不用带菌肥料，施用的有机肥不得含有本科作物的病残体。采用测土配方施肥，适当增施磷、钾肥，提高植株抗病性。要用清洁的水源浇水。

（4）及时防治害虫　减少植株伤口，减少病菌传播途径。果实成熟后及时采收，减少果实受伤，摘除病果，清理落地果。

（5）嫁接防病　用抗病品种作砧木，栽培番茄作接穗进行嫁接，可有效减轻病害。

（6）清洁田园　发病初期及时整枝打杈，摘除病叶、老叶、病株，带出菜田外集中烧毁。病穴施药或生石灰。收获后清洁田园，清除病残体，并集中带出田外深埋或烧毁。

（7）生物防治　发病时可喷施生物制剂。可用 72.2% 农用链霉素可湿性粉剂 4000 倍液，或 90% 新植霉素可湿性粉剂 4000 倍液喷雾防治。

（8）药剂防治　发病初期可用 77% 可杀得可湿性粉剂 400～500 倍液，或 20% 噻菌灵悬浮剂 500 倍液，或 14% 络氨铜水剂 300 倍液，或 47% 加瑞农（春雷·王铜）可湿性粉剂 600～800 倍液，或 72.2% 普力克水溶性液剂 700 倍液，或"天达 -2116"800 倍液加天达诺杀 1000 倍液，或 77% 多宁可湿性粉剂 600 倍液，或 30% 琥胶肥酸铜可湿性粉剂 500 倍液，或 10% 苯醚甲环唑微乳剂 2000 倍液等药剂喷雾防治。每隔 7～10 天喷 1 次，连续防治 2～3 次。

八、番茄叶霉病

番茄叶霉病也叫番茄黑霉病，俗称"黑毛"。

1. 症状及快速鉴别

该病主要为害叶片。严重时也可为害茎、花器和果实。

叶片发病，初期叶片正面出现椭圆形或不规则形、淡黄色褪绿斑，边缘不明显，叶背面出现灰白色至黑褐色茂密的霉层，后期变成紫灰色或深灰至黑色或黄褐色。叶片下部先发病，逐渐向上蔓延，由下向上逐渐卷曲，呈黄褐色干枯。严重时全株叶片卷曲。

病花常在坐果前枯死。茎染病时与叶片类似。

果实染病，果蒂附近或果面产生圆形至不规则形黑褐色斑块，硬化凹陷（图1-24）。

(a)　　　　(b)　　　　(c)　　　　(d)　　　　(e)

图1-24　番茄叶霉病

2. 病原及发病规律

病原为褐孢霉，属半知菌亚门真菌。

该菌以菌丝体和分生孢子梗随病残体遗落在土中存活越冬。靠气流传播，从叶背的气孔侵入，也可从萼片、花梗等部位侵入。病害发生主要与温、湿度有关，高温、高湿有利于发病。湿度是影响发病的主要因素，相对湿度高于90%有利于病菌繁殖，发病重。8～10月上旬是病菌生育适温期，所以秋季大棚比温室发病重，温室比露地发病重。秋大棚番茄应作为重点进行防治。5月上旬气温回升快，晴雨相间，温度和湿度适宜，有利于叶霉病的发生和蔓延。

3. 防治妙招

（1）**选用抗病品种**　可选用中杂 105、皖粉 208、皖粉 209、春秀 A6、苏粉 9 号、金粉 2 号、中研 958、朝研 219、粉王、合作 905、合作 919、新改良 988、中杂 11 号、绿亨 108、金蹲番茄等优良品种栽培。

（2）**种子处理**　播种前种子可用 52℃温水浸种 15 分钟。或 2% 武夷菌素水剂浸种。或用 2% 嘧啶核苷类抗生素水剂 100 倍液浸种 3～5 小时。或用种子质量 0.4% 的 50% 克菌丹可湿性粉剂拌种。

（3）**生态防治**　重点是控制温、湿度，增加光照，预防高湿低温。浇水后立即排湿，尽量使叶面不结露，或缩短结露时间。

（4）**加强田间管理**　露地栽培时雨后及时排出田间积水。增施充分腐熟的优质有机肥，及时追肥，避免偏施氮肥，增施磷、钾肥，并进行叶面喷肥。定植密度不要过大，及时整枝打杈、绑蔓，植株坐果后适度摘除下部老叶。

（5）**棚室消毒**　定植前可熏蒸温室或大棚，每 100 平方米用硫黄 0.25 千克、锯末 0.5 千克，暗火点燃后熏蒸 24 小时。也可高温闷棚，温度达到 36℃保持 1～2 小时。

（6）**药剂防治**　病害易于侵染，生产上应结合其他病害的防治，注意施用保护剂预防，防止病害的侵入。可用 77% 可杀得可湿性粉剂 600～800 倍液，或 70% 代森锰锌可湿性粉剂 600～800 倍液，或 75% 百菌清可湿性粉剂 600～800 倍液，或 12% 松脂酸铜乳油 400 倍液，或 50% 敌菌灵可湿性粉剂 500 倍液加 75% 百菌清可湿性粉剂 500～800 倍液喷雾。视天气和番茄为害情况每隔 7～10 天喷 1 次，连续防治 2～3 次。

保护地栽培，结合其他病害的预防，可用 45% 百菌清烟雾剂 250 克/667 米^2，在傍晚封闭棚室后施药，将药分放在 5～7 个燃放点熏烟。也可以喷撒 5% 百菌清粉剂，用量为 1 千克/667 米^2。视病情为害程度间隔 7～10 天用药 1 次。

九、番茄病毒病

1. 症状及快速鉴别

番茄病毒病常见的有花叶、蕨叶、条斑、混合侵染四种类型。以花叶型最多，蕨叶型次之，条斑型较少。为害程度以条斑型、混合型最严重，常造成绝收。蕨叶型居中，花叶型较轻。

（1）花叶型　叶片上出现黄绿相间或深浅相间的斑驳，略有皱缩，叶脉透明，植株略矮。

（2）蕨叶型　植株表现不同程度的矮化，由上部叶片开始全部或部分变成线状，中、下部叶片向上微卷，花冠变为畸形花。

（3）条斑型　可发生在叶、茎、果上。因部位不同而有差异，叶片发病为茶褐色的斑点或云纹。茎蔓上发病为黑褐色条形斑块，变色部分仅局限于表皮组织，斑块不深入茎内。果实上出现黑褐色长条形斑块，稍凹陷。

（4）混合型　症状与上述条斑型相似。但为害果实的症状与条斑型不同。混合型为害果实的斑块小且不凹陷。条斑型斑块大呈油渍状，褐色凹陷坏死，后期变为枯死斑。

此外，有时还可见到巨芽型、卷叶型和黄顶型症状（图1-25）。

图1-25　番茄病毒病

2. 病原及发病规律

番茄病毒病的毒原有20多种，主要有烟草花叶病毒（TMV）、黄瓜花叶病毒（CMV）、烟草曲叶病毒（TLCV）、苜蓿花叶病毒（AMV）、番茄斑萎病毒（TSWV）等。

烟草花叶病毒主要引起番茄花叶症状。黄瓜花叶病毒主要引起番茄蕨叶症状，与其他病毒混合侵染也会出现条斑或花叶等多种症状。苜蓿花叶病毒寄主范围广，除侵染茄科外，还侵染葫芦科、豆科、藜科等47科植物。

番茄病毒病的发生与环境条件关系密切。一般高温干旱天气有利于病害发生。此外施用过量的氮肥，植株柔嫩，土壤瘠薄、板结、黏重，以及排水不良会导致发病重。毒源种类在一年里有周期性的变化，春、夏两季烟草花叶病毒比例较大，秋季以黄瓜花叶病毒为主。

3. 防治妙招

（1）**选用抗病品种**　因地制宜地选用霞粉、苏抗8号、毛粉802、苏保1号等抗病强的优良品种。

（2）**实行无病毒种子**　播种前种子可用清水浸种3～4小时，再放入10%磷酸三钠溶液中浸40～50分钟。或用0.1%高锰酸钾溶液浸种30分钟。捞出后用清水冲净，再催芽播种。或将干燥的种子置于70℃恒温箱内进行干热消毒72小时。

（3）**轮作倒茬，净化土地**　定植田要进行2年以上的轮作。有条件的结合深翻施用石灰，促使土壤中的病毒钝化。

（4）**加强栽培管理**　适时播种，适时早定植。用弱毒疫苗N14药液100倍液，对幼苗进行30～60分钟浸根处理。采用配方施肥，喷施爱多收6000倍液，或植保素7500倍液，增强寄主抗病力。适时早定植，早中耕锄草，及时培土，促进发根，晚打杈，及时浇水。

（5）**防治传毒害虫**　早期防治蚜虫、蓟马、白粉虱很重要，尤其高温干旱年份注意及时喷药。可选用吡虫啉、啶虫脒等杀虫剂。

（6）**药剂防治**　发病初期可用2%宁南霉素水剂500倍液，或20%盐酸吗啉胍·乙铜可湿性粉剂500倍液，或浩瀚高科2%氨基寡糖素水剂300倍液，或3.85%二氮唑核苷·铜·锌水乳剂500倍液，或1.5%的植病灵乳剂1000倍液，或30%壬基酚磺酸铜水乳剂600倍液，或三氮唑核苷（32%核苷溴吗啉胍）水剂500倍液，或7.5%

菌毒·吗啉胍水剂 500 倍液，或 5% 菌毒清水剂 300～500 倍液等杀菌剂喷雾，每隔 5～7 天喷 1 次，连续喷 2～3 次。

此外，也可用 α-萘乙酸 20 毫克/千克（或增产灵 50～100 毫克/千克）+1% 过磷酸钙 +1% 硝酸钾进行叶面喷肥，可提高植株抗病性。

十、番茄巨芽病毒病

1. 症状及快速鉴别

病株叶变小，顶部枝梢淡紫色，肥大，直立向上呈圆锥形。花柄肥大、花萼显著膨大，萼片联合成筒状。在叶腋处长出 1 个淡紫色粗短肥大的腋芽，在腋芽顶上丛生若干个直立的不定芽，顶部及腋芽变大畸形。病株不能正常结果，仅结出少量坚硬圆锥形小果（图 1-26）。

2. 病原及发病规律

该病由类病毒引起，可通过嫁接传染。

高温、干旱有利于发病和传播。田间管理差，分苗、定苗、整枝等农事操作中病健株互相摩擦碰撞，都会导致发病。

(a)　　　　(b)　　　　(c)　　　　(d)　　　　(e)

图 1-26　番茄巨芽病毒病

3. 防治妙招

（1）消毒　将病芽放在浓度为 1000 单位/毫升的四环素溶液内浸 2 小时。

（2）药剂防治　发病初期可喷医用四环素 4000 倍液，或土霉素溶液 4000 倍液。每隔 10 天喷 1 次，喷 1～2 次。

十一、番茄白粉病

1. 症状及快速鉴别

该病主要为害叶片、叶柄及茎。常见两种症状：一是叶面产生放射状粉斑，即菌丝和分生孢子梗及分生孢子。扩大后呈圆形粉斑，后白色粉状物逐渐加厚、加密、加大、严重时可扩展至全叶。二是发病初期叶面粉斑不明显，常有边缘不明显的黄色斑块，细看可见到稀疏霉层，病斑扩大连片，白粉层逐渐明显，覆满整个叶面，导致全叶变褐色，干枯死亡（图1-27）。

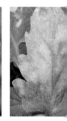

(a)　　　　　　　(b)　　　　　　　(c)　　　　　　　(d)　　　　　　　(e)

图1-27　番茄白粉病

2. 病原及发病规律

病原为鞑靼内丝白粉菌，属子囊菌亚门真菌。

北方番茄种植区，病菌主要在冬茬番茄叶片以无性态越冬；也可以闭囊壳随病残体在地面上越冬。条件适宜时从闭囊壳内弹射出子囊孢子，借气流传播蔓延，后又在病部产生分生孢子，借气流传播，进行多次再侵染。南方番茄种植区无明显的越冬现象，分生孢子不断形成，辗转为害。

孢子萌发适温20～25℃，病菌发育适温15～30℃，露地多发生在6～7月或9～10月，棚室多发生在3～6月或10～11月。鞑靼内丝白粉菌在雨量偏少年份发病重，相对湿度低于25%仍能萌发，相对湿度45%～75%扩展迅速，相对湿度高于95%受到明显抑制。

3. 防治妙招

（1）农业防治　选育和种植抗白粉病的品种。采收后及时清除病残体，减少菌源。大棚温室白粉病发生严重的可对空棚室进行消毒。加强管理，调控好温、湿度，远离发病条件，可减少发病。测土配方施肥，避免施用氮肥过多，增施磷、钾肥，提高植株抗病力。

（2）**药剂防治**　保护地提倡用粉尘法或烟雾法。傍晚可喷撒 10% 多百粉尘剂，每 667 平方米每次 1 千克。或用 15% 三唑酮烟剂，每 667 平方米每次用 0.8 千克，用暗火点燃熏一夜。

露地或大棚可喷 25% 戊唑醇水乳剂 3000 倍液，或 40% 氟硅唑乳油 5000 倍液，或 10% 苯醚甲环唑微乳剂 2000 倍液，或 30% 氟菌唑可湿性粉剂 2000 倍液，或 20% 丙环唑微乳剂 3500 倍液，或 50% 醚菌酯干悬浮剂 3000 倍液。隔 7～10 天喷 1 次，连续喷 4～5 次。

十二、番茄煤霉病

1. 症状及快速鉴别

该病主要为害叶片，也可为害茎和叶柄。

叶片染病，初在叶背产生褪绿色斑。扩大后叶背病斑淡黄色，近圆形或不规则形，边缘不明显。条件适宜时霉层扩展迅速，使叶片被霉层覆盖，即病菌的分生孢子梗和分生孢子。严重时病叶枯萎死亡（图 1-28）。

茎和叶柄染病，产生褪绿色斑，后被一层厚密褐色霉层覆盖，常绕茎和叶柄一周。

(a)　　　(b)　　　(c)　　　(d)　　　(e)

图 1-28　番茄煤霉病

2. 病原及发病规律

病原为煤污假尾孢,属半知菌亚门真菌。

病菌主要以菌丝体及分生孢子随病株残余组织遗留在田间越冬。环境条件适宜时菌丝体产生分生孢子,通过雨水反溅及气流传播到寄主上引起初侵染。并在病部产生新的分生孢子,成熟后脱落,借风雨传播进行多次再侵染,加重为害。病菌喜高温、高湿的环境,适宜发病的温度范围为15～38℃,最适发病温度为25～32℃,相对湿度为90%以上。最适感病生育期为成株期至坐果期。发病潜育期5～10天。

春夏季多雨或梅雨期间多雨的年份发病重。夏秋季多雷阵雨的年份发病重。田间连作、地势低洼、排水不良的田块发病较重。栽培上种植过密、通风透光差、浇水过多、不及时清除下部老叶的田块发病重。

3. 防治妙招

(1)茬口轮作　发病地块实行与非茄科蔬菜2年以上轮作,减少田间菌源。

(2)加强田间管理　提倡深沟高畦栽培,合理密植。开好排水沟,雨后及时排水,降低地下水位。施足基肥,增施磷、钾肥,促使植株生长健壮,提高植株抗病能力。

(3)清洁田园　收获后及时清除病残体,带出菜园外集中深埋或烧毁。深翻土壤,加速病残体的腐烂分解。

(4)药剂防治　发病初期开始喷药防治。可用80%代森锰锌可湿性粉剂800倍液,或40%百菌清悬浮剂600～700倍液,或77%可杀得可湿性粉剂1000倍液,或50%速克灵可湿性粉剂1000倍液,或50%多菌灵可湿性粉剂800倍液等。每隔7～10天喷1次,连续防治3～4次。

十三、番茄黄萎病

1. 症状及快速鉴别

该病主要在番茄生长中后期为害,病叶由下向上逐渐变黄,黄色斑驳首先出现在侧脉之间，上部较幼嫩的叶片以叶脉为中心变黄，逐渐扩大到整个叶片，最后病叶变褐枯死。但叶柄仍较长时间保持绿色。发病重的植株不结果或果实很小。剖开病茎基部导管变为褐色（图1-29）。

(a)　　　　　(b)　　　　　(c)　　　　　(d)　　　　　(e)　　　　　(f)

图1-29　番茄黄萎病

> **提示**　黄萎病为害后植株出现慢性枯萎，不像青枯病、枯萎病那样呈急性枯萎。

2. 病原及发病规律

病原为大丽花轮枝孢，属半知菌亚门真菌。

该菌以休眠菌丝、厚垣孢子和微菌核随病残体在土壤中越冬，可在土壤中长期存活。病菌借风、雨、流水或人畜及农具传播蔓延。

种植密度大，株、行间郁闭，通风透光不好发病重。氮肥施用过多，生长过嫩，抗性降低易发病。土壤黏重、偏酸，多年重茬发病重。田间病残体多、肥力不足、耕作粗放、杂草丛生、地下害虫严重的田块发病重。种子带菌、有机肥未充分腐熟或肥料中混有茄科作物病残体的易发病。地势低洼积水、排水不良、土壤潮湿、含水量大易发病。高温、高湿、多雨、日照不足、根部有伤口易发病。

3. 防治妙招

（1）**选用抗病品种**　可选用东农711、东农712等抗病性强的优良品种。

（2）**合理轮作**　与非茄科作物实行6年以上轮作。注意避免与茄子、草莓等作物连作。

（3）药剂防治　定植后发病初期可用 4% 农抗 120 水剂 200 倍液，或 88% 水合霉素 1000 倍液，或 25% 阿米西达悬浮剂 1500 倍液，或 12.5% 治萎灵浓可溶剂 250 倍液，或 50% 混杀硫悬浮剂 500 倍液，或 50% 多菌灵可湿性粉剂 500 倍液，或 50% 苯菌灵可湿性粉剂 1000 倍液，或 50% 琥胶肥酸铜（DT）可湿性粉剂 350 倍液，或 75% 百菌清可湿性粉剂 1000 倍液，或 70% 甲基托布津可湿性粉剂 1000 倍液，每株浇灌兑好的药液 0.5 升。或用 12.5% 增效多菌灵浓可溶剂 200～300 倍液，每株浇灌 100 毫升。隔 10～15 天喷 1 次，连续防治 2 次。

配制药土，作为播种后的覆盖土，或在幼苗发病时围根施入。

十四、番茄枯萎病

番茄枯萎病也叫番茄半边枯、萎蔫病，俗称"发瘟"，是土传维管束病害，常与青枯病并发。

1. 症状及快速鉴别

发病初期，仅植株下部叶片变黄，但多数不脱落。随着病情的发展，病叶自下而上变黄、变褐，除顶端数片叶完好外，其余叶片均坏死或焦枯。初期仅茎的一侧自下而上出现凹陷区，使一侧叶片发黄，变褐后枯死。有的半个叶序或半边叶变黄，一侧叶片萎垂，另一侧正常。也有的从植株距地面近的叶序开始发病，逐渐向上蔓延，除顶端数片完好外，其余均枯死（图 1-30）。

(a)　　　(b)　　　(c)　　　(d)　　　(e)　　　(f)

图 1-30　番茄枯萎病

2. 病原及发病规律

病原为尖镰孢菌番茄专化型，属半知菌亚门真菌。

病菌以菌丝体或厚垣孢子随病残体在土壤中或附着在种子上越冬，可通过带菌种子进行远距离传播。病菌多在分苗、定植时从根系伤口、自然裂口、根毛侵入到达维管束，在维管束内繁殖堵塞导管，阻碍植株吸水吸肥，导致叶片萎蔫枯死。病菌通过水流或灌溉水传播蔓延。高温、高湿有利于病害发生。

土温 25～30℃，土壤潮湿、土壤板结、土层浅发病重。番茄连茬年限越多发病越重。土质黏重、偏酸，土壤中积存的枯萎病菌多的田块发病重。土壤中的线虫等地下害虫多，病菌从害虫为害的伤口侵入根部为害，移栽或中耕时伤口多，发病重。种子带菌，粪蛆为害根部，病菌从伤口侵入，发病重。追肥不当烧根，植株生长衰弱，抗病力降低，发病重。连续阴雨后骤然放晴，或时晴时雨，高温闷热天气，发病重。

3. 防治妙招

（1）农业防治　选用抗病品种。实行 3 年以上轮作。采用新土育苗或床土消毒，床面用 80% 多菌灵可湿性粉剂 8～10 克 / 米^2，加洁净细土 4～5 千克拌匀。施用时先将 1/3 药土撒在畦面上，播种后再将余下的 2/3 药土覆在种子上。

（2）种子消毒　播种前种子可用 0.1% 硫酸铜溶液，或 37% 多菌灵草酸盐可溶性粉剂 500 倍液浸种 5 分钟。洗净后催芽播种。

（3）药剂防治　预防时可用青枯立克 50 毫升，兑水 15 千克进行灌根，隔 7～10 天灌 1 次，连续 2～3 次。治疗时可在发病中前期用青枯立克 50 毫升 + 大蒜油 15 毫升，兑水 15 千克进行灌根，隔 7 天灌 1 次，连续 2～3 次。如果病原菌同时为害地上部分，应在根部灌药的同时，地上同时用青枯立克 50 毫升 + 沃丰素 25 毫升 +15 千克水进行喷雾，每隔 7 天用药 1 次。

发病初期，向茎基部及周围土壤喷淋或浇灌药液。可喷施 37% 多菌灵草酸盐可湿性粉剂 500～600 倍液，或 3% 中生菌素可湿性粉剂 800 倍液，或 54.5% 噁霉·福美双可湿性粉剂 700 倍液，或 30% 噁霉灵水剂 800 倍液，或 65% 多果定可湿性粉剂 1000 倍液，或 50% 多菌灵可湿性粉剂 500 倍液，或 50% 甲基硫菌灵可湿性粉剂 500 倍液，或 4% 嘧啶核苷类抗生素水剂 200 倍液，或 30% 高科甲霜噁霉灵 600 倍液，或 10% 双效灵水剂 200 倍液，或 30% 菌毒清水剂 200～300 倍液，或 30% 琥胶肥酸铜可湿性粉剂 400 倍液，或 70% 敌磺钠可湿性粉剂 500 倍液；也可用 1.5 亿活孢子 / 克的木霉菌可湿性粉剂，用量 200～300 克 /667 米^2 兑水喷雾，为了提高效果，可加入 30% 噁霉灵水剂 800 倍液混用。根据土壤干湿度及植株大小决定灌药量的多少，以"彻底灌透根系范围"为标准，一般每株灌药液 300～500 毫升，每隔 7～10 天灌 1 次，连续灌 2～3 次。

十五、番茄菌核病

1. 症状及快速鉴别

叶、果实、茎等部位均可被侵染发病。

叶片受害，多从叶缘开始，初呈水渍状，淡绿色。湿度大时长出少量白霉，后病斑变为灰褐色，蔓延速度快，短时间内即可导致全叶腐烂枯死。

果实及果柄染病，始于果柄，向果面蔓延。未成熟果实似水烫状，受害果实上可产生白霉，后在霉层上产生黑色菌核。花托上的病斑呈环状包围在果柄周围。

茎染病，多由叶柄基部侵入，病斑灰白色稍凹陷，边缘水渍状。后期表皮纵裂，边缘水渍状，病斑长达株高的 4/5。除在茎表面形成菌核外，剥开茎部茎内也可见到大量菌核。严重时植株枯死（图 1-31）。

2. 病原及发病规律

病原为核盘孢菌，属子囊菌亚门真菌。

菌核在土中或混在种子中越冬或越夏，落入土中的菌核能存活 1～3 年，是主要初侵染源。在我国北方多在保护地中菌核萌发，在早春或晚秋保护地容易发生和流行。菌核萌发时间可延长至翌年的 4～5 月。在南方露地栽培中菌核在 2～4 月和 10～12 月为两个主要

(a)　　　　　　　　(b)　　　　　　　　(c)　　　　(d)　　　　(e)

(f)　　　　　　　　(g)　　　　　　　(h)　　　　　　(i)

图1-31　番茄菌核病

萌发时期。田间再侵染由病叶与健叶接触进行传播。有时是由易染病的小藜、马齿苋等杂草叶扩展传播到附近的番茄植株上。

3. 防治妙招

（1）**清园灭菌**　收获后及时深翻土壤，使菌核不能萌发。

（2）**加强管理**　注意通风排湿，减少传播蔓延。实行轮作，培育无病苗。及时清除田间杂草，有条件的覆盖地膜。

（3）**药剂防治**　发病初期可用50%腐霉利可湿性粉剂1500倍液，或25%嘧菌酯悬浮剂1500倍液，或50%乙烯菌核利悬浮剂800倍液，或50%异菌脲可湿性粉剂1000倍液，或25%戊唑醇水乳剂4000倍液等药剂喷雾，连喷2～3次。

十六、番茄炭疽病

1. 症状及快速鉴别

该病只为害果实，尤其严重为害成熟果实。病部初生水浸状透明

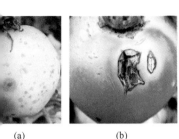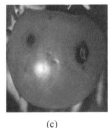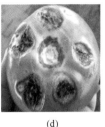

(a)　　　　　　(b)　　　　　　(c)　　　　　　(d)　　　　　　(e)

图1-32　番茄炭疽病

小斑点，扩大后呈黑色，略凹陷，有同心轮纹；病斑上密生黑色小点并分泌淡红色黏质物，后引起果实腐烂或脱落（图1-32）。

2.病原及发病规律

病原为番茄刺盘孢菌，属半知菌亚门真菌。

病原菌主要以菌丝体随病残体遗留在土壤中越冬，也可以潜伏在种子上。种子发芽后直接侵害子叶使幼苗发病。条件适合时产生分生孢子，借风雨飞溅传播蔓延。孢子萌发产生芽管，经伤口或直接侵入。未着色的果实染病潜伏到果实成熟显现病症。生长后期病斑上产生粉红色黏稠物，内含大量分生孢子，通过雨水溅射传播到健果上进行再侵染。

高温、高湿条件下发病重。发病最适温度约为24℃，空气相对湿度97%以上。气温30℃以上的干旱天气停止扩展。低温多雨的年份病害严重，造成烂果多。重茬地、地势低洼、排水不良、氮肥过多、植株郁闭或通风不良、植株长势弱的地块发病重。

3.防治妙招

（1）种子处理　播种前种子可用52℃温水浸种30分钟。或用药剂包衣种子，每5千克种子用10%咯菌腈悬浮种衣剂10毫升，先用0.1千克水稀释，然后均匀拌种。

（2）农业防治　与非茄果类蔬菜实行3年以上的轮作。施用充分腐熟的优质有机肥。采用高畦或起垄栽培。及时清除病残果并带出菜田外集中处理。保护地避免出现高温、高湿条件。

（3）药剂防治　绿果期开始喷药。可用70%代森锰锌可湿性粉剂 400 倍液，或 25% 嘧菌酯悬浮剂 1000 倍液，或 25% 咪鲜胺可湿性粉剂 1200 倍液，或 50% 异菌脲可湿性粉剂 1000 倍液，或 75% 百菌清可湿性粉剂 1000 倍液，或 10% 苯醚甲环唑可湿性粉剂 1500 倍液，或 70% 甲基硫菌灵可湿性粉剂 800 倍液，或 80% 多菌灵可湿性粉剂 800 倍液，或 80% 炭疽福美可湿性粉剂 800 倍液。每隔约 7 天喷施 1 次，连续喷施 3～4 次。轮换使用药剂，有利于提高防治效果，选择上述 2～3 种药剂混合使用防治效果更好。

十七、番茄绵腐病

1. 症状及快速鉴别

该病主要侵害果实，多在近地面果实发病。尤其是发生生理裂果的成熟果实最易染病。

苗期染病引起猝倒。生长期果实染病产生水浸状黄褐色或褐色大斑，导致整个果实腐烂，被害果外表不变色，有时果皮破裂。果上密生大量白色霉层，可区别于绵疫病（图 1-33）。

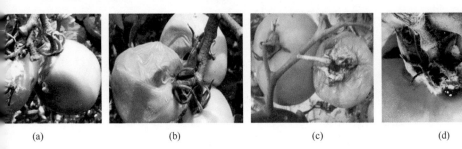

(a)　　　　　　　　(b)　　　　　　　　(c)　　　　　　　　(d)

图 1-33　番茄绵腐病

2. 病原及发病规律

病原为瓜果腐霉菌，群结腐霉菌也可引起发病；属鞭毛菌亚门真菌。

病菌以卵孢子在土壤中越冬，也可以菌丝体在土壤中营腐生生活，借雨水、灌溉水传播，侵染接近地面的果实，引发病害。30℃ 高温最适病害发展，相对湿度大于 95% 的高湿条件有利于病菌的繁殖和侵染。连作、地势低洼或土质黏重、排水不良时易发病。

3. 防治妙招

（1）农业防治　高垄覆盖地膜栽培。平整土地，防止灌水或雨后地面积水。小水勤灌，均匀灌水，防止产生生理性裂果。及时整枝、搭架，适度去掉底部老叶，保证通风透光，降低田间湿度。避免氮素过多，用磷酸二氢钾 150 倍液 + 海藻精 400 倍液 + 奇能 400 倍液，进行全株喷雾，并用冲施肥 300 倍液冲施。间隔 5 天进行 1 次，连续 2 次。

（2）药剂防治　摘除病果后再喷药。可用 64% 杀毒矾可湿性粉剂 500 倍液，或 3% 噁霉甲霜水剂 600 倍液，或 50% 烯酰吗啉可湿性粉剂 1500 倍液，或 58% 甲霜灵·锰锌 800 倍液，也可选择其中两种药剂同时混合使用。或用猛杀生 600 倍液 + 异菌脲 600 倍液 + 奇能 400 倍液喷雾防治。间隔 4 天喷 1 次，重点向结果层位上喷施。

十八、番茄根霉果腐病

1. 症状及快速鉴别

该病主要为害果实。近成熟或成熟后没有及时采收的近地面果实最易染病。

果实染病后，迅速出现大面积软化。湿度大时病部长出较密的白色霉层，经过一段时间后在白色霉层上生出黑蓝色球状的菌丝体，即病菌孢囊梗和孢子囊。病果迅速腐烂（图 1-34）。

 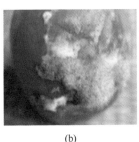 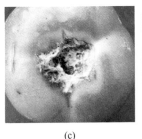 

(a)　　　　　　(b)　　　　　　(c)　　　　　　(d)

图 1-34　番茄根霉果腐病

2. 病原及发病规律

病原为番茄匍枝根霉，属接合菌（半知菌和子囊菌）亚门真菌。

病原菌寄生性弱，但分布广泛，可在多种多汁的蔬菜、水果的残体上营腐生生活。孢囊孢子可附着在棚室墙壁、门窗及塑料棚骨架、架杆等处越冬。遇到适宜的条件病原菌从伤口或生活力衰弱的部位侵入，引起病部软化腐败。病菌产孢量大，可借气流传播蔓延，进行再侵染。病菌喜温暖潮湿的条件，适宜生长温度24～29℃，相对湿度高于80%。连续阴雨、棚室浇水过量、湿度大、放风不及时、果实过熟易导致发病。

3. 防治妙招

（1）农业防治　尤其当进入雨季或生育后期时及时采收成熟果实，避免果实过熟。控制田间和棚室内的相对湿度。减少或避免植株产生伤口，减少病菌侵入机会，防止病害发生蔓延。及时喷洒植宝素7500倍液，可增强植株抵抗力。

（2）药剂防治　发病初期可用80%多菌灵可湿性粉剂800倍液，或77%可杀得可湿性微粒粉剂500倍液，或30%碱式硫酸铜悬浮剂400～500倍液，或72%农用硫酸链霉素可溶性粉剂3000倍液，或10%苯醚甲环唑1500倍液，或50%苯菌灵可湿性粉剂1000倍液。每隔约10天防治1次，连续防治2～3次。采收前3天停止用药。

十九、番茄枝孢果腐病

1. 症状及快速鉴别

该病主要为害果实。果面初产生圆形、凹陷斑，后病部产生灰绿色霉层，即病原菌的分生孢子梗和分生孢子（图1-35）。

2. 病原及发病规律

病原为番茄枝孢，属半知菌亚门真菌。

图1-35　番茄枝孢果腐病

病菌以菌丝和分生孢子在病叶上或土壤内及植物残体上越冬。翌年春季产生分生孢子，借风雨及蚜虫、介壳虫、粉虱等昆虫传播蔓延，株行间郁闭、湿度大的棚室或梅雨季节，易导致发病。

3.防治妙招

（1）**农业防治** 改善棚室小气候，保证通风透光。雨后及时排水，防止湿气滞留。

（2）**控制害虫** 及时防治蚜虫、粉虱及介壳虫，避免害虫传播病菌。

（3）**药剂防治** 在点片发生阶段，可及时喷洒60%多菌灵盐酸盐（防霉宝）可溶性粉剂600倍液，或50%多·硫悬浮剂600倍液，或47%加瑞农（春雷·王铜）可湿性粉剂600倍液，或40%多菌灵胶悬剂600倍液，或50%多·霉威可湿性粉剂1000倍液。约隔15天喷1次，连续防治1～2次。

二十、番茄丝核菌果腐病

1.症状及快速鉴别

植株下部近地面将要成熟的果实脐部或肩部易染病。初呈水渍状淡色斑，后扩展呈暗褐色、略凹陷的斑块，果实表面产生褐色蛛丝状霉，即病原菌的菌丝体。后期病斑中心常裂开，果实腐烂。在番茄苗期可引起立枯病或猝倒病，成株期染病，常引起茎基腐烂（图1-36）。

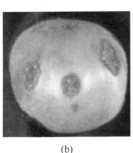

(a)　　　　　　(b)　　　　　　(c)　　　　　　(d)

图1-36　番茄丝核菌果腐病

2.病原及发病规律

病原为立枯丝核菌，属半知菌亚门真菌。

病菌存在于土壤中，遇有适宜的温、湿度即可侵染番茄果实。湿度大时会加重病情。

3.防治妙招

（1）农业防治　仔细平整土地，采取垄作或深沟高厢栽培，保证雨后及时排水。近地面果实稍转红时应及时采收。

（2）药剂防治　必要时可用5%井冈霉素水剂1500倍液，或20%甲基立枯磷乳油1000倍液，或1∶1∶200比例的波尔多液等药剂进行喷雾防治。

二十一、番茄假单胞果腐病

1.症状及快速鉴别

该病主要为害果实。发病初期出现不规则形病斑，病斑先发白，内部果肉变为黄褐色至黑褐色，后全果逐渐腐烂，流出黄褐色脓水。但无臭味，可区别于软腐病（图1-37）。

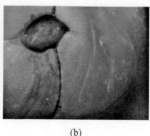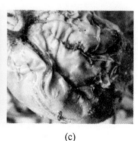

(a)　　　　　　　(b)　　　　　　　(c)

图1-37　番茄假单胞果腐病

2.病原及发病规律

病原为假单胞菌属的荧光假单胞菌，属细菌。

病原细菌在土壤中越冬。通过雨水或水滴溅射传播，也可接触传播。病菌从伤口侵入。夏季多雨季节易发病。

3. 防治妙招

（1）农业防治　与非茄科蔬菜轮作。采用避雨栽培，严禁大水漫灌，浇水时防止水滴溅起。避免各种伤口出现是防治该病的重要措施。

（2）药剂防治　发病初期及时喷药。可用 72% 农用硫酸链霉素可溶性粉剂 4000 倍液，或 47% 加瑞农（春雷・王铜）可湿性粉剂 800 倍液，或 30% 碱式硫酸铜悬浮剂 400 倍液，或 30% 琥胶肥酸铜可湿性粉剂 500 倍液，或 77% 可杀得可湿性微粒粉剂 500 倍液，或 56% 氧化亚铜水分散微颗粒剂 700～800 倍液。每隔 7～10 天，防治 1 次，连续防治 2～3 次。采收前 3 天停止用药。

二十二、番茄镰刀菌果腐病

1. 症状及快速鉴别

该病主要为害接近成熟的果实。果面初呈淡色斑，后逐渐变为褐色，病斑形状不定，无明显边缘。病斑扩展后遍及整个果实。多先从伤口处发病。湿度大时病部密生略带红色棉絮状的菌丝体，导致果实腐烂，大多脱落（图 1-38）。

 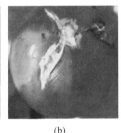 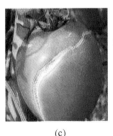 

(a)　　　　　　　(b)　　　　　　　(c)　　　　　　　(d)

图 1-38　番茄镰刀菌果腐病

2. 病原及发病规律

病原为镰刀菌，属半知菌亚门真菌。

病菌在病残体或土壤中越冬。病菌通过雨水、灌溉水传播，多由伤口侵入。一般植株下部或接触地面的果实易受侵染。尤其生理裂果或有其他伤口的果实最易发病。病菌喜高温、高湿条件，灌水过多，相对湿度大，均发病严重。

果实与土壤接触易染病。种植密度大，株、行间郁闭，通风透光不良，发病重。氮肥施用过多，生长过嫩，抗性降低，易发病。土壤黏重、偏酸，多年重茬，田间病残体多，肥力不足、耕作粗放、杂草丛生的田块，或地下害虫严重的田块发病重。肥料未充分腐熟，有机肥带菌或肥料中混有本科作物病残体的易发病。地势低洼积水、排水不良、土壤潮湿时易发病。温暖、高湿、多雨、日照不足时易发病。

3. 防治妙招

（1）农业防治　选用抗病品种。选用无病、包衣的种子。如未包衣，种子须用拌种剂或浸种剂灭菌。与非本科作物轮作，水旱轮作最好。地膜覆盖栽培，避免果实与地面接触。移栽前或收获后清除田间及四周杂草，集中烧毁或沤肥。深翻菜地，灭茬晒土，促使病残体分解，减少病虫源。

（2）嫁接防病　用抗性强的野生品种作砧木进行嫁接，可以减轻或遏制病害的发生。

（3）药剂防治　果实着色前，可用 30% 琥胶肥酸铜可湿性粉剂 500 倍液，或 25% 络氨铜水剂 500 倍液，或 36% 甲基硫菌灵悬浮剂 500 倍液，或 40% 多·硫悬浮剂 500 倍液等药剂喷雾防治。每隔 7～10 天喷 1 次，连续防治 3～4 次。

果实近成熟时，可用 50% 多菌灵可湿性粉剂 500～600 倍液，或 70% 甲基托布津可湿性粉剂 700 倍液，或 25% 络氨铜 500 倍液，或 50% 琥胶肥酸铜 500 倍液，或 12.5% 增效多菌灵 300 倍液，或 55% 霉菌净 1500 倍液等药剂喷雾防治。

二十三、番茄黑斑病

番茄黑斑病也叫番茄钉头斑病、指斑病。

1. 症状及快速鉴别

该病主要为害果实，也可为害叶片和茎部。

果实受害，病斑灰褐色至褐色，近圆形至不定形，有的稍凹陷，有明显的边缘。果实上有 1 个或多个大小不等的病斑。病斑扩大并相互连合成大斑块，斑面上有黑色霉状物，为病菌分生孢子梗及分生孢子（图 1-39）。

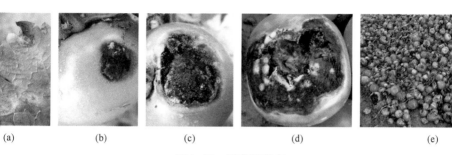

(a)　　　　　(b)　　　　　(c)　　　　　(d)　　　　　(e)

图 1-39　番茄黑斑病

2. 病原及发病规律

病原为番茄钉头斑交链孢霉菌，属半知菌亚门真菌。

病原菌以菌丝体和分生孢子梗随病残体遗落在土中存活越冬，也可以分生孢子黏附在种子上越冬。翌年春季以分生孢子作为初侵与再侵接种体，借气流传播，从伤口侵入进行初侵染和再侵染。植株生长衰弱或果实有伤口才会受到病菌的侵害。病菌发育要求高温（适温为 25～30℃）、高湿（相对湿度 85% 以上）的条件。

高温多雨、温暖多湿的年份和季节有利于发病。土地低洼，管理粗放，肥水不足，植株生长衰弱易发病。

3. 防治妙招

（1）加强土肥水管理　适时追肥和喷施叶面肥，使植株健壮生长，提高植株抗病力，可减少受害。收获后及早清洁菜园，翻耕晒土，减少菌源。

（2）种子消毒　结合防治早疫病等病害，播种前对种子进行消毒。可用 52℃ 温水浸种 30 分钟。也可用种子重量 0.3% 的 75% 百菌清拌种。

（3）药剂防治　从青果期开始，在进入雨季尚未发病之前开始喷药。常用 25% 嘧菌酯悬浮剂 900 倍液，或 80% 代森锰锌可湿性粉剂 600 倍液，或 53% 精甲霜·锰锌水分散粒剂 500 倍液，或 25% 戊唑醇水乳剂 3000 倍液，或 2% 春雷霉素液剂 500 倍液，或 50% 腐霉利 1000 倍液，或 50% 异菌脲可湿性粉剂 1000 倍液，或 50% 福·异菌可湿性粉剂 800 倍液，或 75% 百菌清可湿性粉剂 600 倍液，或 80% 喷克可湿性粉剂 600 倍液。

> **提示** 发病后再用药防治，效果明显降低。

保护地提倡采用粉尘法或烟雾法。棚室中可用 5% 百菌清粉尘剂，每 667 平方米每次用药 1 千克。或每 667 平方米每次用 45% 百菌清烟剂 200 克熏治。每隔 9 天用 1 次，连用 3～4 次。此外也可将 50% 异菌脲配成 180～200 倍液涂抹患病部位，效果良好。

二十四、番茄假黑斑病

番茄假黑斑病也叫番茄链格孢黑霉病、番茄茎枯病。

1. 症状及快速鉴别

该病只为害果实，以成熟果较多。多发生在果梗附近，或果面被日光灼伤处及裂果裂痕处。果上呈形状不规则、大小不等、变硬的黑褐色凹陷病斑，密生一层黑色霉状物。环境条件适宜时病斑扩大，可达到果实的 1/3～1/2。发病后期病果易被杂菌侵染造成腐烂（图 1-40）。

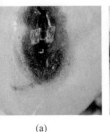

(a) (b) (c) (d)

图 1-40　番茄假黑斑病

2. 病原及发病规律

病原为链格孢菌，属半知菌亚门真菌。

病原菌在病残体上越冬。病原菌腐生性强，寄主范围广，可在多种蔬菜病残体上存活。条件适宜时产生分生孢子，借风雨、气流传播，多从伤口处或生活力衰弱部位侵入。发病的适宜温度为23～27℃，相对湿度90%以上。进入成熟期浇水过多或通风不及时发病重，收获末期发病重，伤果裂果多发病重。

3. 防治方法

（1）加强栽培管理　控制好棚室内的湿度，及时通风排湿。减少果实受伤。果实成熟后及时采收，精细采收，及时摘除病果，清理落地果。

（2）药剂防治　发病初期可用10%苯醚甲环唑1500倍液，或75%百菌清可湿性粉剂600～1000倍液，或70%甲基硫菌灵可湿性粉剂800倍液，或80%多菌灵可湿性粉剂800倍液，或30%碱式硫酸铜400倍液，或50%异菌脲可湿性粉剂1000倍液，或80%代森锰锌可湿性粉剂500倍液。一般在盛花期开始喷施，连喷2～3次。

二十五、番茄早疫病

番茄早疫病也叫番茄轮纹病。

1. 症状及快速鉴别

该病主要为害叶片，也可为害幼苗、茎和果实。

成株期叶片被害，多从植株下部叶片向上发展，初呈水浸状、暗绿色病斑。扩大后呈圆形或不规则形的轮纹斑，边缘多具浅绿或黄色的晕环，中部呈同心轮纹。潮湿时病斑上长出黑色霉层，即分生孢子及分生孢子梗。严重时叶片脱落。

茎部染病，多在分枝处及叶柄基部呈褐色至深褐色、不规则圆形或椭圆形、凹陷病斑，具同心轮纹，有时龟裂。严重时造成断枝。

青果染病，多始于花萼附近，初为椭圆形或不规则形、褐色或黑色斑，凹陷病斑。后期果实开裂，病部较硬，密生黑色霉层。

叶柄、果柄染病，呈灰褐色、长椭圆形、稍凹陷的病斑（图1-41）。

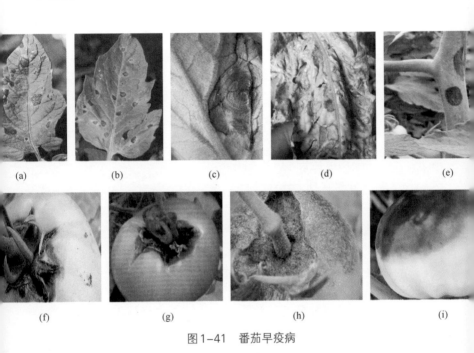

(a)　　　　(b)　　　　(c)　　　　(d)　　　　(e)

(f)　　　　(g)　　　　(h)　　　　(i)

图1-41　番茄早疫病

2. 病原及发病规律

病原为茄链格孢菌，属半知菌亚门真菌。

病菌以菌丝体和分生孢子随病残组织落入土壤中进行越冬；有的分生孢子可残留在种皮上随种子一起越冬。分生孢子可存活1～1.5年。病菌通过气流、微风、雨水溅流等传到寄主上，通过气孔、伤口或从表皮直接侵入，在体内繁殖大量的菌丝，然后产生孢子梗，进而产生分生孢子进行传播。其在26～28℃时生长最快。侵入寄主后进行多次重复再侵染。

肥力差、管理粗放的地块发病重。黏重土质比沙性土质强的地块发病重。

3. 防治妙招

（1）**选择抗病品种**　一般早熟品种、窄叶品种发病较轻。高棵、大秧、大叶品种发病重。在重病区可选用迪丽雅、欧缇丽、凯旋158等较抗病的优良品种。

（2）**注意轮作**　与非茄科作物进行2～3年以上的轮作。育苗床也要轮作。

（3）**种子处理**　播种前种子可用70℃干热处理72小时。也可用52℃温水自然降温处理30分钟，可杀菌消毒，然后用冷水浸种催芽再进行播种。

（4）**培育壮苗**　调节好苗床的温度和湿度。幼苗长到2叶1心时进行分苗，谨防幼苗徒长，可防止苗期患病。

（5）**加强田间管理**　高垄栽培，合理施肥。定植缓苗后及时封垄，促进新根发生。温室内要控制好温度和湿度，加强通风透光管理。结果期定期摘除下部病叶，带出菜园外集中深埋或烧毁，减少传播病的机会。

（6）**药剂防治**　从苗期开始可喷霜贝尔30毫升/桶（15千克水），每隔7～10天喷1次，带药定植防病效果显著。

发病初期及时摘除病叶、病果及为害严重的病枝。可用50%腐霉利可湿性粉剂2000倍液，或50%异菌脲可湿性粉剂1000～1500倍液，或56%嘧菌酯＋百菌清＋高科（6%嘧菌酯、50%百菌清、44%高科混合）600倍液，或65%甲霉灵可湿性粉剂1000～1500倍液，或4%嘧啶核苷类抗生素500倍液，或50%甲基硫菌灵可湿性粉剂500倍液，或50%克菌灵可湿性粉剂1000倍液，或38%噁霜·嘧菌酯（30%噁霜灵、8%嘧菌酯），或50%乙烯菌核利可湿性粉剂1000倍液，或50%多·霉威可湿性粉剂1500倍液，或70%代森锰锌可湿性粉剂500倍液，或武夷菌素水剂150倍液，或50%异菌脲可湿性粉剂800倍液＋20%三唑酮乳油1500倍液，或50%异菌脲可湿性粉剂800倍液＋50%乙霉威可湿性粉剂600倍液，或50%腐霉利可湿性粉剂1000倍液＋70%甲基硫菌灵可湿性粉剂600倍液喷雾。每隔7天喷1次，根据发病为害程度连续防治2～3次。

提示 发病较重时先清除中心病株、病叶等，再及时采用中、西医结合的防治方法，可控制病害的发展。

二十六、番茄晚疫病

1.症状及快速鉴别

该病常为害叶、茎、果实，幼苗和成株均可染病。

叶片染病，病斑大多先从叶尖或叶缘开始，初为水浸状褪绿斑，后逐渐扩大。在空气湿度大时形成褐色条斑，叶片边缘长出1圈白霉。干旱时病斑褐色干枯，叶背无白霉，质脆易裂，扩展慢。

茎部皮层形成长短不一的褐色条斑。

叶柄、茎秆和花序染病，形成不规则褐色、稍凹陷的大斑，边缘不清晰。湿度大时表面长出灰白色霉层。

果实受害，在果面形成不规则形、褐色坏死斑，边缘云纹状（图1-42）。

(a) (b) (c) (d)

(f) (g) (h) (i)

图1-42 番茄晚疫病

2. 病原及发病规律

病原为疫霉菌，属鞭毛菌亚门疫霉属真菌。

病菌主要以菌丝体在保护地栽培的番茄及田间自然生长的番茄、马铃薯上越冬，有时以厚垣孢子在落入土中的病残体上越冬，也可在土壤或种子上越冬。病菌主要靠气流、雨水和灌溉水传播。从气孔、皮孔、伤口或表皮侵入引起发病。先在田间形成中心病株，遇到适宜条件引起病害流行。病菌可在田间进行多次再侵染，结果盛期发病严重。雨水将病菌从地面溅到番茄植株上形成中心病株，病菌的菌丝体在寄主细胞间或细胞内扩展蔓延，经过 3～4 天的潜育，病部长出菌丝和孢子囊。孢子囊通过气流传播，直接侵入或从植株伤口、气孔侵入，继而产生孢子囊进行多次重复侵染，引起病害的流行。

病菌发育适宜温度为 18～20℃，最适相对湿度 95% 以上。一般种植感病品种、带病苗，偏施氮肥，定植过密，田间易积水的地块易发病。靠近发生晚疫病棚室的地块病害重。连续阴雨天气多的年份为害严重。

3. 防治妙招

（1）**选用抗病品种**　可因地制宜地选择百利、L-402、中蔬 4 号、中蔬 5 号、中杂 4 号、圆红、渝红 2 号、强丰、佳粉 15 号、佳粉 17 号等抗病性强的优良品种。

（2）**培育无病壮苗**　提倡用营养钵、营养袋、穴盘等培育无病壮苗。避免在有番茄晚疫病的棚内育苗。定植前仔细检查，剔除病株，并喷 1 次杀菌药剂。

（3）**加强栽培管理**　发病重的田块应与非茄科蔬菜实行 3～4 年轮作，要远离马铃薯、茄子和普通番茄。选择地势高燥、排灌方便的地块种植。选择适当的播种期，加强苗期管理。开沟起垄栽培，合理密植，1800～2200 株 /667 米^2。调节好棚内的水、温、气等条件。整枝时避免与病株相互接触，可减轻病害的发生。

（4）**清洁田园**　番茄收获后彻底清除病株、病果，减少初侵染源。发现中心病株立即除去病叶、病枝、病果或整个病株，在远离田块的地方集中深埋或烧毁。

（5）药剂防治　在发病初期可用霜贝尔 50～70 毫升 + 大蒜油 15 毫升 + 沃丰素 25 毫升，兑水 15 千克。每隔 3 天喷施 1 次，连喷 2～3 次。病害得到有效控制后改为预防。

发病中后期可用霜贝尔 70～100 毫升 + 大蒜油 15 毫升 + 沃丰素 25 毫升，兑水 15 千克，每隔 3 天喷施 1 次，连喷 2～3 次，病害得到有效控制后改为预防。

> **提示**　大蒜油在苗期使用减半，用量为 5～7 毫升。

从开花前开始可用 10% 多抗霉素可湿性粉剂 600～800 倍液，或 50% 烯酰吗啉可湿性粉剂 1500 倍液，或 58% 甲霜灵·锰锌 800 倍液，或 50% 锰锌·乙铝可湿性粉剂 500 倍液，或 50% 福美双可湿性粉剂 500 倍液，或 75% 百菌清可湿性粉剂 700 倍液，或 25% 甲霜灵可湿性粉剂 600 倍液，或 20% 苯霜灵乳油 300 倍液，或 50% 甲霜·铜可湿性粉剂 600～700 倍液，或 40% 三乙膦酸铝可湿性粉剂 200～250 倍液，或 38% 噁霜·菌酯高科 600 倍液，或 64% 杀毒矾可湿性粉剂 400 倍液，或 70% 甲霜·铝铜可湿性粉剂 800 倍液，或 50% 退菌特可湿性粉剂 500～1000 倍液，或 72% 霜脲·锰锌可湿性粉剂 750 倍液，或 2% 嘧啶核苷类抗生素水剂 150 倍液，或 70% 代森锰锌可湿性粉剂 500 倍液，或 77% 可杀得可湿性粉剂 600 倍液，或 2% 武夷菌素水剂 150～200 倍液喷雾防治。每隔 5～7 天喷 1 次，连喷 2～3 次。

保护地栽培时可用 45% 百菌清烟雾剂 250 克 /667 米^2，傍晚封闭棚室，将药剂分放于 5～7 个燃放点烟熏 1 夜，连用 2～3 次。也可喷撒 5% 百菌清粉尘剂 1 千克 /667 米^2。间隔 7～10 天用 1 次，最好与喷雾防治交替进行。

二十七、番茄圆纹病

番茄圆纹病也叫番茄实腐病。

1. 症状及快速鉴别

该病为害果实及叶片。

果实发病，先出现淡褐色，后转为褐色的凹陷斑。扩大后可发展到果面的1/3，病斑不软腐，略收缩干皱，有轮纹。湿度大时可长出白色菌丝层，后病斑渐变为黑褐色，表面着生许多小黑点，病斑下果肉紫褐色。有的与腐生菌混生，引起果实腐烂。

叶片发病，初生褐色或淡褐色、圆形或近圆形病斑，上有整齐的近圆形轮纹，病斑不受叶脉限制。发病后期病斑上有不明显的小黑点，即病原菌的分生孢子器（图1-43）。

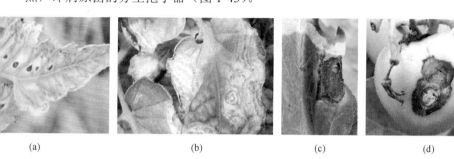

(a)　　　　　　　　(b)　　　　　　(c)　　　　　(d)

图1-43　番茄圆纹病

提示　圆纹病与疫病相似，但病斑不像疫病那样易受叶脉限制，轮纹较平滑，突起不明显。

2.病原及发病规律

病原为实腐茎点霉菌，属半知菌亚门真菌。

病原菌以分生孢子器随病残体留在地表越冬。翌年条件适合时散出分生孢子，产出芽管侵入寄主。后又在病部产生分生孢子器及分生孢子，借风雨传播蔓延，进行再侵染。气温21℃时有利于病害的发生或流行。

3.防治妙招

（1）**加强栽培管理**　与非茄科作物实行2年以上轮作。收获后彻底清除病残体，集中烧毁或深翻土地，减少初侵染源。

（2）**药剂防治**　发病初期可用50%多菌灵可湿性粉剂500倍液，或75%百菌清可湿性粉剂500倍液，或70%代森锰锌可湿性粉剂

400 倍液，或 50% 混杀硫悬浮剂 500 倍液，或 77% 可杀得可湿性粉剂 500 倍液，或 78% 波尔锰锌可湿性粉剂 600 倍液，或 25% 嘧菌酯悬浮剂 1000～1500 倍液，或 30% 琥胶肥酸铜可湿性粉剂 400～500 倍液等药剂喷雾。每隔约 10 天喷 1 次，连续防治 1～2 次。

二十八、番茄酸腐病

1. 症状及快速鉴别

该病只为害过熟迟收的番茄果实，尤其果实有伤口最易染病。

果实受害，初期局部或全果软化，表皮逐渐变成褐色，出现湿腐状，表皮稍微皱缩有裂纹。湿度大时病部表面或裂缝中长出稀疏的白霉，即病原菌菌丝或分生孢子梗。最后病果腐败流水，病部易开裂，散发出酸臭味（图 1-44）。

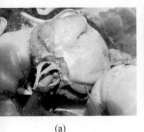

(a)　　　　　　(b)　　　　　　(c)　　　　　　(d)

图 1-44　番茄酸腐病

2. 病原及发病规律

该病为寄生酸腐节卵孢，属半知菌亚门真菌。

病菌以菌丝体在土壤中或以分生孢子附着在棚室中进行越冬或越夏。翌年春季分生孢子靠气流传播，从生活力衰弱的部位或伤口侵入。染病后病部又产生大量的分生孢子进行再侵染，导致病害扩展。病菌腐生性较强，病健果直接接触可引起传染。发病适温 23～28℃，相对湿度高于 85% 有利于发病。伤口多易发病。雨季或田间湿度大发病重。

3. 防治妙招

（1）农业防治　高畦栽培，通风降湿，雨后及时排水，降低棚室湿度。适时精细采收，避免造成伤口。及时防虫，减少虫伤。收获装筐时注意剔出病烂果。贮放时注意通风。

（2）药剂防治　发病初期可喷 30% 绿得保（碱式硫酸铜）悬浮剂 400～500 倍液，或 30% 琥胶肥酸铜可湿性粉剂 500 倍液，或 14% 络氨铜水剂 400 倍液，或 77% 可杀得可湿性微粒粉剂 500 倍液，或 70% 代森锰锌可湿性粉剂 500 倍液等药剂。约隔 10 天喷 1 次，防治 1～2 次，采收前 3 天停止用药。

二十九、番茄软腐病

1. 症状及快速鉴别

该病主要为害茎和果实。

茎部受害，多从整枝、打杈造成的伤口处开始发病，然后向内部延伸，最后髓部腐烂，有恶臭味。失水后病茎中空。病茎维管束完整，不受侵染。病茎上端枝叶萎蔫，叶色变黄。

果实受害，果皮虽保持完整，但内部果肉溃烂，汁液外溢，有恶臭味（图 1-45）。

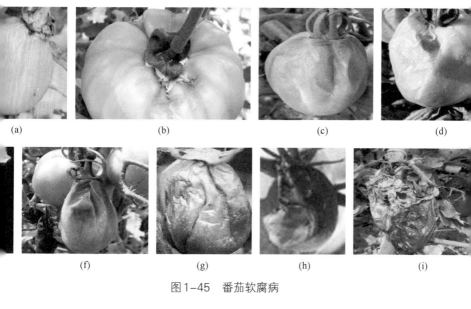

图 1-45　番茄软腐病

2. 病原及发病规律

病原为胡萝卜软腐欧文氏菌，胡萝卜软腐致病型，属细菌。

病菌主要随病残体在土中越冬。靠昆虫、雨水、灌溉水等进行传播，从伤口侵入。为害茎秆时多从整枝伤口侵入。为害果实主要从害虫的蛀孔侵入。病菌侵入后分泌果胶酶，使寄主细胞间的中胶层溶解，细胞分离，细胞内水分外溢，引起腐烂。

潮湿、阴雨和经常狂风的天气，或在露水未干时整枝打杈，以及虫伤多的地块发病重。温室和塑料大棚中施用未充分腐熟的堆肥过多，植株生长过旺，湿度大，发病重。

3. 防治妙招

（1）加强田间管理　整枝、抹芽、打杈宜早。及时防治害虫。

（2）药剂防治　发病初期可喷洒 25% 络氨铜水剂 500 倍液，或 30% 琥胶肥酸铜可湿性粉剂 500 倍液，或 72% 农用硫酸链霉素可溶性粉剂 4000 倍液，或 77% 可杀得可湿性微粒粉剂 500 倍液。

三十、番茄绵疫病

1. 症状及快速鉴别

该病为害果实、茎、叶片等全株各个部位。在各生育期均可发病。主要为害未成熟的果实。

初发病时，在近果顶或果肩出现表面光滑的淡褐色斑，长有少许白霉。后逐渐形成同心轮纹状斑，渐变为深褐色，皮下果肉也变褐，果实脱落。湿度大时受害部位腐败速度快，长有白色霉状物。为害严重时果梗受害萎缩。病果多保持原状，不软化，易脱落。

叶片染病，叶上长出水浸状、大块褪绿斑，逐渐腐烂，有时可见同心轮纹（图 1-46）。

2. 病原及发病规律

病原常见有寄生疫霉、辣椒疫霉、茄疫霉 3 种，均属鞭毛菌亚门真菌。

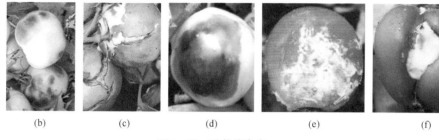

(b) (c) (d) (e) (f)

图1-46 番茄绵疫病

病菌以卵孢子或厚垣孢子随病残体在田间越冬，成为翌年的初侵染源。病菌借雨水溅到近地面的果实上，萌发后侵入果实发病。病部产生孢子囊，游动孢子通过雨水、灌溉水传播进行再侵染。病菌发育适温30℃，相对湿度高于95%。7～8月高温多雨，在低洼地及土质黏重地块发病重。

3. 防治妙招

（1）**合理轮作** 与非茄科蔬菜实行3年以上的轮作。最好采用高畦栽培，地膜覆盖（图1-47）。

图1-47 高畦栽培，地膜覆盖

（2）**加强管理** 及时整枝打杈，去老叶，保证株间通风透光。及时清除病果，带出园外集中深埋或烧毁。

（3）**药剂防治** 发病初期重点保护果穗，可用霜贝尔30毫升/桶（15千克水）适当喷洒地面。也可喷30%琥胶肥酸铜可湿性粉剂500倍液，或25%络氨铜水剂500倍液，或70%甲基托布津可湿性粉剂 700 倍液，或 40% 灭病威 500 倍液，或 50% 多菌灵可湿性粉剂 500～600 倍液，或 40% 多·硫悬浮剂 500 倍液。每隔 7～10 天喷 1 次，连续防治 3～4 次。

三十一、番茄红粉病

1. 症状及快速鉴别

果实发病初期，果实端部出现褐色水浸状斑，后呈深褐色，不凹陷。湿度大时病部先出现白色致密的霉层，后长满一层浅粉红色绒状霉。病果腐烂或干缩僵果挂在枝上（图 1-48）。

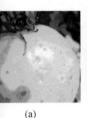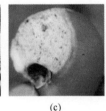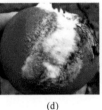

(a)　　　　　(b)　　　　　(c)　　　　　(d)　　　　　(e)

图 1-48　番茄红粉病

2. 病原及发病规律

病原为粉红单端孢，属半知菌亚门真菌。

病菌以菌丝体随病残体留在土壤中越冬。翌年春季条件适宜时产生分生孢子，传播到番茄果实上，由伤口侵入。发病后病部又产生大量的分生孢子，借风雨或灌溉水传播蔓延进行再侵染。

病菌发育适温 25～30℃，相对湿度高于 85% 有利于发病。生产上灌水过多、湿度过大、放风不及时易发病。番茄栽植过密，偏施氮肥发病重。

3. 防治妙招

（1）农业防治　合理密植，避免植株过密。及时整枝、打杈，中后期适时摘去下部老叶，增加通透性，保证通风透光。

（2）生态防治　棚室加强放风排湿，保证相对湿度低于 85%，可有效地控制病害的发生和蔓延。

（3）**清园灭菌**　发病初期，在病果尚未长出粉红色霉层之前及时摘除病果，装入塑料袋内，带出棚外集中烧毁或深埋，减少病源。

（4）**药剂防治**　重点是在苗期下雨前后和发病初期，可用50%多菌灵可湿性粉剂500倍液，或50%甲基托布津可湿性粉剂500倍液，或百菌灵（或多菌灵）+百菌清（或甲基托布津）各1：1混合1000倍液进行喷雾防治。每隔5～10天再用药，连续防治3～4次。

棚室栽培时，在发病初期可用45%百菌清烟雾剂，每667平方米用药250～300克熏烟1夜。或10%百菌清粉尘剂喷粉，用量1.5千克/1000米^2。

三十二、番茄疮痂病

1. 症状及快速鉴别

该病主要为害茎、叶和果实。

叶片受害，早期在叶背出现水浸状小斑，逐渐扩展为近圆形或不规则形、黄褐色病斑，粗糙不平。病斑周围有褪绿黄色、环形窄晕圈，内部较薄，具油脂状光泽，后期干枯质脆。

茎部受害，先出现水浸状褪绿斑点，后向上、下扩展呈长椭圆形、中央稍凹陷的黑褐色病斑，裂开后呈疮痂状。

果实染病，主要为害着色前的幼果和青果，病果初期表面出现圆形、水浸状褪绿斑点，有油浸状亮光。逐渐扩展后病斑呈黄褐色或黑褐色、近圆形、中间凹陷、边缘隆起的疮痂状、粗糙的枯死斑，病斑木栓化，直径0.2～0.5厘米。有的相互连结成不规则形大斑块。果柄与果实连接处受害时易造成落果（图1-49）。

2. 病原及发病规律

病原为野油菜黄单胞菌辣椒斑点病致病型，属细菌。

病菌主要在田间病残体或附着在种子表面越冬。翌年冬季适宜时借风雨、昆虫传播到叶、茎或果实上，从伤口或气孔侵入为害。在细

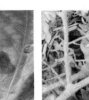   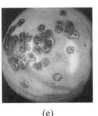 

(a)   (b)   (c)   (d)   (e)   (f)

图 1-49 　番茄疮痂病

胞间繁殖，同时细胞被分解，导致病部凹陷。在叶片上从侵入到发病潜育期 3～6 天。在果实上潜育期 5～6 天。

病菌适宜温度范围 27～30℃。高温、高湿、阴雨天发病重。管理粗放、植株长势弱发病重。虫害重、伤口多易发病。与茄果类蔬菜辣椒、茄子等轮作的地块发病重。

3. 防治妙招

（1）**建立无病种子田，确保种子不带菌** 　种子经 55℃ 温水浸 10 分钟，移入冷水中冷却后催芽。或用 1% 次氯酸钠溶液＋云大 -120 稀释 500 倍液浸种 20～30 分钟。再用清水冲洗干净后催芽播种。

（2）**合理轮作** 　重病田实行 2～3 年轮作，轮作时要避开辣椒、茄子等蔬菜。

（3）**加强栽培管理** 　施足充分腐熟的优质有机肥，增施磷、钾肥。适时合理灌水。及时防虫。及时整枝打杈，不要在有露水或雨水的情况下进行打杈。

（4）**药剂防治** 　初发病时可用"天达 -2116"800 倍液＋天达诺杀 1000 倍液，或 77% 多宁可湿性粉剂 600 倍液，或 70% 可杀得可湿性粉剂 800 倍液，或 50% 氯溴异氰尿酸水溶性粉剂 1000 倍液，或硫酸链霉素或新植霉素 3000～4000 倍液，或 47% 春雷·王铜可湿性粉剂 600 倍液，或 25% 络氨铜水剂 500 倍液，或 30% 琥胶肥酸铜可湿性粉剂 500 倍液喷雾。每隔 7～10 天喷 1 次，连喷 2～3 次。

三十三、番茄煤污病

1. 症状及快速鉴别

该病主要为害叶片、叶柄、茎及果实。

叶片染病，背面产生淡黄绿色、近圆形或不定形的病斑，边缘不明显。斑面上产生褐色、绒毛状霉，即病菌分生孢子梗及分生孢子。后期病斑褐色；发病严重时病叶枯萎。

叶柄、茎和果实受害，也常长出褐色毛状霉层。果实上霉斑稍小，炭黑色，霉斑层薄，用手可抹去霉层（图1-50）。

（b）　　　　　　（c）　　　　　　（d）　　　　　　（e）

图1-50　番茄煤污病

2. 病原及发病规律

病原为煤污假尾孢菌、出芽短梗霉及草芽枝霉菌，均属半知菌亚门真菌。

病菌以菌丝和分生孢子在病叶上或植物残体上及土壤中越冬。翌年春季环境条件适宜时产生分生孢子，借风雨及蚜虫、介壳虫、白粉虱等害虫传播，多从下部叶片开始发病。

植株郁闭、光照弱、灌水过多、通风不良、湿度过大的棚室发病重。遇到长时间阴雨天或梅雨季节发病重。高温、高湿，遇雨或连续阴雨天气，特别是阵雨转晴易造成病害流行。

3. 防治妙招

（1）加强管理　保护地栽培时注意改善棚室小气候，提高透光性和保温性。清洁棚膜，增加光照。露地栽培时雨后及时排水，防止湿气滞留。重点防治蚜虫、温室白粉虱及介壳虫等害虫。

（2）药剂防治　发病初期可用 10% 的苯醚甲环唑水分散粒剂 1000～1500 倍液，或 40% 灭菌丹可湿性粉剂 400 倍液，或 80% 多菌灵 500 倍液，或 2% 武夷菌素 200 倍液，或 50% 多·霉威可湿性粉剂 700 倍液，或 50% 甲硫·霉威可湿性粉剂 1000 倍液，或 40% 大富丹可湿性粉剂 500 倍液，或 50% 苯菌灵可湿性粉剂 1500 倍液，或 40% 多菌灵胶悬剂 600 倍液，或 50% 多·霉威可湿性粉剂 1500 倍液，或 65% 甲霉灵可湿性粉剂 1500～2000 倍液，或 50% 苯菌灵可湿性粉剂 1000 倍液 +75% 百菌清可湿性粉剂 500～800 倍液，或 70% 甲基硫菌灵可湿性粉剂 500～800 倍液 +75% 百菌清可湿性粉剂 500～800 倍液，均匀喷雾。约隔 7 天再喷药 1～2 次。采收前 3 天停止用药。

三十四、番茄溃疡病

1. 症状及快速鉴别

在幼苗期即可发生病害，引起部分叶片萎蔫和茎部溃疡。严重时可造成幼苗枯死。

成株期染病，初期下部叶片凋萎下垂，叶片卷缩，似缺水状，植株一侧或部分小叶出现萎蔫。在病叶叶柄基部下方茎秆上出现褐色条纹，后期条纹开裂形成溃疡斑。纵剖病茎可见木质部有黄褐色或红褐色线条，后髓部呈黄褐色粉状干腐，髓部中空。多雨季节有菌脓从茎伤口流出，污染茎部。

花及果柄染病，形成溃疡斑。果实病斑圆形，外圈白色，中心褐色，粗糙，似鸟眼状（图 1-51）。

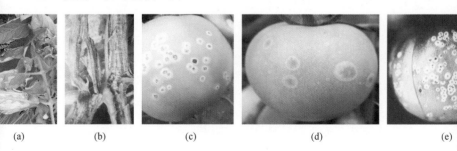

(a)　　　　(b)　　　　(c)　　　　(d)　　　　(e)

图 1-51　番茄溃疡病

2. 病原及发病规律

病原为密执安棒杆菌番茄溃疡病致病型，属细菌性维管束侵染。

病菌可在番茄植株、种子、病残体、土壤和杂草上越冬；在干燥的种子上可存活 20 年，可随种子进行远距离传播。病菌喜冷凉潮湿的环境，高湿、低温（18～24℃）适于病害的发展。幼苗发病后传入大田，通过雨水、昆虫、农事操作传播，造成流行。

病菌主要是通过伤口侵入，也可从气孔或果实表面直接侵入。发病后偏施氮肥或大水漫灌，都会导致病害蔓延。温暖潮湿的气候和结露时间长有利于病害的发生。降雨尤其是暴雨多时有利于病害的流行。喷灌的地块发病重。偏碱性的土壤有利于病害的发生。

3. 防治妙招

（1）加强检疫　严防病区的种子、种苗或病果传播病害。

（2）种子消毒　用 55℃温水温汤浸种 25 分钟。然后移入冷水中冷却，进行催芽播种。

（3）合理轮作　与非茄科蔬菜实行 3 年以上的轮作。

（4）苗床消毒　苗床可用 40% 的甲醛 30 毫升 / 米^{2}喷洒。盖膜 4～5 天后再揭膜，晾 15 天后进行播种。

（5）清洁田园　发病初期及时整枝打杈，摘除病叶、老叶。收获后清洁田园，清除病残体，并将其带出园外集中深埋或烧毁。

（6）土壤消毒　可用 47% 的加瑞农（春雷·王铜）可湿性粉剂 200～300 克 /667 米^2，兑水 60～100 千克。在移栽前 2～3 天或盖地膜前地面喷雾消毒，对病害进行预防。

三十五、番茄青枯病

番茄青枯病也叫番茄细菌性枯萎病。

1. 症状及快速鉴别

番茄株高约 30 厘米开始显现病症。病株顶部、下部和中部叶片相继出现萎蔫，先是顶端叶片萎蔫下垂，然后下部凋萎，最后中部叶片凋萎，也有的一侧叶片先萎蔫或整株叶片同时萎蔫。发病后如果土壤干燥，气温偏高，2～3天后全株即可凋萎枯死。如果气温较低，连续阴雨或土壤含水量较高时病株可持续1周后枯死。病株萎蔫致死的时间很短，枯死时植株叶片仍保持绿色或叶片色泽稍变淡，故称为青枯病。

病茎表皮粗糙，茎中下部增生不定根或不定芽。湿度大时病茎上初为水浸状，后变成大小1～2厘米的褐色斑块，病茎维管束变褐色。横切病茎切面上维管束可溢出白色菌液（图1-52）。

(a)　　　　(b)　　　　(c)　　　　(d)　　　　(e)　　　　(f)

图1-52　番茄青枯病

2.病原及发病规律

病原为青枯假单胞菌，属细菌。

病菌主要随病残体在田间或马铃薯块上越冬。无寄主时病菌可在土中营腐生生活长达14个月，最长可达6年之久，成为该病主要初侵染源。该病主要通过雨水、灌溉水、地下害虫及农具等进行传播，病果及肥料也可带菌，传播病毒。病菌从根部或茎基部伤口和皮孔侵入，前期属于潜伏状态。条件适宜时在植株体内的维管束组织中迅速繁殖，并沿导管向上扩展，造成导管堵塞及细胞中毒，进一步侵入邻近的薄壁细胞组织，使整个输导组织被破坏，失去正常输导功能。茎、叶因得不到水分的供应导致叶片萎蔫。

病菌喜高温、高湿、偏酸性的环境条件，发病最适合的气候条件为温度30～37℃，最适pH值为6.6。土壤含水量超过25%时植株生长不良，久雨或大雨后转晴发病重。常年连作、排水不畅、通风不良、土壤偏酸、钙磷缺乏、管理粗放、田间湿度大的田块发病较重。连续阴雨或降大雨后暴晴，土温随着气温的急剧回升，可导致病害的大流行。

3. 防治妙招

（1）**农业防治**　各地可因地制宜地选用适合本地的优良抗病品种。与非茄科作物实行 4～5 年以上的轮作，最好是与水稻进行水旱轮作效果最为理想。多施充分腐熟的优质有机肥，氮、磷、钾肥配合使用，提高植株的抗病能力。

（2）**嫁接**　可用野生番茄 CH-2-26 作砧木进行嫁接，可避免发生病害。

（3）**清除病原**　田间发现病株立即拔除烧毁，清洁田园。并在拔除的部位撒施生石灰粉或草木灰，或在病穴灌注 2% 的福尔马林液，或 20% 的石灰水，进行消毒灭菌。

（4）**药剂防治**　发病初期可用 4% 嘧啶核苷类抗生素 600 倍液，或 72% 农用硫酸链霉素可溶性粉剂 4000 倍液，或新植霉素 4000 倍液灌根。每株灌 0.3～0.5 升，8～10 天灌 1 次，连续灌根 2～3 次。也可用 50% 氯溴异氰尿酸水溶性粉剂 1000 倍液，或 20% 喹菌铜 1200 倍液，或 3% 中生菌素可湿性粉剂 800 倍液，或 20% 噻菌铜悬浮剂 500 倍液喷洒或浇灌，首次用药应在发病前 10 天。1～2 天即可见效，6～7 天防治 1 次，连续 2～3 次。

三十六、番茄茎基腐病

1. 症状及快速鉴别

茎基部皮层逐渐变为淡褐色至黑褐色，绕茎基部一圈病部失水干缩。纵剖病茎基部可见木质部变为暗褐色。病部以上叶片变黄，萎蔫枯死，多残留在枝上不脱落。根部及根系不腐烂。果实膨大后因养分供应受阻，果实膨大后期逐渐萎蔫，整株枯死，似青枯症状，但患病部位无菌脓。另外发病部位常出现具同心轮纹的椭圆形或不规则形褐色病斑。后期病部表面易出现淡褐色霉状物，或大小不一的黑褐色菌核（图 1-53）。

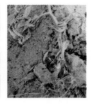

(a)　　　　　　(b)　　　　　　(c)　　　　　　　(d)　　　　　(e)

图1-53　番茄茎基腐病

2.病原及发病规律

病原为立枯丝核菌，属半知菌亚门真菌。

病菌主要以菌丝和菌核传播和繁殖，在土壤中越冬。腐生性强，在土壤中存活能力强，可生存2～3年。病原菌借水流、农具传播和蔓延。只要温度不超过40～42℃病菌均可生长发育。幼苗定植过深或茎基部渍水、培土过高等易发病。连茬种植，施用未腐熟的肥料，易发病。阴雨天气，苗床或棚室温度高，土壤湿度大，通风条件差，茎基部皮层有损伤，易发病。大水漫灌，遇到地温过高，连续阴天持续时间较长，且放风、排湿不及时会造成病害严重发生和流行。

3.防治妙招

（1）农业防治　选用毛粉802、大红一号等抗病品种。选择地势干燥、平坦地块育苗。苗床用甲醛和高锰酸钾（2∶1）进行土壤消毒。播种前种子可用55℃温水烫种10～15分钟；或用种子重量0.2%的40%拌种双可湿性粉剂拌种。出苗后喷施磷酸二氢钾，提高幼苗的抗病能力。定植不宜过深，培土不宜过高。采用高畦覆膜双行种植，雨季及时排除积水。清除病株，集中烧毁（图1-54）。

(a)　　　　　　　　(b)　　　　　　　　(c)

图1-54　高畦覆膜双行种植

（2）**合理轮作**　选择非茄科作物实行 3 年以上的轮作。

（3）**药剂防治**　幼苗发病时可用 75% 的百菌清可湿性粉剂 600 倍液，或 50% 福美双可湿性粉剂 500 倍液等药剂喷雾。定植后至成株期发病时，在发病初期可用 40% 拌种双可湿性粉剂，每平方米表土施药 9 克，与土拌匀后施在病株茎基部，将病部用药土埋上，促其在病斑上方长出不定根，延长植株寿命。

初发病时可用 20% 甲基立枯磷乳油 1200 倍液，或 40% 多·硫悬浮剂 500 倍液，或 30% 苯醚甲·丙环乳油 3000 倍液，或 75% 百菌清可湿性粉剂 600 倍液，或 40% 拌种双可湿性粉剂 800 倍液喷雾。或用 40% 五氯硝基苯粉剂 200 倍液 +50% 福美双可湿性粉剂 200 倍液涂抹发病茎基部。为了增加展着性，可配成五氯硝基苯、福美双油剂，或加入 0.1% 的青油效果更好。

三十七、番茄茎枯病

番茄茎枯病也叫番茄黑霉病。

1. 症状及快速鉴别

该病主要为害茎和果实，也可为害叶片和叶柄。

茎部发病初期，出现椭圆形、褐色、溃疡状凹陷病斑，逐渐发展到全株。严重时病部变为深褐色干腐状，并可侵入到维管束中。

果实发病，出现灰白色病斑，扩大凹陷，颜色变深变暗，长出黑霉，引起果腐（图 1-55）。

(a)　　　　(b)　　　　(c)　　　　(d)　　　　(e)

图 1-55　番茄茎枯病

2. 病原及发病规律

病原为链格孢菌，属半知菌亚门真菌。

病原菌随病残体在土壤中越冬，借风雨传播，从伤口侵入。高湿、多雨、多露，或茎部出现伤口，植株易发病。

3. 防治妙招

（1）**农业防治**　选用耐病品种。收获后及时清洁田园。

（2）**药剂防治**　发病初期及时喷药，可用 75% 百菌清可湿性粉剂 600 倍液，或 64% 杀毒矾可湿性粉剂 400 倍液，或 50% 异菌脲可湿性粉剂 1000～1500 倍液，或 70% 乙磷·锰锌可湿性粉剂 500 倍液等药剂喷雾防治。

三十八、番茄立枯病

1. 症状及快速鉴别

该病主要为害大苗或育苗番茄的茎基部或地下侧根。病苗茎基变褐色，后病部收缩，茎叶萎垂枯死。稍大幼苗白天萎蔫，夜间恢复，病斑逐渐凹陷，并向两侧扩展，当病斑绕茎一周时皮层变色腐烂，茎干缩，叶片萎蔫，幼苗逐渐枯死，根部随之变色腐烂，一般不倒伏。潮湿时病斑表面和周围土壤形成蜘蛛网状淡褐色的菌丝体，后期形成菌核（图 1-56）。

(a)　　　　　(b)　　　　　(c)　　　　　(d)　　　　　(e)　　　　　(f)

图 1-56　番茄立枯病

2. 病原及发病规律

病原为立枯丝核菌，属半知菌亚门真菌。

病菌以菌丝体或菌核在土中越冬。病菌不产生孢子，主要以菌丝体和菌核传播和繁殖。在土中可腐生2～3年。菌丝能直接侵入寄主，通过水流、农具、带菌堆肥等进行传播。病菌喜高温、高湿的环境，发病最适宜温度24℃，最高42℃，最低13℃，适宜的pH值为3～9.5。

土壤水分多、施用未充分腐熟的有机肥、播种过密、幼苗生长衰弱、土壤酸性等的田块，发病重。育苗期间阴雨天气多，光照少的年份发病严重。

3. 防治妙招

（1）种子处理　播种前种子可用少量苯噻氰乳油＋新高脂膜浸泡6小时以后，带药催芽或直播。

提示　新高脂膜能驱避地下害虫，隔离病毒感染，加强呼吸强度，提高种子发芽率。

（2）加强苗床管理　提倡采用穴盘和营养钵育苗，对苗床或育苗盘进行药土处理。可单用40%拌种双可湿性粉剂，或50%多菌灵可湿性粉剂，也可用40%五氯硝基苯与福美双混合。每平方米苗床施药8克，处理时先将药剂加5千克细土混匀，药土下铺1/3，播种后上盖2/3。

注意　防止苗床或育苗盘出现高温、高湿。适时喷施新高脂膜，可有效防止地上水分蒸发，苗体水分蒸腾，隔绝害虫为害，缩短缓苗期。

（3）科学施肥　及时中耕除草。平衡施肥，追肥要控制氮肥的施用量，增施磷、钾肥。苗期喷0.1%～0.2%的磷酸二氢钾，可增强植株抗病力。

（4）棚室调节温、湿度　适时通风透光，有利于植株健壮生长，提高抗病性。及时降低田间湿度，促进花芽分化，提高植株的抗病能力。

（5）药剂防治　发病初期可喷淋20%甲基立枯磷乳油（利克菌）

1200 倍液，或 36% 甲基硫菌灵悬浮剂 500 倍液，或 15% 噁霉灵水剂 40 倍液。

猝倒病、立枯病混合发生时，可用 72.2% 普力克水剂 800 倍液 +50% 福美双可湿性粉剂 800 倍液喷淋。视病情为害程度每隔 7～10 天喷 1 次，连续防治 2～3 次。

三十九、番茄猝倒病

番茄猝倒病也叫番茄小脚瘟、摔倒病。

1. 症状及快速鉴别

该病只在育苗初期发生，引起幼苗猝倒或枯死。初期幼苗茎基部呈水浸状淡黄色污斑，表皮极易破烂，很快缢缩成线状并倒伏。倒地后贴近地面的幼苗在短期内仍为绿色。潮湿时病苗上或病苗附近的地面上密生白色绵毛絮状霉层。严重时幼苗成片死亡（图 1-57）。

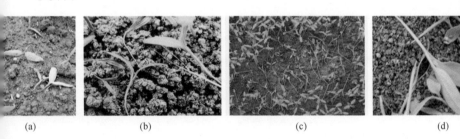

(a)　　　　(b)　　　　(c)　　　　(d)

图 1-57　番茄猝倒病

2. 病原及发病规律

病原为瓜果腐霉菌，属鞭毛菌亚门真菌。

病原菌在土壤中越冬，或在土中的病残组织和腐殖质上营腐生生活。病菌腐生性很强，可在土壤中长期存活。春季条件适宜时病苗上可产生孢子囊和游动孢子，借雨水、灌溉水等土壤中水分、带菌粪肥、农具、种子等进行传播。病原菌生长适温 15～16℃，病菌繁殖速度很快。幼苗多在床温较低时发病，在幼苗第二片真叶出现前后最易感病。苗床土壤湿度大、温度低、幼苗生长不良及春季寒冷多雨时发病严重。光照不足，幼苗长势弱，纤细徒长，抗病力下降也易发病。幼苗子叶中养分快要耗尽，而新根尚未扎实之前，幼苗营养供应不足，抗病力最弱，此时遇到寒流或连续低温阴雨（雪）天气，幼苗光合作用较弱，呼吸作用增强，消耗加大，病菌趁机而入，会突发猝倒病。

3. 防治妙招

（1）选择抗病品种　选用早杂 1 号、吉农早丰、晋番茄 1 号、河南 5 号、霞粉、浙杂 7 号、兰优早红、夏星、粤红玉等早熟或耐低温的鲜食品种。加工可选用红杂 16 早熟无支架的优良品种。

（2）棚室选用无滴膜覆盖　可改善光照条件，增加光照强度，提高幼苗抗病力。

（3）加强栽培管理　苗床要整平、土松细。有机肥要充分腐熟并撒施均匀。播种均匀，不宜过密。播种后盖土要浅。控制好苗床温、湿度。在严冬和早春必须做好保温工作，避免幼苗受冻。苗床内温度应控制在 20～30℃，地温保持在 16℃ 以上。出苗后尽量不要浇水，必须浇水时一定选择晴天喷洒，切忌大水漫灌。早分苗和间苗，培育壮苗。

采用二氧化碳施肥技术。或施用惠满丰多元复合有机活性液体肥料稀释 500 倍液，用量 320 毫升 /667 米 ^{2}，叶面喷施 2 次。

（4）药剂防治

① 床土消毒。病害重发区在播种前 15～20 天，每平方米苗床用 40% 五氯硝基苯 9～10 克＋细土 4.5 千克拌均匀，播前一次浇透底水。待水渗下后取 1/3 药土撒在畦面上，将催好芽的种子播上，再将余下的 2/3 药土覆盖在上面，覆土厚约 1 厘米，这样"下铺上盖"，使种子夹在药土中间，防治效果明显。或在定植前用青枯立克 300 倍液进行蘸根，既可防治猝倒病，又可兼治立枯病。

提示　在出苗前要保持苗床上层湿润，以免发生药害。

② 种子消毒。采用温汤浸种或药剂浸种的方法对种子进行消毒处理。浸种后催芽时间不宜过长，以免降低种子发芽力。或用种子重

量0.3%的70%敌磺钠原粉拌种。

③药剂防病。发现病苗立即拔除。发病初期可用72%的霜脲·锰锌可湿性粉剂600倍液，或69%安克·锰锌可湿性粉剂800～1000倍液，或75%百菌清可湿性粉剂600倍液，或64%杀毒矾可湿性粉剂500倍液，或25%甲霜灵可湿性粉剂800倍液，或40%乙膦铝可湿性粉剂200倍液，或70%百德富可湿性粉剂600倍液，或70%安泰生（丙森锌）可湿性粉剂500倍液，或72.2%普力克水剂400倍液，或70%代森锰锌可湿性粉剂500倍液，或15%噁霉灵（土菌消、土壤散）水剂1000倍液等药剂。每平方米苗床用配好的药液2～3升，每隔7～10天喷1次，视病情为害程度连续使用2～3次。

四十、番茄疫霉根腐病

1.症状及快速鉴别

该病多发生在茎基部。初期茎基部呈长条形、水浸状暗褐色病斑。扩大后斑面凹陷。严重时病斑绕茎一周，地上部分逐渐枯死。茎基和根部纵剖面可见维管束变为深褐色。后期根茎腐烂，不发新根，导致整株枯死。高温条件下病部产生白色棉絮状稀疏的霉状物（图1-58）。

   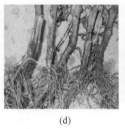  

(a)　　　　(b)　　　　(c)　　　　(d)　　　　(e)　　　　(f)

图1-58　番茄疫霉根腐病

2.病原及发病规律

病原为寄生疫霉菌，属鞭毛菌亚门真菌。

病原菌在病残体上越冬。借灌溉水或雨水传播。高温、高湿、地温低易发病。夏季土温过高易发病。棚室栽培遇到连续阴雨或大水漫灌后，湿度过大，如果不及时通风排湿易诱发病害，并造成蔓延流行。

3. 防治妙招

（1）农业防治　施足基肥，多施充分腐熟的优质有机肥。平整土地，适量浇水，防止长期沤根。定植后做好棚室内温度、湿度及地温管理，湿度大时放风排湿。夏季覆膜适当晚盖，要在缓苗后，避免土温过高，湿度过大。

（2）药剂防治　出现中心发病株及时拔除，可用72%霜脲·锰锌可湿性粉剂600～800倍液，或65%安克·锰锌可湿性粉剂600～800倍液，或72.2%普力克水剂800倍液，或50%烯酰吗啉可湿性粉剂500～1000倍液喷雾。保护地栽培，也可用粉尘剂或烟雾剂防治。

四十一、番茄黑点根腐病

1. 症状及快速鉴别

该病主要为害主根和侧根。根变褐腐烂，皮层被破坏，病根产生黑色小粒点，即小菌核。常与褐色根腐病混合发生。根呈黑褐色，导致地上部下位叶先变黄早落。严重时造成枯死（图1-59）。

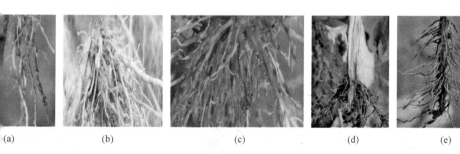

(a)　　　　　(b)　　　　　(c)　　　　　(d)　　　　　(e)

图1-59　番茄黑点根腐病

2. 病原及发病规律

病原为墨色刺盘孢菌，属半知菌亚门真菌。

病菌在病部越冬，成为翌年初侵染源。生长期产生分生孢子，在田间或无土栽培时借培养液循环传播，扩大为害。

3. 防治妙招

（1）农业防治　实行2～3年以上轮作，避免连作造成菌源积累。施用酵素菌沤制的堆肥，或用绿丰生物肥50～80千克/667米^{2}穴施，减少化肥施用量，可减轻发病。

（2）药剂防治　发病初期可用72%的霜脲·锰锌可湿性粉剂600倍液，或69%安克·锰锌可湿性粉剂800～1000倍液，或75%百菌清可湿性粉剂600倍液，或64%杀毒矾可湿性粉剂500倍液，或25%甲霜灵可湿性粉剂800倍液，或72.2%普力克水剂400倍液，或70%代森锰锌可湿性粉剂500倍液，或15%噁霉灵水剂1000倍液等药剂。每隔7～10天喷1次，视病情为害程度连续使用2～3次。

四十二、番茄根结线虫病

番茄根结线虫病也叫根癌线虫病。

1. 症状及快速鉴别

该病多在须根和侧根上发病。病部肿大呈不规则形瘤状结，大小不一，如糖葫芦串状。剖开根结有乳白色线虫。染病株生长不良，瘦弱矮小。干燥时萎蔫，叶片变黄，迅速枯萎（图1-60）。

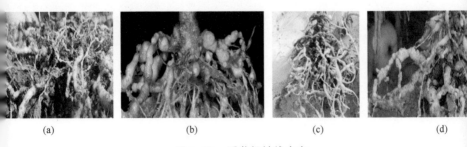

(a)　　　　　(b)　　　　　(c)　　　　　(d)

图1-60　番茄根结线虫病

2. 病原及发病规律

病原为南方根结线虫，属植物寄生线虫。成虫雌雄异形，雄成虫线状，尾端钝圆，无色透明。雌成虫梨形，每头可产卵300～800粒，多埋藏在寄主组织内，乳白色。幼虫呈细长蠕虫状。

寄主枯死后，雌成虫在根结内产出卵囊团2龄幼虫，随病残体在约20厘米深的土壤中越冬。一般可存活1～3年。在适温下完成1代约需30天。翌年离开卵囊团的2龄幼虫从嫩根侵入，并刺激细胞膨胀形成根结。幼虫在根结内继续发育成熟并交配产卵。雌成虫可产卵数百个。初孵幼虫留在卵内，2龄幼虫离开卵块钻出寄主到土中越冬或再侵染。通过病土、浇水和农事活动传播。春季当地温达到10～15℃以上时开始活动，夏秋之间增殖。土壤湿度40%～70%线虫繁殖最快，该湿度也适宜线虫存活和累积。春季保护地发生较轻，秋季棚室发生重。

3. 防治妙招

（1）棉隆混土施药，熏蒸消毒　棉隆的用量受土壤质地、温度和湿度的影响，推荐用量为29.4～44.1克/米^2。施药前应仔细整地，去除病残体及较大的土块，撒施或沟施。

混土：可通过旋耕机完成，旋耕深度应达到30~40厘米，使药剂与土壤充分混合均匀。

浇水：施用棉隆后应浇水，水分应保持在70%以上，土壤10厘米处的温度最好在12℃以上。

覆盖塑料薄膜：为了防止药剂挥发，每完成一块地施药，需要立即覆盖0.03~0.04毫米厚的新塑料膜。覆盖塑料膜应按照膜的宽度，在施药前提前开沟，将膜反压后用土盖实，避免刮风时将塑料薄膜刮起或刮破，防止漏气，发现塑料薄膜破损后需及时修补。熏蒸10~15天后，揭膜放风5~7天，散尽有毒气体后即可种植。

（2）加强栽培管理　合理轮作。选用无病土育苗，在播种或定植时穴施10%粒满库颗粒剂5千克/667米^2，或5%粒满库颗粒剂10千克/667米^2。深翻，合理施肥或灌水，增强抵抗力。番茄生长期间发生线虫，彻底处理病残体，集中烧毁或深埋。

第二节　番茄主要生理性病害快速鉴别与防治

一、番茄缺氮症

1. 症状及快速鉴别

初期老叶黄绿，后变浅绿色。小叶细小、直立。叶片主脉由黄绿色变为紫色至紫红色，下部叶更加明显。茎秆细，果实小。后期下部叶片黄色，出现浅褐色小斑点。植株生长缓慢，呈纺锤形，全株叶片黄绿色，早衰（图1-61）。

　　　　　(a)　　　　　　　　　　(b)

图1-61　番茄缺氮症

2. 病因及发病规律

前茬施有机肥和氮肥少，土壤中氮素含量低；露地栽培时降雨较多，氮素淋溶多；沙土或砂壤土保肥差；在旺盛生长期需氮量较大，或地温较低，根系吸收的氮量不能满足供应植株生长的需要；均易发生缺氮症状。

3. 防治妙招

（1）科学施肥　施用酵素菌沤制的堆肥，或充分腐熟的优质有机肥。

（2）采用配方施肥技术　番茄需肥关键期为初果期和盛果期。一般生产 1000 千克番茄，需氮素 3.45～3.72 千克、五氧化二磷 1 千克、氧化钾 6 千克。为避免缺氮，基肥要施足。温度低时施用硝态氮肥效果好。

（3）叶面喷肥　应急时也可在叶面上喷洒 0.2% 的碳酸氢铵或尿素。

二、番茄缺磷症

1. 症状及快速鉴别

苗期磷素不足，植株生长缓慢，叶片变紫（图 1-62）。

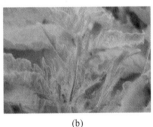

(a)　　　　　　　　　　　　(b)

图 1-62　番茄缺磷症

2. 病因及发病规律

土壤中缺磷；有时土壤中并不缺磷，但因低温、干旱阻碍了根系的吸收，也会出现缺磷症状。

3. 防治妙招

① 磷在土壤中移动性较小，幼苗期需磷量大，应作底肥深施。磷易被土壤胶体固定，可与充分腐熟好的有机肥混合施用，或开沟集中施入。采用颗粒状磷肥，减少与土壤接触面积。

② 生长中后期叶面喷施补磷，提高磷肥的利用率。可通过叶面喷施 0.2%～0.3% 的磷酸二氢钾，缓解缺磷症状。

③ 在冲施水溶性肥料的同时，加强腐殖酸类肥料及生物菌肥的使用，利用有机酸及微生物的解磷作用，将土壤中被固定的无效磷转化为有效磷，提高土壤中有效磷含量。

三、番茄缺钾症

1. 症状及快速鉴别

先由叶缘开始失绿并干枯。严重时叶脉间的叶肉失绿。在果实膨大期果穗附近的叶片最容易表现缺钾症状，似烧焦状。所结的果实着色不良，如果在缺钾的同时，氮素过多，还容易出现绿背果（图1-63）。

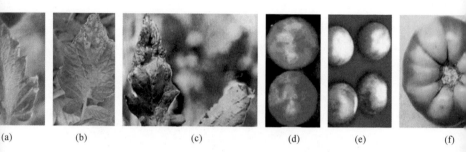

(a)　　　　(b)　　　　　　(c)　　　　　　(d)　　　　　(e)　　　　(f)

图1-63　番茄缺钾症

> **提示**　钾元素在植株体内利用率很高。缺钾时，老叶先出现症状。

2. 病因及发病规律

土壤缺钾易发生在沙土和多年的保护地土壤上。有的沙土虽然速效钾含量不低，生育前期并不表现缺钾现象，但由于土壤速效钾储量的不足，在需钾量较大的果实膨大期也容易出现缺钾症。另外，在土壤铵态氮积累的条件下，由于铵离子与钾离子的拮抗作用，影响了番茄根系对钾离子的吸收，导致番茄缺钾，这种缺钾现象多发生在一次性追施铵态氮肥和尿素量较大情况下。干旱和高温会使缺钾症状加重。

3. 防治妙招

（1）多施有机肥　施用酵素菌沤制的堆肥，或充分腐熟的优质有机肥。

（2）番茄需钾量较大，应注意钾肥的施用　在化肥施用上应保证钾肥的用量不低于氮肥用量的1/2。应急时可通过叶面喷施0.2%～0.3%的磷酸二氢钾。

提示　改变一年一次性施用钾肥的不良习惯，提倡分次施用，尤其是沙土地。

四、番茄缺铁症

1. 症状及快速鉴别

番茄顶部叶片黄化，脉间失绿，呈网状叶脉。严重时叶片黄白化，有时也会出现紫红色或桃红色，失绿叶片多数坏死。果实成熟时不是正常红色，常表现为橙色（图1-64）。

(a)　　　　　　(b)　　　　　　(c)　　　　　　(d)

图1-64　番茄缺铁症

提示　该病不表现为斑点状黄化或叶缘黄化。否则就可能是其他的生理病害。

2. 病因及发病规律

碱性土壤pH值高时，易发生缺铁。磷肥施用过量会影响铁的吸收。土壤过干、过湿、地温低时根的活力受到影响，活动能力弱，对铁的吸收能力减弱。土壤中铜、锰太多时容易与铁产生拮抗作用，出现缺铁症状。

3. 防治妙招

（1）**改良土壤，降低土壤 pH 值，提高土壤的供铁能力**　当 pH 值达到 6.5～6.7 时，禁止使用碱性肥料，改用生理酸性肥料。改良酸性土壤时石灰用量不要过大，施用要均匀。

> **注意**　定植时，幼苗不要伤根过多。

（2）**叶面喷施**　土壤施用铁肥极易被氧化沉淀无效，可叶面喷施 0.2%～0.5% 的无机铁或螯合铁溶液，或 0.2%～0.5% 的硫酸亚铁水溶液。缺铁症状已经大量出现时可用 0.5% 的硫酸亚铁，或用柠檬酸铁 100 毫克 / 千克水溶液喷施，每周喷 2～3 次。

> **提示**　叶面喷施时，可配加 0.2% 的尿素，效果更好。

（3）**平衡施肥**　控制磷、锌、铜、锰肥的用量。当土壤中磷过多时可采用深耕、客土等方法降低含量。由于钾不足引起的缺铁症，通过增施钾肥可缓解乃至完全消除缺铁症。

五、番茄缺钙症

1. 症状及快速鉴别

植株萎缩，顶端生长点坏死，幼芽变小、黄化。生长点附近的幼叶周围变为褐色，部分枯死。果脐处变黑，形成脐腐。初期幼叶正面除叶缘外变为浅绿色，其余部分为深绿色，幼叶褐色、细小呈灼烧状、畸形并卷曲。后期叶尖和叶缘枯萎，生长点坏死，花少易脱落。果实发育缓慢，成熟不齐，着色不均匀，常形成脐腐，俗称"黑膏药"（图 1-65）。

2. 病因及发病规律

当土壤中钙不足时易发生缺钙。虽然土壤中钙含量高，但土壤盐类浓度高时也会发生缺钙。氮肥过多，土壤干燥，钾肥过多，空气湿度低，连续高温，均易发生缺钙症。

(a)   (b)   (c)   (d)

图1-65　番茄缺钙症

3. 防治妙招

（1）**合理施肥**　增施有机肥，提倡施用有机活性肥或生物有机复合肥，采用配方施肥。施足充分腐熟的优质有机肥，再加入 20～25 千克 /667 米^2 过磷酸钙或钙镁磷肥作底肥。

（2）**加强田间管理**　合理轮作。注意排涝防旱，结果中后期保证水分均衡供应。

（3）**进行土壤诊断，缺钙补钙肥**　不间断地补充钙肥，及时在叶面喷施 0.3%～0.5% 的氯化钙水溶液，每周喷 2～3 次。或叶面喷施 200～300 倍的氨基酸钙液 + 爱多收。

提示　预防果实脐腐、开裂、畸形等，可在幼果期、果实膨大期叶面喷施龙灯佳实百1500倍液2～3次。

六、番茄缺镁症

1. 症状及快速鉴别

先在中下部的叶片出现病状。在果实膨大盛期靠近果实的叶片先发病，逐渐向上扩展到整个植株。主脉和脉间失绿，出现黄化现象，叶缘保持绿色。生育后期除叶脉外，整叶黄化。果实无特别症状（图1-66）。

(a)   (b)   (c)   (d)

图1-66 番茄缺镁症

2.病因及发病规律

低温影响根对镁的吸收。土壤中含镁量低，或土壤中镁含量虽多，但由于施钾过多，或在酸性及含钙较多的碱性土壤中影响了根对镁的吸收时，也易发生缺镁症。

3.防治妙招

补充镁肥，只能阻止缺镁症的进一步发展。发现缺镁一定要早发现，早防治。

（1）平衡施肥　多施充分腐熟的有机肥。提高地温，改良土壤，使镁处于容易被吸收的状态。不要过多施用钾肥。

（2）施用镁肥　当镁不足时要补充镁肥。低温时叶面喷施镁肥，应急时可用1%～2%硫酸镁水溶液，一周喷2～3次。一旦发现靠近果穗的叶片叶脉间变黄，又不是叶霉病和寒害时，就要立即喷施硫酸镁进行补镁。每隔3～5天喷1次。也可随水冲施，每次每667平方米冲施硫酸镁10～15千克，每隔15～20天冲施1次。

七、番茄缺硼症

1.症状及快速鉴别

新叶萎缩，生长点死亡，整个植株呈"丛生状"。叶色变成浓绿色。茎生长弯曲，茎内侧有褐色木栓状皲裂，有时裂开呈窗缝或眼睛状。将异常茎的患处切开，发病轻时，可见髓的中心部出现白色或褐色的病变。发病重时茎上呈"8"字形的褐色病变。更严重时果实两侧的槽沟都会裂开，果实表面有木栓状皲裂（图1-67）。

(a)　　　　(b)　　　　(c)　　　　(d)　　　　(e)

图1-67　番茄缺硼症

2. 病因及发病规律

土壤酸化、硼素被淋失后、施用过量的石灰等易缺硼。土壤干旱，有机肥施用少，易缺硼。施用钾肥过量，氮、磷过多会抑制硼的吸收。根系生长不良，吸收受到限制，植株需硼量大，造成缺硼。温度忽高忽低，低温影响硼的吸收。与品种有关，节间短的品种易发病，节间长的品种发病少。

3. 防治妙招

（1）改良土壤，增施充分腐熟的有机肥　酸性土壤改造时注意石灰的用量，防止石灰施用过量引起缺硼。

（2）叶面喷施硼肥　出现缺硼症状后，一般喷硼酸，稀释800～1200倍液，3～4天喷施1次。或用21%速乐硼、多聚硼1000倍液喷施。

八、番茄缺锰症

1. 症状及快速鉴别

除叶片主脉和中脉仍保持绿色外，叶片主脉间大部分叶肉变黄，呈黄斑状。新生小叶呈坏死状。严重缺锰时叶片产生灰白或褐色斑点，植株枝蔓变短、细弱，花芽常呈黄色（图1-68）。

(a) (b) (c) (d) (

图1-68　番茄缺锰症

2. 病因及发病规律

植株多从新梢中部叶片开始失绿。从叶缘向叶脉间扩展，同时向上和下部叶片两个方向扩展。

3. 防治妙招

（1）科学施肥　增施充分腐熟的优质有机肥。营养全面，平衡施肥，少量多次。

（2）叶面喷施　可用 0.2% 的硫酸锰水溶液叶面喷施。

九、番茄小叶病

番茄小叶病也叫缺锌小叶病。

1. 症状及快速鉴别

生长点叶片变小、矮缩、卷曲或呈鸡爪状（图1-69）。

(a) (b) (c) (d)

图1-69　番茄小叶病

2. 病原及发病规律

该病是由于在低温条件下，土壤比较干旱，存在于土壤内的锌元素释放受限制或不能释放，不能被植株吸收所造成的。一旦气温回升，土温增高，锌元素逐步释放后，植株生长就会逐渐好转。

3. 防治妙招

① 在苗床期，对未出现花蕾的秧苗，提高棚温，日温保持在20℃以上，晚上保持在约15℃。同时苗床土保持湿润，不湿不燥。

② 出现小叶症，可立即喷施靓丰素（高锌型）1200～1500倍液。

③ 秧苗移栽返青后，可及时喷施靓果素、靓丰素或绿芬威等含锌的叶面营养液。一般10天喷1次，连喷2次，就不会出现小叶症。其中含锌4%的靓果素防治效果最好。

十、番茄氨气为害

1. 症状及快速鉴别

一般先在中部叶片出现水浸状斑点，叶片边缘变成黄褐色，叶片下垂，最后枯死（图1-70）。

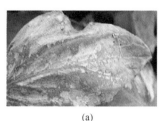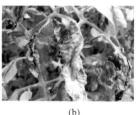

(a)　　　　　　　　　　(b)

图1-70　番茄氨气为害

2. 病因及发病规律

早春通风不良时易发病。地面施用碳酸氢铵、氨水、人粪尿、鸡粪，可直接产生氨气。在地面撒施尿素、硫酸铵、饼肥、鱼肥等可间接产生氨气。在温室内发酵饼肥、鸡粪等，菜棚与鸡舍连为一体时，鸡粪所产生的氨气也会进入温室，为害更为严重。

当氨气浓度达到 5 毫克／升时，番茄就会受到不同程度的氨气毒害。

3. 防治妙招

（1）科学施肥　农家肥要充分腐熟，并应与土壤混匀深施，避免偏施、过量施用氮肥。不要将可以直接或间接产生氨气的肥料撒施在地面，不要在温室内发酵可以产生氨气的肥料。施用化肥不要过于集中，要深施，施后覆土踏实。

（2）注意观察　进入温室时首先要注意嗅一下里面的气味，以便及早发现。有可能出现氨气的情况下，用 pH 试纸检测薄膜内表面附着的水滴，发现问题及时排除。

（3）**发现氨害症状，要及时通风换气，浇水缓解**　将容易产生氨气的肥料撒施地面时，应多次浇水和放风排出。

（4）**加强栽培管理**　遇阴天不能放风排出时，用土覆盖。因氨气为害呈碱性，在叶片背面喷 1% 食用醋，可明显减轻为害。摘除受害叶，加强肥水管理，调适温、湿度可较快地恢复。

十一、番茄2,4-D药害

1. 症状及快速鉴别

受害番茄叶片或生长点向下弯曲，新生叶片不能正常展开，叶多细长，叶缘扭曲畸形。茎蔓凸起，颜色变浅。果实畸形，顶尖常乳头状突起（图 1-71）。

(a)　　　　　　(b)　　　　　　(c)　　　　　　(

图1-71　番茄2,4-D药害

2. 病因及发病规律

施用 2,4-D 过量，或附近施用飘移为害，或施用含有 2,4-D 的农药及化肥等，均易产生药害。

3. 防治妙招

2,4-D 常用来处理花朵。因此大棚番茄防治药害的关键时期为开花授粉期。

（1）适时处理　开花当天用 2,4-D 蘸花，在刚开花或半开花时最好。未开花时不能处理，否则将抑制其生长，易形成僵果。开过的花也不能处理，否则易形成裂果。

提示　如果气温低，花数少，每隔2～3天蘸花1次。盛花期每天或隔天蘸花1次。

（2）浓度适当　一般为 10～20 毫克/千克。冬春温度低时浓度为 15～20 毫克/千克。温度高、湿度小，应降低浓度为 10～15 毫克/千克。

提示　蘸花前，可先做小片试验，再进行大面积处理，以免发生药害。

（3）处理方法

① 采用浸蘸法较好。浸花的浓度应比涂花的浓度（10～20 毫克/千克）稍低些。浸蘸法是将基本开放的花序（已开放 3～4 朵花）放入盛有药液的容器中，浸没花柄后立即取出。

注意　将留在花上的多余药液在容器口刮掉，防止发生畸形果或裂果。

② 防止重复蘸花。每朵花只可处理 1 次，重复易造成浓度过高，导致僵果和畸形果。

提示　在配制药液时，加入少量红色广告粉或红墨水作标记，可避免重复蘸花。

③ 避免在炎热中午蘸花。在强光、高温下植株耐药力弱，药剂

活性增强，易产生药害。

提示 一般在上午10时前和下午4时后蘸花最好。

④ 严禁喷洒。2,4-D 是一种对双子叶植物有效的除草剂，避免触碰嫩茎叶和生长点，以免发生药害，使叶片皱缩变小。

提示1 2,4-D只是一种植物生长调节剂，本身不是营养物质。因此，必须结合肥水管理，必要时可喷洒植物增产调节剂或叶面肥，以利于植株尽快恢复正常生长。

提示2 如果棚室花数量大，可改用防落素25～40毫克/千克喷花。

十二、番茄黄花斑叶病

1.症状及快速鉴别

在果实膨大期，植株下部老叶叶脉间叶肉褪绿、黄化，形成黄色花斑，叶面似绿网。严重时叶片略僵硬，边缘上卷，黄斑上出现坏死斑点，并可在脉间愈合成褐色块，导致叶片干枯，整叶死亡。症状会向中、上部叶片发展，直至全株叶片黄化（图 1-72）。

(a)   (b)   (c)

图1-72 番茄黄花斑叶病

2.病因及发病规律

主要是植株缺镁所致。一般土壤并不缺镁，由于施钾肥过多，或土壤呈酸性，或在含钙较多的碱性土壤，影响了番茄对镁的吸收。此外有机肥不足或偏施氮肥，尤其单纯施用化肥时，也会造成植株缺镁，导致黄花斑叶。

3. 防治妙招

（1）土壤改良　改良土壤理化性状，避免土壤偏酸或偏碱。

（2）科学施肥　施足充分腐熟的优质有机肥，施用含镁的完全肥料，如厩肥的含镁量为干物质的 0.1%～0.5%。适时、适量追肥，采用配方施肥，避免过多施用氮肥、钾肥。

（3）适当控制灌水　避免大水漫灌，促进根系生长发育。

（4）加强棚室温、湿度管理　前期做好增温、保温工作，地温应保持在 16℃以上。

（5）叶面补充镁肥　初显病症时，立即喷施 0.2%～0.4% 硫酸镁溶液，或喷复合微肥。

十三、番茄生理性卷叶病

1. 症状及快速鉴别

在番茄采收前或采收期，有时突然发病，发病轻的第一果枝下部叶片向内稍卷。严重时全株叶片呈筒状卷曲，变脆。导致果实直接暴露在阳光下影响果实膨大，易诱发日灼（图 1-73）。

(a)　　　　　　(b)　　　　　　(c)　　　　　　(d)

图 1-73　番茄生理性卷叶病

2. 病因及发病规律

该病主要与土壤、灌溉及管理有关。当气温高或田间缺水时番茄关闭气孔，叶片收拢或蜷缩，出现生理性卷叶。有些品种很容易产生卷叶。在生长旺盛期或夏季栽培过程中温度过高，土壤干旱缺水，植株结果过多，营养消耗过多，均易引起卷叶。

3. 防治妙招

① 选择早丰等不易产生卷叶的品种。定植后进行抗旱锻炼。及时防治蚜虫。

② 加强肥水管理，采用配方施肥，做到供肥适时适量，避免缺水缺肥。确保土壤水分充足，夏季注意勤浇水，避免土壤长期缺水，保证植株生长旺盛。

③ 采用遮阳网覆盖栽培。及时适量整枝、打杈，可减少卷叶发生。

④ 正确使用植物激素。

十四、番茄芽枯病

1. 症状及快速鉴别

一般在植株第二、三穗果的着生处附近发生。发病株腋芽处出现纵裂缝，形成竖"一"字形或"Y"字形裂痕，裂痕边缘有时不整齐，但没有虫粪。严重时生长点枯死，不再向上生长，或出现多分枝向上生长的情况（图1-74）。

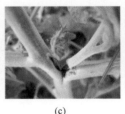

(a)　　　　　　(b)　　　　　　(c)　　　　　　(d)

图1-74　番茄芽枯病

2. 病因及发病规律

一般在夏秋保护地番茄现蕾期发病。主要是由于中午未及时放风，在高温下烫死了幼嫩的生长点，使茎受伤，导致发病。尤其在定植后控水严重的地块更易发生。

3. 防治妙招

（1）**喷施新高脂膜** 定植后及时喷施新高脂膜，可有效防止地上水分不蒸发，苗体水分不蒸腾，隔绝病虫害，缩短缓苗期。

（2）**降温** 注意中午放风，棚室内温度不超过35℃。或及时采用遮阳网覆盖，降低光照强度，避免造成高温为害。也可在高温的中午在叶面喷洒清水，降低周围的温度。

（3）**配方施肥** 适当增加硼、锌等微肥，适时中耕除草，合理灌水。喷施促花王3号，可抑制主梢旺长，促进花芽分化。在开花结果期及时喷施菜果壮蒂灵。

（4）**加强栽培管理** 芽枯病发生后要注意培养出新的结果果穗，去掉一些徒长枝杈。并喷施新高脂膜形成保护膜，防止病菌侵入。同时在适当的位置留一穗生长较好的花序，用它代替失去的果穗，减少产量损失。必要时可用浓度为0.1%～0.2%的硼酸溶液＋新高脂膜800倍液喷洒叶面，每隔7～10天喷1次，连喷2～3次，可提高植株抗病能力。

十五、番茄绿背果

1. 症状及快速鉴别

果实变粉色或红色后，果实肩部或果蒂附近残留绿色区域或斑块，始终不会变红，外观红、绿相间，呈现新鲜感觉。但绿背果绿色区的果肉较硬，果实味酸，不宜食用（图1-75）。

 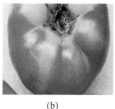 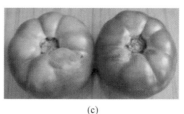 

(a)　　　　　　(b)　　　　　　　　(c)　　　　　　(d)

图1-75　番茄绿背果

2. 病因及发病规律

该病是由于番茄果实局部茄红素形成受到抑制导致的生理性病害。在偏施氮肥、番茄植株长势过旺时易发病。尤其在氮肥过多、钾肥少、缺少硼素、土壤干燥时发病更为严重。

3. 防治妙招

① 精细整地，防止土壤过于干旱。

② 施足充分腐熟的有机肥。适时、适量追肥，注意氮、磷、钾肥合理配合，避免偏施氮肥。

③ 果实膨大期喷施含硼的复合微肥。施用促丰宝或惠满丰多元复合叶肥。

十六、番茄茶色果

番茄茶色果也叫着色不良果。

1. 症状及快速鉴别

果实成熟后变红，但红中显露出褐色，使果实呈茶褐色。果实表面发污，光泽度差（图 1-76）。

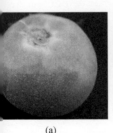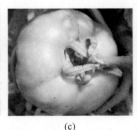

(a)   (b)   (c)   (d)

图 1-76　番茄茶色果

2. 病因及发病规律

该病是在果实成熟过程中，由于色素变化不正常导致的生理性病害。果实的叶绿素分解慢，番茄红素（茄红素）形成量又少，就会形成茶色果。

低温、弱光是产生茶色果的根本原因。果实成熟期气温低于24℃叶绿素就会增多，并延迟番茄红素的形成，易造成茶色果。另一个重要原因是偏施或过量施用氮肥，妨碍了果实叶绿素分解，易引起茶色果。或是钾、硼缺乏，也会导致果实不能转红。

3.防治妙招

（1）环境生态调控　保护地番茄需要有1000～1100℃以上的有效积温才能开始着色，即番茄黄色素和番茄红色素交互发生，果实逐渐呈现粉红色。番茄红色素在10～25℃开始显现，20～25℃迅速显现。果实成熟期保持棚室薄膜清洁，适当提高温度，保证白天温度在25℃以上，但不能过高。不宜过度密植，及时摘除底部的老叶，增强田间通透性。

（2）合理使用乙烯利进行果实催熟处理　可进行株上涂果催熟，当果实长到足够大小，颜色由绿转白时，可用800～1000毫克/升的乙烯利直接涂抹植株上的果实，乙烯利应涂在萼片与果实的连接处，4～5天后即可大量转色。也可在植株生长后期，番茄采收到上层果实时，可全株喷洒800～1000毫克/升的乙烯利，既可促进果实转红，又兼顾了茎叶生长。

（3）科学浇水　采用滴灌或膜下浇水，适时、适量保持土壤湿度适中，避免忽干、忽湿或过干、过湿。低洼地块应进行高畦栽培，提高土壤透气性。水多时注意及时排水（图1-77）。

（4）平衡施肥　避免偏施或过量施用氮肥，避免生长过旺。

图1-77　高畦栽培，膜下浇水

十七、番茄筋腐果

番茄筋腐果也叫番茄条腐果、条斑病、带腐果，俗称"黑筋""乌心果"等。

1.症状及快速鉴别

该病主要发生在果实膨大至成熟期，有褐变型、白变型两种类型，其中褐变型筋腐果最常见。

（1）褐变型筋腐果　多发生在植株下部，从幼果期开始发病，至果实膨大期果面着色不均，出现局部褐变，甚至呈坏死斑，凹凸不平，果肉僵硬。切开果实可看到果皮内的维管束呈黑褐或茶褐色死亡（图1-78）。

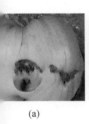

(a)　　　　　(b)　　　　　(c)　　　　　(d)　　　　　(e)

图1-78　褐变型筋腐果

（2）白变型筋腐果　常在果实绿熟期至转色期发病，多发生在果皮部组织上。表现为果实着色不良，果实表面红色部分减少，病部具有蜡质光泽，质硬。切开果实果肉呈"糠心"状，果皮及隔壁中肋部分出现白色筋丝。病果果肉硬化，品质差（图1-79）。

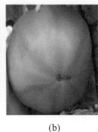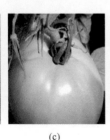

(a)　　　　(b)　　　　(c)　　　　　(d)　　　　　(e)

图1-79　白变型筋腐果

2. 病因及发病规律

（1）褐变型筋腐果　不良的环境条件影响光合产物积累，由于番茄植株体内碳水化合物不足和"碳氮比"下降，引起新陈代谢失调，导致维管束木质化，从而诱发筋腐病。

提示　单独一种因素很难导致发病，必须有多种不良因素的综合作用才会诱发筋腐病。

（2）白变型筋腐果　主要是由于烟草花叶病毒（TMV）侵染后产生的毒素，导致发病。

3. 防治妙招

（1）褐变型筋腐果

① 选择适宜品种。选择适合当地的佳粉 1 号、佳粉 2 号、早丰、迪丽雅、欧缇丽、萨顿、粉迪等较抗病的优良品种。

② 改善环境条件。避免多年连作，应实行轮作制。提高管理水平，促进光合产物的积累。采用透光性能好的薄膜，提高光合作用。适当降低夜温，促进光合产物的运输和积累。棚室栽培选用无滴膜，及时清除膜面的灰尘。小水勤浇，防止大水漫灌，每穗果浇 1 次水即可。

提示　最好采用膜下渗灌或滴灌，防止湿度过大土壤板结，造成不良的土壤环境。

③ 科学整枝。植株定植不要过密，适时适度整枝，改善通风透光条件。

④ 科学施肥。采取配方施肥，根据番茄对氮、磷、钾、钙、镁的吸收比率，以及各种肥料在不同土壤中的吸收情况，合理施肥，保证各种元素的比例协调。发现病情立即喷施 0.2% 的葡萄糖 +0.1% 磷酸二氢钾混合液，提高叶片中糖和钾的含量，可减轻为害。

（2）白变型筋腐果

① 选用适宜品种。选用抗烟草花叶病毒的西粉 3 号、双抗 2 号、中蔬 5 号、佳粉 10 号、佳粉 17 号等优良品种。

② 加强病毒病防治。用 20% 病毒 A 可湿性粉剂 500 倍液等药剂

防治。

③ 防治蚜虫和粉虱。在番茄生长的前、中期注意防治。可用10% 烯啶虫胺水剂 2000～4000 倍液，或 10% 吡虫啉可湿性粉剂 1500 倍液，或 3% 啶虫脒乳油 1000～2000 倍液，或 10% 氯噻啉可湿性粉剂 2000 倍液，或 10% 吡丙·吡虫啉悬浮剂 1500 倍液均匀喷雾。隔 10～15 天后再喷 1 次。

十八、番茄裂果病

1. 症状及快速鉴别

（1）放射状裂果　以果蒂为中心，向果肩部延伸，呈放射状深裂。

（2）环状裂果　以果蒂为圆心，呈环状浅裂，多在果实成熟前出现。

（3）条纹状裂果　在果顶花痕部，呈不规则条纹状开裂。

（4）纵裂果　在番茄果实的侧面有 1 条由果柄部向果顶部走向的弥合线。为害轻时在线条上出现小裂口。为害重时形成大型裂口，有时胎座、种子外露。

（5）顶裂果　果实脐部及周围果皮开裂，有时胎座组织及种子随果皮外翻裸露（图 1-80）。

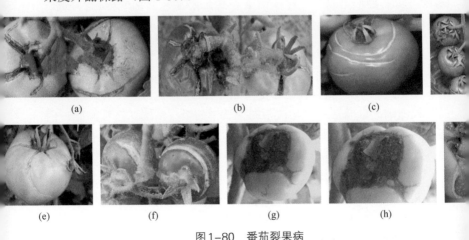

图 1-80　番茄裂果病

2. 病因及发病规律

① 由于畸形花，导致裂果。

② 在果实发育后期或转色期，久旱后灌大水，水过多或遇到大雨植株迅速吸水，容易导致果皮生长与果肉组织的膨大速度不同步，使果实内的果肉迅速膨大，渗透压（膨压）增高，将果皮胀裂，出现裂果。

③ 使用植物生长调节剂不当，浓度过大，水肥不足，引起生理失调产生裂果。

④ 摘心过早，整株摘叶过度，造成养分集中供应到果实，造成裂果。

⑤ 一般在花芽分化期低温，特别是夜温偏低，氮多、钙少时易产生纵裂果。

3. 防治妙招

（1）**选择抗裂品种**　一般选择果皮厚的中小型品种较抗裂。

（2）**控制温度**　育苗期特别是花芽分化期温度不要过高或过低，白天温度保持约 24℃，夜间温度保持在 15～17℃，保证充足的光照。

提示　温度不要过低，特别是夜温不能长时间低于8℃。

（3）**改善环境条件**　保护地要及时通风，降低空气湿度，缩短果面结露时间。防止强光直射在果实上。在秋延晚和春提早栽培后期不要过早去掉底部叶片，可为果实适当遮阴。

（4）**合理灌水**　保持水分平衡，避免忽干忽湿、过湿或过干，土壤相对湿度以约 80% 为宜。露地栽培时平时要多浇水，避免突然下雨时土壤湿度剧烈变化，雨后及时排水。

（5）**平衡施肥**　调节土壤中各种营养元素的比例平衡，避免偏施氮肥及过量的氨态氮肥和钾肥。钙、硼供应不足可引起裂果。开花期和果实膨大期常喷施叶面肥补充钙、硼等微量元素，作为应急措施可用 0.5% 的氯化钙叶面追施。也可喷施绿芬威 3 号等含钙的复合微肥。

提示　干旱条件下钙的吸收会受到影响，因此要均匀浇水，以利于植株对钙的吸收。

（6）**正确合理使用植物生长调节剂**　在使用激素喷花时浓度不宜

过大，要根据品种、温度，合理确定使用浓度。

提示 喷施85%比久（B9）水剂2000~3000毫克/升可增强果实抗裂性。

（7）整枝、打杈要适度 保持植株有茂盛的叶片，加强植株体内多余水分的蒸腾，避免养分集中供应果实造成裂果。

（8）及时采收 成熟后，在果实开裂前及时采收。

十九、番茄脐腐病

番茄脐腐病也叫番茄蒂腐病、番茄顶腐病、尻腐病、顶腐果，俗称贴膏药病、黑膏药、烂脐。

1. 症状及快速鉴别

初表现为果实顶端脐部出现暗绿色水浸状病斑。后逐渐扩大，果实顶部变褐、凹陷。病斑直径通常 1~2 厘米。约一周后病斑扩展到最大面积，最后收缩或萎陷，在顶端形成一凹陷的革质状枯斑。严重时扩展到小半个果实。干燥时病部为革质。遇到潮湿时表面生出白色、黑绿或粉红色霉状物（图 1-81）。

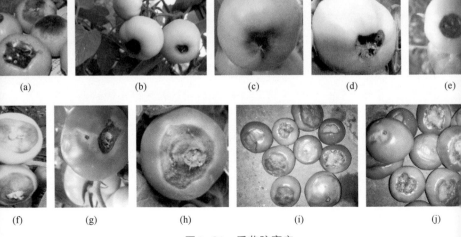

(a)　　　　(b)　　　　(c)　　　　(d)　　　　(e)

(f)　　　　(g)　　　　(h)　　　　(i)　　　　(j)

图 1-81　番茄脐腐病

果实表面生出霉层为腐生真菌，不是番茄脐腐病的病原。

2. 病因及发病规律

该病是由于水分供应失调，持续高温干旱后突降暴雨，忽干忽湿，缺钙、缺硼等导致的生理性病害。

因生长期间水分供应不足或不稳定造成果实内部水分失调，果实的生长发育受阻，形成脐腐。或因偏施氮肥，造成植株氮营养过剩，植株生长过旺，使番茄不能从土壤中吸收足够的钙和硼，使脐部细胞生理紊乱，失去控制水分的能力，也会引起脐腐病。有时沿江的砂壤土因土壤含盐量较高也易引发缺钙，引发脐腐病。一般在土壤中硼的含量低于 0.5 毫升 / 升，或果实中钙的含量低于 0.2%，均易引发脐腐病。

3. 防治妙招

（1）**合理灌溉** 浇足定植水，生长期间遇高温干旱，需遮阳降温，小水勤浇。遇涝害时排除田间积水。经常保持土壤湿润，土壤水分既不能缺少又不能过多。

（2）**培育壮苗** 植株从幼苗时保证不要缺钙。及时分苗，培育根系发达、茎秆健壮的幼苗。

（3）**选用抗病品种** 番茄果皮光滑、果实较尖的品种较抗病。

（4）**地膜覆盖** 可保持土壤水分相对稳定，能减少土壤中钙质养分淋失。

（5）**使用遮阳网覆盖** 减少植株水分过分的蒸腾，对防病很有利。

（6）**平衡施肥** 增施有机肥，可改善土壤结构，为根系生长发育创造良好条件，提高吸收能力。氮、磷、钾平衡施肥。适量叶面喷钙，均有利于防治脐腐病的发生。

（7）**根外追施钙肥** 番茄坐果后 1 个月内是吸收钙的关键时期。从初花期开始可喷洒 1% 的过磷酸钙，或 1% 普钙溶液，或 0.4% 的氯化钙，或 0.5% 硝酸钙溶液，或 0.5% 氯化钙 +5 毫克 / 千克萘乙酸，或 0.1% 硝酸钙 + 爱多收 6000 倍液，或绿芬威 3 号 1000～1500 倍液。

隔 10～15 天喷 1 次，连续喷 2～3 次。或在果实生长期用 1% 尿素液 +0.3% 磷酸二氢钾 +300 倍红糖液 +6000 倍液爱多收叶面喷雾，7～10 天喷 1 次，连续喷 3～4 次，可促进花芽分化，保花保果，提高抗病能力。

> **提示** 生产上采用叶面补钙，要直接喷到果实上才可促进钙的利用。

> **注意** 使用氯化钙及硝酸钙时，不能与含硫的农药及磷酸盐（如磷酸二氢钾）混用，以免产生沉淀。

二十、番茄空洞果

番茄空洞果也叫空果病、空心果，是指果皮与果肉胶状物之间有空洞的果实。

1. 症状及快速鉴别

空洞果的外观有棱，断面呈多角形。切开果实可见明显的空腔（图 1-82）。

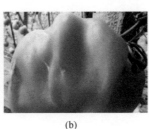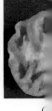

(a)　　　　　　　(b)　　　　　　　(c)　　　　(d)　　　(

图 1-82　番茄空洞果

2. 病因及发病规律

果皮生长发育过快，胎座发育缓慢，形成空腔。或胎座发育不良，心室数少，隔壁及果皮很薄，出现空洞果。喷施激素时间不当，光照不足，结果盛期浇水不足，留果太多，营养物质供应不足等，易形成空洞果。心室数目少的品种易发病。

3.防治妙招

（1）选用优良品种　可选择心室较多的番茄抗病品种。

（2）加强栽培管理　播种前种子可用新高脂膜拌种。并作好光、温调控，创造果实发育的良好光、温条件。摘心不宜过早，保持植株顶部适当的叶面积，可避免空洞果发生。

（3）合理使用植物生长调节剂　在番茄生长期适时喷施促花王3号，抑制主梢旺长，促进花芽分化。开花结果时要尽可能提高授粉、受精能力使之形成种子，有条件的可进行人工授粉。开花期喷施菜果壮蒂灵。开花当天或开花前后1～2天根据温度条件喷施防落素，可避免落果。

提示　当每个花序有2/3的花朵开放时，喷施浓度为15～25毫克/千克的防落素，注意不要重复使用。

（4）创造果实发育的良好环境条件　苗期和结果期温度不宜过高，特别是苗期要防止夜温过高及光照不足。生长中后期要适当打杈和摘叶，加强光照，增强通风。结果枝上果实采摘后位于果实下面的侧枝要及时打掉，保证坐果枝的营养供给。同时将结果枝下面的叶片全体摘除。果穗上的叶片不可摘除，保证上层果实发育良好。

提示　棚室栽培时如果遇到连阴天气，光照不足，可人工弥补光照。

二十一、番茄畸形果

1.症状及快速鉴别

番茄畸形果是番茄在低温、光照不足、肥水管理不善、植物生长激素使用不当时，根冠比失调，花器和果实不能充分发育，出现尖顶、畸形。或养分过多，集中输送到正在分化的花芽中，使花芽细胞分裂过旺，心皮数目增多，形成多心室的畸形果。经常见到的畸形果有纵沟果、扁圆果、椭圆果、偏心果、指突果、桃形果、豆形果、乱形果、菊形果等（图1-83）。

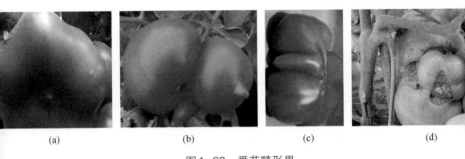

(a)　　　　　　　(b)　　　　　　　(c)　　　　　　　(d)

图1-83　番茄畸形果

2. 病因及发病规律

番茄果实能否发育成正常果主要取决于花芽分化的质量。分化过程是在育苗期完成的。当幼苗期1、2、3花序形成时遇到低温、水分充足、氮肥多，就会导致花芽过度分化，形成多心皮畸形花，果实会呈桃形、瘤形或指形等。冬春低温多雨，畸形果多。晚春或夏秋畸形果少。

扁圆果、椭圆果、偏心果、双（多）圆心果等畸形果发生的原因是在花芽分化及花芽发育时，营养土中的化肥过多，肥水过于充足，超过了花芽正常分化与发育的需要量，导致花器畸形，番茄心室数量增多，从而产生各种畸形果。如果遇到低温，夜温低于8℃，白天低于20℃，且地温低，呼吸消耗少时更会加重病情。指突果是在子房发育初期由于营养物质分配失去平衡，促使正常心皮分化出独立的心皮原基而产生的。桃形果是由于植株老化，营养物质生产不足，形成的心室减少，子房畸形发育而成。使用 2,4-D 等激素蘸花时浓度过高会加剧病情，增加桃形果数量和严重的程度。向下开放的花蘸花或喷花后，多余的生长素液滴向下流动残留在花的幼小子房尖端，使果实不同部位发育不均匀，引起子房畸形发育，从而形成桃形果。营养条件差，需要落掉的花虽然经过蘸花处理，抑制了离层的形成，勉强坐住了果，但因为得到的光合产物少，不能长大或停止生长，就形成了豆形果或酸浆果。番茄心室数目多，施用氮、磷肥过量，或缺钙、缺硼时易产生菊形果。

3. 防治妙招

（1）选择不易产生畸形果的优良品种　选择耐低温、弱光性强，果实高桩形、皮厚、心室数变化较小的品种，畸形果发生少。表现较好的品种有西粉 903、毛粉 802、中蔬 5 号等，均属于畸形果低发型品种，产生裂果也很少。

（2）调控好光和温度，培育抗逆性强的壮苗　采用电热线快速育苗。苗床要光照充足，并适时适量通风，幼苗破心后控制昼温 20～25℃，夜温 3～17℃，以利于正常花芽分化，育出节间短、约 60 天的适龄壮苗。

（3）加强温度管理　幼苗花芽分化期，尤其是 2～5 片真叶展开期，即第一、二花序上的花芽发育阶段正处于夜温低，诱发畸形果发生的敏感期，应保证这一时期的夜温不低于 12℃。一般夜温控制在 12～16℃、白天温度 25～28℃有利于花芽分化。

（4）加强肥水管理　避免苗期营养过剩，防止植株徒长。采用配方施肥，满足植株生长发育所需的营养条件，避免偏施氮肥，适量增施磷、钾肥。适时喷施宝多收、叶面宝、光合微肥、尿素、磷酸二氢钾等叶面肥或含硼、钙的复合微肥。

（5）合理慎重使用生长调节剂　在适宜的温度下应使用低浓度药液蘸花，蘸花应在晴天 10:00 以前，15:00 以后，植株无露水，棚内温度 18～20℃时进行。蘸花常用的生长调节剂有 2,4-D（10～20 毫克/升）、番茄丰产剂 2 号 10 毫升，加水稀释 50～70 倍。

注意　不能重复蘸花，或1朵花蘸的药液过多。花蕾和未完全开放的花不能蘸。蘸花后及时增加肥水，保证果实正常生长发育。

幼苗出现徒长时不能过分采用降温或干旱控苗措施，应在加强通风、适当控湿的基础上，可喷施 85% 比久（B9）可溶性粉剂 2000 毫克/千克控制徒长，既可提高幼苗质量，又不影响花芽分化。

（6）疏花疏果　发生畸形果后及时摘除，以利于正常花、果的生长发育。

二十二、番茄日灼病

番茄日灼病也叫番茄日烧病。

1.症状及快速鉴别

该病主要发生在果实上，叶片也有为害。果肩部易发生日灼。果实病部有光泽，似透明革质状，后变白色或黄褐色斑块。有的出现皱纹，干缩变硬后凹陷，果肉变成褐色块状。当日灼部位受病菌侵染或寄生时长出黑霉或腐烂（图1-84）。

叶片日灼，初期叶褪色，后叶片一部分变成漂白状，最后变黄枯死，或叶缘枯焦。

(a)　　　　　　(b)　　　　　　(c)　　　　　　(d)

图1-84　番茄日灼病

2.病因及发病规律

该病主要发生在春季日光温室内栽培的果实上，当遇高温、干旱或强烈照射时诱发，靠近棚膜处温度高时，果实表面水分消耗量大易形成灼伤。早晨果实上有露珠，如果太阳光正好直射到露珠上，露珠起聚光作用而吸热，也能灼伤果实。一般在果实的向阳面易发病。

番茄定植过稀，整枝、打顶过重，摘叶过多，叶片不能遮住果实，会使果实暴露在枝叶外面被灼伤。天气干旱、土壤缺水或雨后暴晴都易发生日灼。

3. 防治妙招

（1）**选择抗裂、枝叶繁茂的品种**　一般长形果、果蒂小、棱沟浅的小果型，或叶片大、果皮内木栓层薄的品种较抗病。秋冬季节栽培应选枝叶适中，叶片中小型的品种。夏季应选择枝叶较多，叶片较大的品种栽培。

（2）**调适棚温、遮阳**　保护地要加强通风，使叶面温度下降。春、秋保护地栽培在晴天中午应注意加大放风量，降低田间温度，避免果实局部温度过高造成日灼。阳光过强，夏季栽培可采用遮阳网覆盖降低棚温，也可与高秆作物间作套种为其遮阴。

（3）**及时灌水**　及时灌水，降低植株体温，避免发生日灼。

（4）**增施有机肥**　改良土壤结构，提高保水性能。

（5）**整枝打杈**　及时适时适量整枝打杈，保证植株叶片繁茂，避免过量整枝使果实大面积暴露在阳光下引起日灼。

（6）**适时采收**　雨季或大雨前及时采收。

（7）**叶面喷肥**　可用喷施宝 0.5 毫升 /667 米^2，兑水 90 千克，15～20 天喷 1 次。或用 85% 的比久（B9）可溶性水剂 2000～3000 毫克 / 千克，或氯化钙溶液，或高温季节果面喷洒 0.1% 的 96% 硫酸铜，或 0.1% 的硫酸锌等，均可提高抗热性，增强抗裂和抗日灼能力。

（8）**喷高脂膜**　可喷 27% 高脂膜乳剂 80～100 倍液，提高植株抗热性。

二十三、番茄冻害

1. 症状及快速鉴别

因受害程度和受害时间不同，症状有所差异。一般表现为叶片扭曲，叶面出现淡褐色或白色斑点、叶缘干枯等。严重时可造成整株枯死（图 1-85）。

2. 病因及发病规律

植株遭受低温冻害，生理代谢失调，生长发育受阻。该病多发生在春茬早期和秋茬后期。

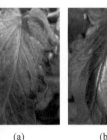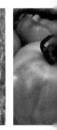

(a)   (b)   (c)   (d)   (e)

图1-85　番茄冻害

3. 防治妙招

（1）**选用耐低温弱光的品种**　可选择金棚1号、东圣1号、佳粉17号等优良品种。

（2）**培育壮苗**　采用黑色塑料营养钵育苗，具有白天吸热、夜间保温护根的作用。在外界温度-10℃，苗床温度6～7℃时营养钵内温度约10℃，幼苗能缓慢生长不受冻害。

（3）**进行低温锻炼**　增强植株体内抗寒能力，可收到良好的效果。

（4）**浇足防冻水**　水分比空气的贮热能力强，散热慢。在降温前选晴天浇足水。

（5）**叶面喷肥**　叶面喷100～300倍的米醋液可抑菌驱虫。或米醋与白糖混用。或用0.5%尿素与0.3%磷酸二氢钾混用，增加叶肉含糖量，提高叶片硬度，提高抗寒性。

注意　低温季节不要使用生长素类生长调节剂，防止抗寒性下降。

（6）**喷抗寒剂**　叶面喷施植物抗寒剂、低温保护剂、防冻剂等，增加幼苗抗性、保苗促长，可灵活应用。傍晚喷27%高脂膜80～100倍液也有较好的防冻作用。

（7）**保温覆盖**　温室栽培时可用薄膜、草帘、保温被、地膜、纸被、无纺布等多种材料，进行多层组合覆盖保温。每增加一层薄膜覆盖可提高 2～3℃，减少热损耗 30%～50%，覆盖二层薄膜可提高温度约6℃。露地栽培时早期采用地膜"近地面覆盖"的形式覆盖幼苗，使整株幼苗处于地膜之下，取代普通的地面地膜覆盖形式，投资不增加，增温效果好。

（8）加温采暖　多用火道加温、电加温线、小型水暖锅炉等手段补充热量。

提示　加温时不能明火熏烟，防止烟气熏苗。同时应当注意人身安全。

第三节　番茄主要虫害快速鉴别与防治

一、番茄茶黄螨

1. 症状及快速鉴别

番茄茶黄螨以刺吸式口器吸取汁液为害。可为害叶片、新梢、花蕾和果实。

植株受害后，叶片变厚、变小、变硬，叶片背面呈茶锈色，油渍状，叶缘向背面卷曲。嫩茎呈锈色，新梢顶端枯死（图1-86）。花蕾畸形，不能开花。果实受害，果面黄褐色粗糙，果皮龟裂，种子外落。严重时呈馒头开花状。

图1-86　番茄茶黄螨为害症状

2. 形态特征

（1）**雌成螨**　长约0.21毫米，体躯阔卵形，体分节不明显。淡黄至黄绿色，半透明有光泽。足4对。

（2）**雄成螨**　体长约0.19毫米，体躯近六角形。淡黄至黄绿色。

（3）卵　长约 0.1 毫米，椭圆形。灰白色、半透明。

（4）幼螨　近椭圆形，足 3 对。若螨半透明，棱形，被幼螨表皮所包围（图 1-87）。

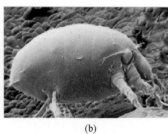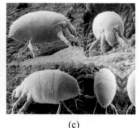

(a)　　　　　　　(b)　　　　　　　(c)　　　　　　(d)

图 1-87　番茄茶黄螨成螨、幼螨

3. 生活习性及发生规律

每年可发生几十代。主要在植株上或在土壤中越冬。成螨通常在土缝、冬季蔬菜及杂草根部越冬。棚室中栽培可周年发生，常发生世代重叠，但冬季为害轻。3 月上中旬开始发生，4～6 月为害严重。成螨活动能力强，靠爬迁、自然风力及农事操作等扩散传播。大雨对害虫有冲刷作用。害虫喜温，发生为害最适气候条件为温度 16～27℃，相对湿度 45%～90%。

4. 防治妙招

（1）农业防治　铲除田边杂草，清除残枝败叶。培育无虫壮苗。

（2）药剂防治　在害虫发生初期喷药防治。可用 15% 哒螨灵乳油 3000 倍液，或 5% 霸螨灵（唑螨酯）悬浮剂 3000 倍液，或 10% 除尽（溴虫腈）乳油 3000 倍液，或 1.8% 阿维菌素乳油 4000 倍液，或 20% 灭扫利（甲氰菊酯）乳油 1500 倍液，或 20% 三唑锡悬浮剂 2000 倍液等。

提示　为提高防治效果，可在药液中混加增效剂或洗衣粉等，并采用淋洗式喷药。

二、番茄瓜绢野螟

1. 症状及快速鉴别

幼龄幼虫在叶背啃食叶肉，呈灰白斑。3龄后吐丝将叶或嫩梢缀合居其中取食，使叶片穿孔或缺刻。严重时仅留叶脉。幼虫常蛀入果内，影响产量和质量（图1-88）。

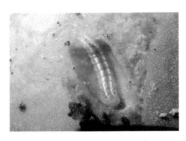

图1-88　番茄瓜绢野螟为害症状

2. 形态特征

（1）成虫　体长11毫米，头、胸黑色，腹部白色，第1、7、8节末端有黄褐色毛丛。前、后翅白色透明，略带紫色，前翅前缘和外缘及后翅外缘，呈黑色宽带。

（2）卵　扁平，椭圆形。淡黄色，表面有网纹。

（3）幼虫　末龄幼虫体长23～26毫米。头部、前胸背板淡褐色，胸腹部草绿色，亚背线呈两条较宽的乳白色纵带，气门黑色（图1-89）。

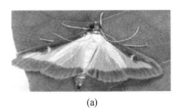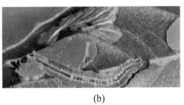

(a)　　　　　　　　　　　(b)

图1-89　番茄瓜绢野螟成虫、幼虫

（4）蛹　长约14毫米，深褐色。外被薄茧。

3. 生活习性及发生规律

北方一年发生3～6代，长江以南一年发生4～6代。以老熟幼虫或蛹在干枯卷叶或土中越冬。成虫夜间活动，趋光性弱，雌蛾将卵产于叶背，散产或几粒聚集在一起，每个雌蛾可产300～400粒。幼虫

3龄后卷叶取食，在卷叶、根际表土中或落叶中化蛹，结有白色薄茧。卵期5～7天，幼虫期9～16天，共4龄，蛹期6～9天，成虫寿命6～14天。

4. 防治妙招

（1）提倡采用防虫网　可防治瓜绢野螟，兼治黄守瓜。

（2）清洁田园　果实采收后将枯枝落叶收集，进行集中沤埋或烧毁，可压低下一代或越冬虫口基数。

（3）人工摘除卷叶　捏杀部分幼虫和蛹。

（4）生态防治　利用天敌螟黄赤眼蜂。在幼虫发生初期及时摘除卷叶，置于天敌保护器中，使寄生蜂等飞回大自然或菜田中，害虫仍留在保护器中，集中消灭部分幼虫及成虫。

（5）药剂防治　掌握在幼虫1～3龄时，可喷洒2%天达阿维菌素乳油2000倍液，或2.5%敌杀死乳油1500倍液，或20%氰戊菊酯乳油2000倍液，或5%高效氯氰菊酯乳油1000倍液。

（6）加强预测预报　采用性诱剂或黑光灯进行预测预报，掌握害虫发生期和发生量。

（7）架设频振式或微电脑自控灭虫灯　不仅对瓜绢野螟有效，还可减少蓟马、白粉虱的为害。

三、番茄温室白粉虱

1. 症状及快速鉴别

成虫和若虫吸食植物汁液，被害叶片褪绿、变黄、萎蔫，甚至全株死亡，造成减产。此外还能分泌大量蜜露，污染叶片和果实，导致煤污病的发生，也可传播病毒病（图1-90）。

2. 形态特征

（1）成虫　雌虫个体比雄虫大，

图1-90　番茄温室白粉虱为害症状

大小对比显著，经常雌、雄成对在一起。

（2）卵　椭圆形，具柄，开始浅绿色，逐渐由顶部扩展到基部为褐色，最后变为紫黑色。

（3）若虫　1龄幼虫长椭圆形，较细长。2龄胸足显著变短，无步行功能，定居下来。3龄略大。足与触角残存（图1-91）。

(a)　　　　　　(b)　　　　　　(c)　　　　　　(d)

图1-91　番茄温室白粉虱成虫、若虫及卵

（4）蛹　体黄色，成虫在蛹壳内逐渐发育。

3. 生活习性及发生规律

在温室条件下一年可发生十余代，以各虫态在温室中越冬，并继续为害。成虫喜欢群居在嫩叶叶背并产卵，在寄主植物打顶以前，成虫总是随着植株的生长不断追逐顶部嫩叶。因此在作物自上而下白粉虱的分布为：新产的绿卵、变黑的卵、幼龄若虫、老龄若虫、伪蛹。新羽化成虫产的卵以卵柄从气孔插入叶片组织中，与寄主保持水分平衡，极不易脱落。若虫孵化后3天内在叶背可作短距离游走，当口器插入叶片组织后就失去了爬行的能力，开始营固着生活。种群数量由春至秋持续发展，夏季的高温多雨抑制作用不明显，到秋季数量达到高峰。其集中为害茄果类、瓜类和豆类蔬菜。

提示　在北方由于温室和露地蔬菜生产紧密衔接和相互交替，白粉虱周年发生和为害植株。

4. 防治妙招

（1）**农业防治**　棚室第一茬应种植白粉虱不喜食的芹菜、蒜黄等较耐低温的蔬菜，减少番茄的种植面积，不仅不利于白粉虱的发生，还能节省能源。育苗前彻底熏杀残余的白粉虱，清理杂草和残株，以及在通风口增设尼龙纱等控制外来虫源。培育出无虫苗。

（2）**生物防治**　可人工繁殖释放天敌丽蚜小蜂。当温室番茄上白粉虱成虫在 0.5 头 / 株以下时，按 15 头 / 株的量释放丽蚜小蜂成蜂，每隔 2 周放 1 次，共放 3 次。

（3）**物理防治**　温室内设置黄板，用 1 米 ×0.17 米纤维板或硬纸板，涂成橙黄色，再涂上一层黏油，32～34 块 /667 米^2，诱杀成虫效果显著。黄板设置在行间，与植株高度相平，黏油一般使用 10 号机油 + 少许黄油调匀。7～10 天重新涂 1 次。

注意　防止油滴在作物上造成灼伤。黄板诱杀作为综防措施之一，可与释放丽蚜小蜂等协调运用。

（4）**药剂防治**　虫害发生时可用 2.5% 溴氰菊酯乳油 2000～3000 倍液，或 10% 扑虱灵乳油 1000 倍液，或 25% 灭螨猛乳油 1000 倍液，或毙螨灵乳油 1500～2000 倍液，或 2.4% 威力特微乳剂 1500～2000 倍液，或斑潜皇 2000～2500 倍液，或 10% 蚜虱净可湿性粉剂 4000～5000 倍液，或 2.5% 菜蝇杀乳油 1500～2000 倍液，或 15% 哒螨灵乳油 2500～3500 倍液，或 4.5% 高效氯氰菊酯乳油 3000～3500 倍液等药剂喷雾防治。

棚室栽培可用 1% 溴氰菊酯烟剂，或 2.5% 氰戊菊酯烟剂熏烟防治，效果很好。

四、番茄烟粉虱

番茄烟粉虱也叫小白蛾，属同翅目，粉虱科。

1. 症状及快速鉴别

成虫、若虫刺吸植物汁液，受害叶片褪绿、萎蔫或枯死，使植物生理功能紊乱并能传播病毒病，诱发煤污病。番茄受害后果实成熟不均匀（图1-92）。

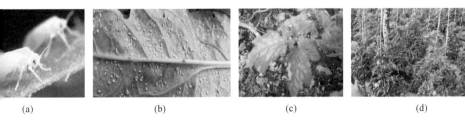

(a)　　　　　　　(b)　　　　　　　(c)　　　　　　　(d)

图1-92　番茄烟粉虱成虫、若虫及为害症状

2. 生活习性及发生规律

烟粉虱在寄主植株上的分布有逐渐由中、下部向上部转移的趋势，成虫主要集中在下部，从下到上部卵及1～2龄若虫的数量逐渐增多，3～4龄若虫及蛹壳的数量逐渐减少。

成虫产卵期2～18天，每只雌虫产卵约120粒。卵多产在植株中部嫩叶上。成虫喜欢无风温暖天气，有趋黄性，气温低于12℃停止发育，14.5℃开始产卵，气温21～33℃随着气温升高产卵量增加，高于40℃成虫死亡。相对湿度低于60%成虫停止产卵或死亡。暴风雨能抑制害虫大发生，非灌溉区或浇水次数少的地块受害重。

3. 防治妙招

（1）**培育无虫苗**　注意安排茬口，合理布局，在温室、大棚内黄瓜、番茄、茄子、辣椒、菜豆等蔬菜不要混栽。有条件的可与芹菜、韭菜、蒜、蒜黄等间作套种，防止烟粉虱传播。

（2）**药剂防治**　定植后定期检查，当番茄上部叶片每叶有5～10头成虫，虫口密度较高时，应及时进行药剂防治。每公顷可用99%敌死虫乳油1～2千克，植物源杀虫剂6%绿浪，或40%绿菜宝，或10%扑虱灵乳油，或25%灭螨猛乳油，或50%辛硫磷乳油750毫升，或25%扑虱灵可湿性粉剂500克，或10%吡虫啉可湿性粉剂，或20%灭扫利乳油375毫升，或1.8%阿维菌素乳油，或2.5%天王星乳油，或2.5%功夫乳油250毫升，或25%阿克泰水分散粒剂180克，加水 750 升喷雾。

（3）生态防治　番茄烟粉虱的天敌对烟粉虱种群的增长起着明显的控制作用，应注意保护和利用。

五、番茄二十八星瓢虫

1. 症状及快速鉴别

成虫和幼虫在叶背面剥食叶肉，形成许多独特的、不规则的、半透明的细凹纹，有时也可将叶片吃成空洞或仅留叶脉。严重时整株死亡。被害果常开裂，内部组织僵硬且有苦味（图1-93）。

图1-93　番茄二十八星瓢虫成虫、幼虫及为害症状

2. 形态特征

（1）成虫　体长7～8毫米，半球形，赤褐色，体表密生黄褐色细毛。前胸背板前缘凹陷，中央有一较大的剑状斑纹，两侧各有2个黑色小斑，有时合成1个。两鞘翅上各有14个黑斑，鞘翅基部3个黑斑和后方的4个黑斑不在一条直线上。

（2）卵　长1.4毫米，纵立，鲜黄色，有纵纹。

（3）幼虫　体长约9毫米，淡黄褐色。长椭圆状，背面隆起，各节有黑色枝刺（图1-94）。

（4）蛹　长约6毫米，椭圆形，淡黄色，背面有稀疏细毛及黑色斑纹。尾端包着末龄的蜕皮。

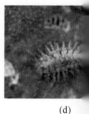

(a)　　　　　　　(b)　　　　　　　(c)　　　　　　　(d)

图1-94　番茄二十八星瓢虫成虫、卵、幼虫

3. 生活习性及发生规律

华北一年发生 2 代，江南地区 4 代。该虫以成虫群集越冬，一般在 5 月开始活动，为害苗床中的茄子、番茄、青椒或马铃薯等。6 月上中旬为产卵盛期，成虫以上午 10:00～下午 4:00 最为活跃，午前多在叶背取食，下午 4 时后转向叶面取食。成虫、幼虫都有残食同种卵的习性。成虫假死性强，并可分泌黄色黏液。卵产于苗基部叶背，20～30 粒靠在一起。越冬代每头雌虫可产卵约 400 粒，第一代每头雌虫可产卵约 240 粒。第一代卵期约 6 天，第二代约 5 天。幼虫夜间孵化，共 4 龄，2 龄后分散为害。幼虫老熟后多在植株基部茎上或叶背化蛹，温度 25～30℃、相对湿度 75%～85% 的条件下最适宜各虫态的生长发育。

4. 防治妙招

（1）**人工捕杀成虫、摘除卵块** 利用成虫假死性，拍打植株，使虫坠落，用盆接虫。消灭植株残体、杂草等中的越冬虫源。害虫产卵集中成群，颜色鲜艳极易发现，可人工摘除卵块。

（2）**药剂防治** 抓住幼虫分散前的时机可用 90% 晶体敌百虫 1000 倍液，或 50% 杀虫环可溶性粉剂 1000 倍液，或 20% 甲氰菊酯乳油 1200 倍液，或 2.5% 溴氰菊酯乳油 3000 倍液，或 2.5% 功夫乳油 4000 倍液，或 40% 菊杀乳油 2000 倍液，或 40% 菊马乳油 2000～3000 倍液，或 5% S- 氰戊菊酯乳油 1500 倍液，或 5.7% 氟氯氰菊酯乳油 2500 倍液，或 10% 天王星乳油 2000 倍液，或 5% 抑太保乳油 1500 倍液，或 4.5% 高效氯氰菊酯 3000～3500 倍液等喷雾，每隔 7～10 天喷 1 次，共喷 2～3 次。

六、番茄白雪灯蛾

白雪灯蛾为鳞翅目，灯蛾科。

1. 症状及快速鉴别

白雪灯蛾以幼虫食叶为害叶片，将叶片吃成缺刻或孔洞，使叶面呈现枯黄斑痕。严重时将叶片吃光仅存叶脉，也为害花、果（图 1-95）。

(a)　　　　　　(b)　　　　　　(c)　　　　　　　　　　　(d)

图1-95　番茄白雪灯蛾成虫、幼虫及为害症状

2. 生活习性及发生规律

一年发生2～3代。该虫食性杂，以蛹在土中越冬，翌年春季3～4月羽化，以第二代幼虫发生期8～9月为害较重。成虫有趋光性，羽化后3～4天，开始产卵，成块产于叶背，每块数十粒至100余粒，每雌虫可产400余粒，经5～6天孵化。初龄幼虫群集为害，3龄后开始分散，受惊有假死习性。幼虫共7龄，发育历期40～50天。老熟后，在地表结茧化蛹。

3. 防治妙招

（1）诱杀成虫　一代成虫羽化盛期，利用黑光灯诱杀成虫，减少第二代虫的基数。

（2）人工防治　摘除卵块和正在被群集为害的有虫叶片。冬季土壤翻耕，消灭越冬蛹。在老熟幼虫转移时，在树干上束草，诱集化蛹，集中烧毁。

（3）生物防治　保护和利用天敌。在幼虫期，用苏云金杆菌制剂等，进行喷雾防治。

（4）化学药剂防治　幼虫为害期，可喷施90%晶体敌百虫或50%辛硫磷乳油或95%巴丹可溶性粉剂1500～2000倍液，或20%氰戊菊酯乳油3000倍液喷雾，防治效果较好。

七、番茄美洲斑潜蝇

1. 症状及快速鉴别

成虫吸食叶片汁液，造成近圆形刻点状凹陷。幼虫在叶片上、下表皮之间蛀食，造成弯弯曲曲的隧道，相互交叉，逐渐连成一片，导致叶片光合能力锐减，过早脱落或逐渐枯死（图1-96）。

图1-96　番茄美洲斑潜蝇
为害症状

2. 形态特征

（1）成虫　蝇体长 2.0～2.5 毫米，背黑色。

（2）幼虫　无头蛆状，乳白至鹅黄色。长 3～4 毫米，粗 1～1.5 毫米。

（3）蛹　橙黄色至金黄色，长 2.5～3.5 毫米（图 1-97）。

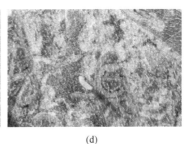

　　（a）　　　　　（b）　　　　　（c）　　　　　　　　（d）

图1-97　番茄美洲斑潜蝇成虫、幼虫及蛹

3. 生活习性及发生规律

该虫杂食性，为害严重，发生期为 4～11 月，发生盛期在 5 月中旬～6 月和 9～10 月中旬。

4. 防治妙招

（1）农业防治　种植前彻底清除菜田内外杂草、残株、败叶，并集中烧毁，减少虫源。深翻菜地，埋入地面上的蛹。发生盛期中耕松土灭蝇。

（2）药剂防治　目前较好的药剂是微生物杀虫剂齐螨素（阿维菌素、爱福丁等），主要有 1.8%、0.9%、0.3% 乳剂 3 种剂型，使用浓度分别为 3000 倍液、1500 倍液和 500 倍液。

提示 为了提高药效，在配制药液时需加入500倍的消抗液（害立平）增效剂，也可加入适量白酒。

八、番茄棉铃虫

番茄棉铃虫属鳞翅目，夜蛾科，为杂食性钻蛀性害虫，主要为害果实，是茄果类蔬菜的重要害虫。

1. 症状及快速鉴别

棉铃虫以幼虫蛀食花蕾、花、果为主，也可为害嫩茎、叶和芽。

花蕾受害，苞叶张开，变成黄绿色，2～3 天后脱落。

幼果常被吃空，引起腐烂脱落，成果虽然只被蛀食部分果肉，但因蛀孔在蒂部，便于雨水、病菌流入，果实大量被蛀易导致果实腐烂脱落（图 1-98）。

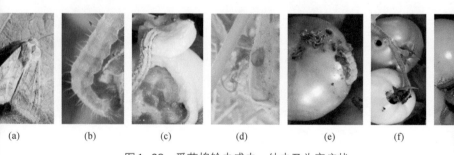

(a)　　　(b)　　　(c)　　　(d)　　　(e)　　　(f)

图 1-98　番茄棉铃虫成虫、幼虫及为害症状

2. 生活习性及发生规律

长江以北地区一年发生 4 代，华南和长江以南 5～6 代，云南 7 代。该虫以蛹在土壤中越冬，5 月中旬开始羽化，5 月下旬为羽化盛期。成虫需取食蜜源植物，作为补充营养。成虫交配和产卵多在夜间进行，卵散产于植株的嫩梢、嫩叶、茎上，每头雌虫产卵 100～200 粒，产卵期 7～13 天。初孵幼虫仅能将嫩叶尖及小蕾啃食成凹点。2～3 龄时吐丝下垂，蛀害蕾、花、果，1 头幼虫可为害 3～5 个果。

第一代成虫发生期与茄科、瓜类等蔬菜作物花期相遇，产卵量大增，使第二代棉铃虫成为为害最严重的世代。孵出的幼虫 10 月上中旬老熟全部入土化蛹越冬。

3. 防治妙招

（1）减少越冬虫源　冬前翻耕菜地，浇水淹地。根据虫情测报，在棉铃虫产卵盛期结合整枝，摘除虫卵烧毁。

（2）药剂防治　当百株卵量达 20～30 粒时开始用药。如果百株幼虫超过 5 头应继续用药。一般在果实开始膨大时开始用药。成虫产卵高峰后 3～4 天可喷洒苏云金杆菌或核型多角体病毒，或 25% 灭幼脲悬乳剂 600 倍液。连喷 2 次，可使幼虫感病而死亡。

也可用 200 克/升虫酰肼悬浮剂 2000～3000 倍液，或 5% 氯虫苯甲酰胺悬浮剂 2000～3000 倍液，或 0.5% 甲氨基阿维菌素苯甲酸盐乳油 3000 倍液 +4.5% 氯氰菊酯乳油 2000 倍液，或 15% 茚虫威悬浮剂 3000～4000 倍液，或 10% 醚菊酯悬浮剂 2000～3000 倍液，或 5% 氟啶脲乳油 1000～2000 倍液，或 5% 氟铃脲乳油 1000～2000 倍液，或 20% 高氯·仲丁威乳油 2000～3000 倍液，或 15% 阿维·毒乳油 1000～2000 倍液，或 1.2% 烟碱·苦参碱乳油 800～1500 倍液，或 0.5% 藜芦碱可溶性液剂 1000～2000 倍液等药剂均匀喷雾。视虫情为害程度每隔 7～10 天喷 1 次，连喷 2～3 次。

九、番茄烟青虫

1. 症状及快速鉴别

番茄烟青虫以幼虫集中为害嫩叶造成孔洞，也可为害果实（图 1-99）。

2. 形态特征

（1）成虫　体长 15～18 毫米，翅展 27～35 毫米，体黄褐至灰褐色。前翅的斑纹清晰，内、中、外横线均

图 1-99　番茄烟青虫为害症状

为波状的细纹。雄蛾前翅黄绿色，雌蛾前翅黄褐至灰褐色。后翅近外缘有1条褐色宽带。

（2）**卵** 半球形。初产时乳白色，后为灰黄色。近孵化时为紫褐色。

（3）**幼虫** 老熟幼虫体长31～41毫米，头部黄褐色。体色多变，有青绿、红褐或暗褐色等。体背常散生有白色小点。

（4）**蛹** 为被蛹。纺锤形，暗红色。尾端具臀棘2根，基部相连（图1-100）。

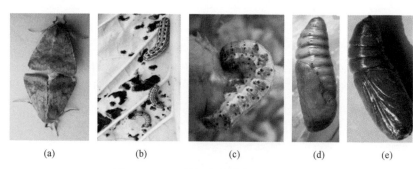

(a)　　　　　(b)　　　　　(c)　　　　　(d)　　　　　(e)

图1-100　番茄烟青虫成虫、幼虫及蛹

3. 生活习性及发生规律

一年发生世代数因地区而异，东北一年发生2代，黄淮地区3～4代，西南、华南地区4～6代，广东7～8代。烟青虫均以蛹在土壤耕作层内越冬。成虫昼伏夜出，有一定的趋光性，幼虫有假死及吐丝下坠习性。

4. 防治妙招

（1）**冬耕灭蛹** 冬耕可通过机械杀伤、暴露失水、恶化越冬环境、增加天敌取食机会等措施，进行灭蛹。

（2）**捕杀幼虫** 定植后在清晨5～9时到菜园巡查。发现在顶部嫩叶上有新虫孔或叶腋内有鲜虫粪时，找出幼虫杀死。

（3）**诱杀成虫** 可用糖醋液（糖：酒：醋：水比例为

6：1：3：10)，或用甘薯、豆饼发酵液加入少量敌百虫放置菜田，诱杀成虫。

（4）生物药剂防治　可用每克含孢子约 100 亿的杀螟杆菌菌粉 300～600 倍液，或含活孢子 48 亿以上的青虫菌菌粉 400～500 倍液，向病株心叶正、反面喷洒，对 3 龄前幼虫防治效果较好。

（5）化学药剂防治　幼虫发生期可用 2.5% 溴氰菊酯 4000 倍液，或 90% 晶体敌百虫 1000 倍液喷雾防治。

> **提示**　掌握多数幼虫在3龄以前施药，才能收到良好的防治效果。

十、番茄斑须蝽

1. 症状及快速鉴别

番茄斑须蝽主要以成虫和若虫刺吸嫩叶、嫩茎及果、穗的汁液，造成落蕾落花。茎叶被害后出现黄褐色斑点。严重时叶片卷曲，嫩茎凋萎，影响生长，减产减收。

成虫体长 8～13.5 毫米，宽约 6 毫米，椭圆形，黄褐色或紫色，密被白绒毛和黑色小刻点。触角黑白相间。小盾片黄白色，末端钝而光滑（图 1-101）。

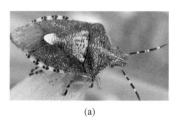　

(a)　　　　　　　　　　　　　(b)

图 1-101　番茄斑须蝽及为害症状

2. 生活习性及发生规律

一年发生 2 代。该虫以成虫在田间杂草、枯枝落叶、植物根际及树皮下越冬。4 月初开始活动，4 月中旬交尾产卵，4 月底～5 月初幼虫孵化，第一代成虫 6 月初羽化，6 月中旬为产卵盛期，第二代于 6 月中下旬～7 月上旬幼虫孵化，8 月中旬开始羽化为成虫，10 月上中旬陆续越冬。卵多产在上部叶片正面或花蕾、果实的苞片上，多行排列整齐。

3. 防治妙招

（1）**农业防治**　与非茄科作物轮作，最好水旱轮作。选用抗虫品种。选用无病、包衣的种子。选用排灌方便的田块开好排水沟，达到雨停无积水。合理密植，增加田间通风透光度。大雨过后及时清理沟系，防止湿气滞留。人工摘除卵块。深翻地灭茬、晒土，促使病残体分解，减少虫源。

（2）**清园**　播种或移栽前或收获后，清理菜地，清除田间及四周杂草，集中烧毁或沤肥，可消灭部分越冬成虫。

（3）**药剂防治**　可用 21% 增效氰·马乳油 4000～6000 倍液，或 2.5% 溴氰菊酯乳油 3000 倍液，或 2.5% 菜蝇杀乳油 1500～2000 倍液，或 15% 哒螨灵乳油 2500～3500 倍液，或 4.5% 高效氯氰菊酯乳油 3000～3500 倍液等药剂喷雾防治。

十一、番茄小地老虎

番茄小地老虎幼虫食性杂，可咬食幼苗，为害多种蔬菜。

1. 症状及快速鉴别

幼虫 3 龄前仅取食叶片，形成半透明的白斑或小孔。3 龄后咬断嫩茎，常造成严重的缺苗断垄，甚至毁园（图 1-102）。

图 1-102　番茄小地老虎为害症状

2. 形态特征

（1）**成虫**　体长 16～23 毫米，深褐色。前翅暗灰色，内、外横线将翅分为 3 段，在内横线外侧、环形纹的下方有 5 条剑状纹。后翅灰白色。

（2）**卵**　半球形，乳白色至灰黑色。

（3）**幼虫**　老熟幼虫体长 37～47 毫米，体黑褐色至黄褐色，体表布满颗粒。

（4）**蛹**　赤褐色（图 1-103）。

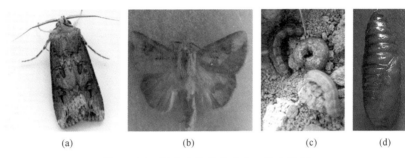

(a)　　　　　　　(b)　　　　　　　(c)　　　　　(d)

图 1-103　番茄小地老虎成虫、幼虫及蛹

3. 生活习性及发生规律

北方一年发生 4 代。越冬代成虫盛发期在 3 月上旬，有显著的 1 代多发现象。成虫对黑光灯和酸甜味趋性较强。4 月中下旬为 2～3 龄幼虫盛期，5 月上中旬为 5～6 龄幼虫盛期。以 3 龄以后的幼虫为害严重。幼虫有假死性，遇到惊扰缩成环状。无滞育现象，条件适合可连续繁殖为害。

4. 防治妙招

（1）**物理防治**　利用糖醋液和黑光灯诱杀成虫，也可利用泡桐叶诱杀幼虫。

（2）**毒饵诱杀幼虫**　将 5 千克饵料炒香，与 90% 敌百虫 150 克加水拌匀而成，用量 1.5～2.5 千克 /667 米^2，进行均匀施用。

（3）**药剂防治**　重点防治 3 龄前幼虫，可用 40% 菊马乳油 2000～3000 倍液，或 10% 氯氰菊酯乳油 2000～3000 倍液，或 20% 氰戊菊酯乳油 2000～3000 倍液，或 20% 灭扫利乳油 4000～6000 倍液，或 10.8% 凯撒乳油 2000 倍液，或 50% 辛硫磷乳油 500 倍液，或

5%抑太保乳油1500倍液，或5%卡死克乳油4000倍液，或20%溴虫腈悬浮剂1000倍液，或25%唑蚜威乳油1000～1500倍液，或50%西维因600倍液喷雾防治。也可用25%亚胺硫磷乳油250倍液进行灌根。

十二、番茄网目拟地甲

1. 症状及快速鉴别

番茄网目拟地甲以成虫和幼虫为害幼苗，取食嫩茎和嫩根，影响出苗。幼虫还能钻入根茎内取食，影响正常生长，造成幼苗枯萎（图1-104）。

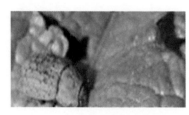

图1-104　番茄网目拟地甲
及为害症状

2. 形态特征

（1）成虫　雌成虫体长7.2～8.6毫米，雄成虫体长6.4～8.7毫米。黑色中略带褐色，一般鞘翅上都附有泥土。

（2）幼虫　虫体椭圆形，头部较扁（图1-105）。

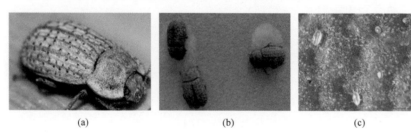

(a)　　　　　　　　　(b)　　　　　　　　　(c)

图1-105　番茄网目拟地甲成虫及幼虫

3. 生活习性及发生规律

华北地区每年发生1代。该虫以成虫在土层内、土缝、洞穴内越冬。翌年3月下旬成虫大量出土为害。该虫具有假死性。成虫只能爬行，寿命较长，最长可达4年。虫害一般发生在较干旱或较黏重的土壤中。

4. 防治妙招

（1）**提早播种或定植**　错开网目拟地甲严重发生期。

（2）**药剂防治**　播种前种子可用爱卡士 5% 颗粒剂拌种。发生虫害时可用 40% 菊马乳油 2000～3000 倍液，或 10% 氯氰菊酯乳油 2000～3000 倍液，或 20% 氰戊菊酯乳油 2000～3000 倍液，或 5% 氟苯脲乳油 3000 倍液，或 25% 杀虫双水剂 250～300 倍液，或 50% 巴丹可湿性粉剂 1000 倍液，或 5% 抑太保乳油 1500 倍液，或 5% 卡死克乳油 4000 倍液，或 20% 溴虫腈悬浮剂 1000 倍液，或 50% 西维因 600 倍液等药剂均匀喷雾防治。

十三、番茄细胸金针虫

1. 症状及快速鉴别

番茄细胸金针虫主要为害根茎，以幼虫咬食根茎，严重影响植株正常生长，使番茄在苗期干枯死亡（图 1-106）。

图 1-106　番茄细胸金针虫为害症状

2. 形态特征

（1）**成虫**　体长 9 毫米，宽 2.5 毫米。淡褐色，体表有黄褐色短毛，有光泽。头黑褐色。

（2）**幼虫**　长约 23 毫米，圆筒形、黄褐色、有光泽。尾节呈圆锥形，尖端有红褐色小突起（图 1-107）。

3. 生活习性及发生规律

该虫主要以幼虫在土壤中越冬，入土深可达 40 厘米。翌年春季

(a)   (b)   (c)   (d)

图1-107   番茄细胞金针虫成虫及幼虫

上升到表土层为害，6月可见成虫在土中产卵。幼虫极为活跃，在土中钻动很快，喜欢趋集在刚腐烂的禾本科草类上。

4.防治妙招

（1）**加强苗圃管理**   播种时苗床上可撒5%的辛硫磷颗粒1～5克，拌细土30倍，翻入土中毒杀幼虫。种苗出土或栽植后如果发现害虫为害，可用辛硫磷逐行撒施，并用锄将药剂掩入苗株附近表土内，也能取得良好的防治效果。避免施用未成熟草粪，以防带入成虫进行繁殖。

（2）**毒杀成虫**   在春秋两季成虫活动最盛时，可用50%敌百虫500克拌细土25～30千克，撒在土壤表面或锄入土壤表层。

（3）**堆草诱杀**   利用成虫对杂草有趋性，在地埂周边堆草诱杀。杂草堆成宽40～50厘米、高10～16厘米的草堆，在草堆内撒入触杀类药剂，可以毒杀成虫。

（4）**用糖醋液诱杀成虫**   糖醋液配制比例为糖6份、醋3份、白酒1份、水10份。

十四、番茄东北大黑鳃金龟子

幼虫为蛴螬，俗名白地蚕、白土蚕、蛀虫等。

1.症状及快速鉴别

该虫以幼虫在地下啃食萌发的种子，咬断幼苗根茎，导致全株死亡。严重时可造成缺苗断垄（图1-108）。

图1-108　番茄东北大黑鳃金龟子为害症状

2. 形态特征

（1）成虫　体长16～22毫米，身体黑褐色至黑色，有光泽。鞘翅长椭圆形。

（2）幼虫　老熟幼虫体长35～45毫米，体乳白色、多皱纹。静止时弯曲成"C"形（图1-109）。

(a) (b) (c)

图1-109　番茄东北大黑鳃金龟子成虫、幼虫及蛹

（3）蛹　为裸蛹。体长21～23毫米，头小、体稍弯曲。初为黄白色，后为橙黄色。

3. 生活习性及发生规律

在北方多为二年发生1代。该虫以幼虫和成虫在55～150厘米无冻土层中越冬。卵期一般10余天，幼虫期约350天，蛹期约20天，成虫期近1年。5月中旬～6月中旬为越冬成虫出土盛期，20:00～21:00为成虫取食、交配活动盛期。卵多散产在寄主根际周围松软潮湿的土壤内，以水浇地产卵多，每次可产卵约100粒。当年孵出的幼虫在立秋时进入3龄盛期，土温适宜时造成严重为害。秋末冬初土温下降后即停止为害，下移越冬。在翌年4月中旬形成春季为害高峰。夏季高温时下移筑土室化蛹，羽化的成虫大多在原地越冬。成虫有假死性、趋光性和喜湿性，并对未腐熟的厩肥有较强的趋性。

4.防治妙招

（1）**农业防治**　适当调整茬口可减轻为害。农家肥应充分腐熟，以免将幼虫和卵带入菜田。蛴螬喜食腐熟的农家肥，施有机肥可减轻对蔬菜为害。适时秋耕可将部分成虫、幼虫翻到地表，使其风干、冻死或被天敌捕食或机械杀伤。

（2）**灯光诱杀**　成虫盛发期可在菜田中设40瓦黑光灯1盏，距地面30厘米，灯下挖直径约1米的坑，铺膜做成临时性水盆，加满水后再加微量煤油漂浮封闭水面。傍晚开灯诱集，清晨捞出死虫，并捕杀未落入水中的活虫。

（3）**人工捕杀**　施农家肥前应筛出其中的蛴螬。定植后发现菜苗被害，可挖出土中的幼虫。利用成虫的假死性人工捕捉或振落捕杀。

（4）**药剂防治**　播种前种子可用50%辛硫磷乳油拌种，辛硫磷、水、种子的比例为1∶50∶600，将药液均匀喷洒放在塑料薄膜上的种子上，边喷边拌种，拌后闷种3～4小时，其间翻动1～2次，种子干后即可播种，持效期为20余天。或用80%敌百虫可溶性粉剂100～150克/667米^{2}兑少量水稀释后，拌细土15～20千克制成毒土，均匀撒在播种沟（穴）内，覆一层细土后再播种。

在蛴螬发生较重的地块可用80%敌百虫可溶性粉剂灌根，每株灌150～250克，可杀死根际附近的幼虫。

十五、番茄腐烂茎线虫

番茄腐烂茎线虫属线虫门，茎线虫属虫害。

1.症状及快速鉴别

番茄腐烂茎线虫主要为害茎部，可侵染植株茎干的所有部位。番茄腐烂茎线虫通过根系沿着植株的维管束向上发展，破坏茎干内部组织，导致内部变褐，典型症状是"糟糠"，造成植株叶色变淡，果实僵小，植株长势受到抑制，底部叶片发黄。发病后期导致植株萎蔫、枯死（图1-110）。

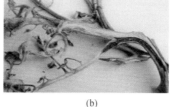

(a)   (b)   (c)

图1-110　番茄腐烂茎线虫为害症状

2. 防治妙招

（1）合理轮作　提倡与烟草、水稻、棉花、高粱等作物轮作。

（2）清园　收获后及时清除病残体，带出菜田外集中烧毁。

（3）药剂防治　幼苗移栽前可用50%辛硫磷乳油，或40%甲基异柳磷乳剂100倍液浸苗10分钟再移栽。或用5%涕灭威颗粒剂每667平方米用2～3千克，移栽时施入穴内，有效期50～60天，可有效防治茎线虫病的发生，并可兼治其他虫害。也可用3%甲基异柳磷颗粒剂每667平方米用3～4千克拌适量土施入穴内。

十六、番茄蝼蛄

为害菜田的主要有华北蝼蛄和非洲蝼蛄两种。主要为害番茄的茎基部。

1. 症状及快速鉴别

成虫、若虫在土壤中咬食播下的种子和刚出土的幼芽，或咬断幼苗，受害植株根部呈乱麻状。蝼蛄活动时会将土层钻成许多隆起的隧道，使根系与土壤分离，导致根系失水干枯死亡。在温室、大棚内因气温较高，蝼蛄活动早，对苗床的为害更为严重（图1-111）。

图1-111　番茄蝼蛄为害症状

2. 形态特征

（1）非洲蝼蛄　成虫体长 30～35 毫米，灰褐色，身体瘦小。腹部末端近纺锤形，后足胫节背面内侧有 3～4 个距。若虫共 6 龄，2～3 龄后与成虫的形态、体色相似。

（2）华北蝼蛄　成虫体长 36～55 毫米，身体肥大，黄褐色，腹部末端近圆筒形，后足胫节背面内侧有 1 个距或消失。若虫共 13 龄，5～6 龄后与成虫的形态、体色相似（图 1-112）。

(a)　　　　　　　　　　(b)

图 1-112　番茄蝼蛄成虫、幼虫

3. 生活习性及发生规律

华北蝼蛄约三年发生 1 代，以成虫、若虫在 67 厘米以下无冻土层越冬，每窝 1 只。越冬成虫在翌年 3～4 月开始活动，5 月上旬～6 月中旬当平均气温和 20 厘米土温为 15～20℃时进入为害盛期，开始交配产卵。产卵期约 1 个月，产在深 10～25 厘米预先筑好的卵室内。6 月下旬～8 月下旬天气炎热潜入土中越夏。9～10 月再次上升地表形成第二次为害高峰。

非洲蝼蛄在大部分地区一年发生 1 代，东北与西北地区二年发生 1 代。活动为害规律与华北蝼蛄相似，但交配、产卵及若虫孵化期均提早 20 天，产卵场所多在潮湿的地方。

两种蝼蛄均昼伏夜出，21:00～23:00 时最活跃，雨后活动更多。有趋光性和喜湿性，对香甜物质如炒香的豆饼、麦麸以及马粪等农家肥有强烈的趋性。

4.防治妙招

（1）**农业防治**　有条件的菜园实行水旱轮作。精耕细作，深耕多耙，不施未经充分腐熟的农家肥等，创造不利于地下害虫的生存条件，可减轻为害。

（2）**诱杀**　在田间挖30厘米见方、深约20厘米的坑，内堆湿润马粪，表面盖草，每天清晨捕杀蝼蛄。也可用灯光诱杀。

（3）**毒饵诱杀**　将豆饼或麦麸5千克炒香，或秕谷5千克煮熟，晾至半干，再用90%晶体敌百虫150克，加水将毒饵拌潮，每667平方米用1.5～2.5千克撒在菜地里或苗床上诱杀。

（4）**药剂防治**　可用50%辛硫磷1～1.5千克/667米^{2}掺干细土15～30千克，充分拌匀撒在菜田中，或开沟施入土壤中，或均匀喷雾，也可随水浇灌。

第二章
茄子病虫害快速鉴别与防治

第一节　茄子主要传染性病害快速鉴别与防治

一、茄子霜霉病

1. 症状及快速鉴别

该病主要为害叶片。叶斑初近水渍状，后转为黄褐色，受叶脉限制呈角状斑。潮湿时斑面出现稀疏的白色霜状霉，即病原菌的孢囊梗及孢子囊（图2-1）。

   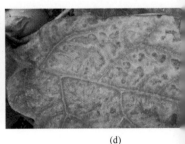

(a)　　　　　　(b)　　　　　　(c)　　　　　　　　(d)

图2-1　茄子霜霉病

2. 病原及发病规律

病原为叉梗霜霉属，属鞭毛菌亚门真菌。

在北方病菌以菌丝体和卵孢子在活体寄主上潜伏越冬。在温暖的华南地区病菌以无性态孢子囊及孢子囊形成的游动孢子在寄主作物间依靠风雨辗转传播为害，无明显的越冬期。

在冬、春两季棚室保护地，昼暖夜凉和多雨高湿的天气，有利于病害发生。

3. 防治妙招

（1）**因地制宜选用抗病品种**　一般圆茄比长茄品种抗病。

（2）**合理轮作**　与非茄科作物实行 3 年以上轮作。

（3）**加强栽培管理**　选择地势高、排水好、土质偏沙的地块种植。定植前精细整地，挖好排水沟。及时整枝打杈，去老叶、内膛叶，使株间通风透光。地膜覆盖，可阻隔地面病菌传到下部果实或叶片上。及时清除病果，带出菜园外集中深埋或烧毁。收获后深翻整地，清洁田园，减少翌年的菌源。

（4）**药剂防治**　发病初期可用 40% 三乙膦酸铝可湿性粉剂 200 倍液，或 58% 甲霜灵·锰锌可湿性粉剂 500 倍液，或 64% 杀毒矾可湿性粉剂 500 倍液，或 25% 甲霜灵可湿性粉剂 600 倍液，或 58% 瑞毒霉·锰锌可湿性粉剂 1000 倍液，或 65.5% 普力克水剂 700～1000 倍液，或 60% 琥·乙膦铝可湿性粉剂 800 倍液等药剂喷雾。重点保护果实，适当喷洒地面。喷药后 1 小时内遇雨，应进行补喷。

二、茄子黑斑病

1. 症状及快速鉴别

该病主要为害叶片，有时果实也可受害。

叶片受害，在中下部老叶上产生圆形或不规则形病斑，病斑多在两条叶脉之间。湿度大时布满黑色霉层。发病重时叶片早枯。

果实受害，产生直径 5～10 毫米的近圆形病斑，有的 15 毫米以上。淡褐至褐色，稍凹陷，斑面轮纹多不明显。潮湿时外面覆盖黑色霉层，病斑融合时果面出现大黑斑，病斑下面的果肉变褐，呈干腐状。严重时密布黑斑，果实不能食用（图 2-2）。

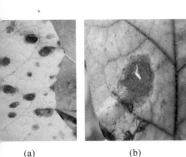

(a)   (b)   (c)   (d)

图2-2　茄子黑斑病

2.病原与发生规律

病原为茄链格孢,属半知菌亚门真菌。

病菌以菌丝体或分生孢子随病残体在土壤中或种皮内外越冬。分生孢子落到叶片上可从叶片上的气孔口或直接穿过茄子表皮侵入。借气流、雨水传播,进行多次再侵染,导致病情加重。病菌发育温度范围为1～45℃,最适温度为26～28℃。茄子生长发育旺盛期一般看不到病斑,到中后期的雨季肥料不足,生长衰弱易发病。雨日多、持续时间长发病重。

3.防治妙招

(1)**合理轮作**　与非茄科作物实行2～3年轮作。同时避免与马铃薯连作。

(2)**种子处理**　播种前种子可用52℃温水浸种30分钟。或用2%武夷菌素水剂浸种。也可用2.5%咯菌腈悬浮种衣剂10毫升加水150～200毫升混匀,可拌种3～5千克,包衣晾干后进行播种。可有效杀死黏附在种子表皮或潜伏在种皮内的病菌。

(3)**栽植前棚室消毒**　连年发病的棚室,在定植前密闭棚室后,每100立方米的空间可用硫黄0.25千克、锯末0.5千克混匀后,分堆点燃,熏烟1夜。

(4)**加强田间管理**　选择适当的播种期。施足充分腐熟的有机肥作底肥,每667平方米用5000千克以上,生长期间增施磷、钾肥,氮、磷、钾肥追施比例为1:1:2。特别是钾肥提倡分次施用,分别作基肥和坐果期追肥，一般施硫酸钾肥以 20～25 千克 /667 米 ² 为宜，促进植株健壮生长，提高对病害的抗性。整枝时避免与有病植株相互接触，减轻病害的发生及传播。

（5）清园灭菌　早期及时摘除病叶、病果，带出田外集中销毁。茄子拉秧后及时清除田间残余植株、落花、落果等，结合翻耕搞好田间卫生。

（6）药剂防治　发病初期可用 50% 福美双·异菌脲可湿性粉剂 800～1000 倍液，或 50% 苯菌灵可湿性粉剂 800～1000 倍液 +70% 代森联干悬浮剂 600 倍液，或 64% 氢铜·福美锌可湿性粉剂 1000 倍液，或 20% 嘧霉胺悬浮剂 800～1000 倍液，或 25% 溴菌腈可湿性粉剂 500～1000 倍液 +70% 代森锰锌可湿性粉剂 700 倍液喷雾。视病情为害程度隔 7～10 天喷 1 次。

保护地可选用粉尘法或熏烟法进行防治。

三、茄子叶霉病

1. 症状及快速鉴别

该病主要为害叶片和果实。

叶片染病，初现边缘不明显的褪绿斑点，病斑背面长有灰绿色霉层，叶片早期脱落。

果实染病，病部黑色，革质，多从果柄蔓延下来，果实呈现白色斑块。成熟果实的病斑黄色下陷。后期逐渐变为黑色，最后果实成为僵果（图 2-3）。

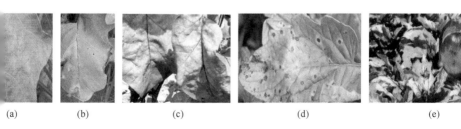

(a)　　　(b)　　　(c)　　　(d)　　　(e)

图2-3　茄子叶霉病

2. 病原及发病规律

病原为褐孢霉，属半知菌亚门真菌。

病菌以菌丝或菌丝体在病残体内越冬，也可以分生孢子附着在种子表面或菌丝潜伏在种皮越冬。翌年从田间病残体上越冬后的菌丝体产生分生孢子，通过气流传播引起初次侵染。播种带病的种子也可引起田间植株初次发病。

该病多发生在春季保护地茄子生长中后期。气温升高，温室内空气流通不良，浇水过多湿度过大，管理粗放，病害重。连续阴雨天气或光照弱有利于病菌孢子的萌发和侵染。定植过密，株间郁闭，白粉虱为害等易发病。

3. 防治妙招

（1）**农业防治**　选育抗病品种。实行与非茄科作物进行2～3年以上的轮作。定植前1周选晴天的中午密闭棚室，用硫黄粉熏蒸，每立方米用3克硫黄粉+7克锯末混匀后，点燃熏1天。保护地内注意不能有明火，避免引发火灾。

（2）**种子处理**　播种前将种子在阳光下晒2～3天，不能直接放在水泥地上，以免降低种子发芽率。然后用55℃温水浸25分钟，晾干后播种。或在播种前种子用2%武夷菌素水剂浸种。或用2%嘧啶核苷类抗生素水剂100倍液浸种5～12小时。或用种子重量0.4%的50%克菌丹可湿性粉剂拌种，包衣后再进行播种。

（3）**生态防治**　重点是控制温、湿度，增加光照，预防低温、高湿。保护地加强温、湿度管理，适时通风散湿，一般上午浇水同时放风排湿。结果后及时整枝打杈，增加通透性。增施钾、硼、钙等肥料，提高抗病力。

（4）**清园灭菌**　收获后及时清除病残体，集中深埋或烧毁。

（5）**药剂防治**　发病初期可用25%咪鲜胺乳油1300倍液，或65%万霉灵1000倍液，或30%醚菌酯悬浮剂2500倍液+75%百菌清可湿性粉剂500倍液，或25%啶菌噁唑乳油800倍液+75%百菌清可湿性粉剂500倍液，或20%丙硫多菌灵悬浮剂2000倍液+75%百菌清可湿性粉剂500倍液，或30%氟菌唑可湿性粉剂1500～2000

倍液 +75% 百菌清可湿性粉剂 800 倍液，或 40% 嘧霉胺可湿性粉剂 800～1000 倍液 +70% 代森锰锌可湿性粉剂 700 倍液，或 50% 异菌脲悬浮剂 1500 倍液，或 25% 多·福·锌可湿性粉剂 1200～2200 倍液，或 50% 苯菌灵可湿性粉剂 1000～1500 倍液 +75% 百菌清可湿性粉剂 800 倍液等药剂喷雾防治。视病情为害程度约隔 7 天喷 1 次。喷药时喷布均匀，重点是叶背和地面。

保护地可用 45% 百菌清烟雾剂，每 667 平方米用药 250～300 克，熏烟 1 夜，5～6 天用药 1 次。或喷撒 5% 百菌清粉尘剂，次日清晨通风。

四、茄子褐轮纹病

茄子褐轮纹病也叫茄子轮纹灰心病。

1. 症状及快速鉴别

该病主要为害叶片。初期产生褐色至暗褐色圆形病斑，直径 2～15 毫米，具同心轮纹。后期中心变成灰白色，病斑易破裂或穿孔。幼苗受害，多在茎基部出现近菱形水渍状斑，后变成黑褐色凹陷斑，环绕茎部扩展，导致幼苗猝倒。稍大苗发病叶片密生小黑粒。成株受害，叶片上出现圆形至不规则形病斑，斑面轮生小黑粒。主茎或分枝受害，出现灰褐至灰白色不规则形病斑，斑面密生小黑粒。严重时茎枝皮层脱落，枝条或全株枯死，茄果也会受害（图 2-4）。

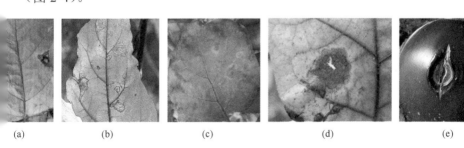

(a)　　　　(b)　　　　(c)　　　　(d)　　　　(e)

图 2-4　茄子褐轮纹病

2. 病原及发病规律

病原为茄壳二孢，属半知菌亚门真菌。

病菌以分生孢子器和分生孢子在病残体上越夏或越冬，也可以菌丝体潜伏在种皮内部或以分生孢子黏附在种子表面越冬。翌年春季气温上升，空气湿度高时，分生孢子器从孔口溢出大量的分生孢子，孢子萌发后可直接穿透寄主表皮侵入，也能通过伤口侵染叶片，后进行多次再侵染。种子带菌是幼苗发病的主要原因。土壤中病残体带菌多造成植株的基部溃疡，通过再侵染引起叶片和果实发病。此外品种的抗病性也有一定的差异，一般长茄较圆茄抗病，白皮茄、绿皮茄较紫皮茄抗病。

该病属高温、高湿性病害。田间气温 28～30℃，相对湿度高于80%，持续时间较长，连续阴雨，易发病。降雨期、降雨量和高湿条件是病害能否流行的决定因素。

3. 防治妙招

（1）**农业防治**　选择抗病品种。播种前种子进行消毒处理。棚室避免高温高湿条件出现。

（2）**药剂防治**　发病初期可用 25% 嘧菌酯悬浮剂 2000～2500倍液，或 10% 氟嘧菌酯乳油 1500～3000 倍液，或 25% 吡唑醚菌酯乳油 2000～3000 倍液，或 10% 苯醚甲环唑水分散粒剂1500～2000 倍液，或 24% 腈苯唑悬浮剂 2500～3200 倍液，或50% 咪鲜胺锰络合物可湿性粉剂 500～2000 倍液，或 70% 甲基硫菌灵可湿性粉剂 800～1000 倍液 +75% 百菌清可湿性粉剂600～800 倍液等药剂兑水喷雾。视病情为害程度每隔 7～10 天喷1 次，连续 2～3 次。

棚室保护地可用45% 百菌清烟剂熏烟，每667平方米用量250克，隔 7～10 天熏 1 次。

提示　用百菌清应在采收前7天停止用药。其他杀菌剂在采收前3天停止用药。

五、茄子赤星病

1. 症状及快速鉴别

该病主要为害叶片。发病初期叶片褪绿，产生苍白至灰褐色小斑点，后扩展成中心暗褐至红褐色、边缘褐色的圆形斑点，病斑丛生很多黑色小点，即病菌的分生孢子器。后期病斑相互融合形成不规则形大斑，易破裂穿孔（图2-5）。

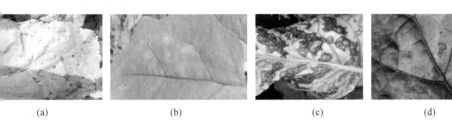

(a)　　　　　　　(b)　　　　　　　(c)　　　　　　　(d)

图2-5　茄子赤星病

2. 病原及发病规律

病原为茄壳针孢，属半知菌亚门真菌。

病菌以菌丝体和分生孢子随病残体留在土壤中越冬。翌年春季条件适宜时产生分生孢子，借风雨传播蔓延，引起初侵染和再侵染。温暖潮湿、连续阴雨天多易发病。

3. 防治妙招

（1）加强栽培管理　实行2～3年以上轮作。培育壮苗。施足充分腐熟的优质农家肥作基肥，促进生长发育，使采收盛期提前在病害流行季节之前。发现病株及时拔除，集中销毁。

（2）药剂防治　发病初期可用25%嘧菌酯悬浮剂1000倍液，或64%杀毒矾超微可湿性粉剂700倍液，或70%锰锌·乙铝可湿性粉剂500倍液，或50%多菌灵可湿性粉剂600倍液，或27%碱式硫酸铜悬浮剂600倍液，或325克/升苯甲·嘧菌酯悬浮剂1500～2500倍液，或80%福美双·福美锌可湿性粉剂800倍液+50%多·霉威可湿性粉剂1000倍液，或50%腐霉·百菌清可湿性粉剂800～1000

倍液，或 50% 多·福·乙霉威可湿性粉剂 1000 倍液 +70% 代森联干悬浮剂 600～800 倍液等药剂兑水喷雾。视天气和病情程度隔 7～10天喷 1 次，连续防治 2～3 次。

六、茄子细菌性褐斑病

1. 症状及快速鉴别

该病主要为害叶片和花蕾，也可为害茎和果实。

叶片多在叶缘开始发病。初期产生 2～5 毫米褐色、不规则形小斑点，病斑颜色较鲜亮，后逐渐扩大融合成大病斑。严重时病叶卷曲，最后干枯脱落（图 2-6）。

 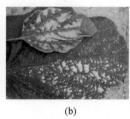  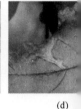

(a)   (b)   (c)   (d)

图 2-6 　茄子细菌性褐斑病

花蕾染病，先在萼片产生灰斑，后扩展到整个花器，花梗、花蕾干枯。

嫩枝受害，从花梗扩展传染，病部变灰腐烂，病部以上枝叶凋萎。

2. 病原及发病规律

病原为菊苣假单胞菌，属细菌。

病菌在土壤中越冬，主要通过雨水水滴溅射传播，叶片间碰撞摩擦或人为农事操作也可传播，造成病害大面积蔓延。病菌从水孔或伤口侵入。该病多发生在低温期，发病适温 17～23℃。

3. 防治妙招

（1）加强管理　培育壮苗。施足基肥。病株及时拔除，带离种植区域集中销毁。

（2）**药剂防治**　田间发病较多时可用 72% 农用硫酸链霉素可溶性粉剂 3000～4000 倍液，或 88% 水合霉素可溶性粉剂 1500～2000 倍液，或 3% 中生菌素可湿性粉剂 600～800 倍液，或 20% 叶枯唑可湿性粉剂 600～800 倍液，或 20% 噻唑锌悬浮剂 300～500 倍液 +12% 松脂酸铜乳油 600～800 倍液喷雾。视病情为害程度隔 7～10 天喷 1 次，连续防治 2～3 次。

七、茄子白粉病

1. 症状及快速鉴别

该病主要为害叶片。叶面初现不定形褪绿小黄斑，后叶面出现不定形白色小霉斑，边缘界限不明晰，霉斑近乎放射状扩展。随着病情的进一步发展，霉斑数量增多，斑面上粉状物日益明显，呈白粉斑。粉斑相互连合形成白粉状斑块。严重时叶片正、反面均可被粉状物覆盖，好像撒上了一薄层面粉（图 2-7）。

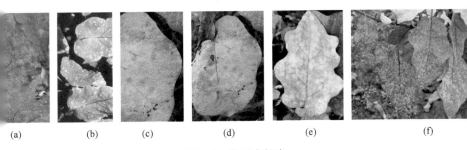

(a)　　　(b)　　　(c)　　　(d)　　　(e)　　　(f)

图 2-7　茄子白粉病

2. 病原及发病规律

病原为单丝壳白粉菌，属子囊菌亚门真菌。

病菌以闭囊壳在温室蔬菜上或土壤中越冬。借风及雨水传播。在高温、高湿或干旱环境易发病。发病适温 20～25℃，相对湿度 25%～85%。

3. 防治妙招

（1）**农业防治**　选用抗病品种。合理密植，合理施肥，避免过量施用氮肥，增施磷、钾肥，防止徒长，提高抗病力。

（2）**环境调控**　改善田间通风透光条件，降低空气湿度，人为创造有利于作物生长，而不利于病害的生长发育条件。

（3）**药剂防治**　发病初期可用 300 克 / 升醚菌·啶酰菌悬浮剂 3000 倍液 +80% 全络合态代森锰锌可湿性粉剂 1000 倍液，或 40% 硅唑·多菌灵悬浮剂 2000～3000 倍液，或 70% 硫黄·甲硫灵可湿性粉剂 800～1000 倍液，或 5% 烯肟菌胺乳油 500～1000 倍液 +50% 灭菌丹可湿性粉剂 400～600 倍液，或 20% 福·腈菌可湿性粉剂 1000～2000 倍液 +75% 百菌清可湿性粉剂 600 倍液，或 2% 宁南霉素水剂 200～400 倍液 +70% 代森联干悬浮剂 600～800 倍液，或 2% 嘧啶核苷类抗生素水剂 150～300 倍液 +70% 代森联干悬浮剂 600～800 倍液，或 2% 武夷菌素水剂 300 倍液 +70% 代森联干悬浮剂 600～800 倍液，或 15% 三唑酮可湿性粉剂 1000 倍液，或 78% 波尔锰锌可湿性粉剂 500 倍液，或 62.25% 锰锌·腈菌唑可湿性粉剂 600 倍液，或 12.5% 腈菌唑乳油 2000 倍液，或 50% 硫黄悬浮剂 300 倍液等药剂兑水喷雾。视病情为害程度隔 7～10 天喷药 1 次，连续防治 2～3 次。

八、茄子早疫病

1. 症状及快速鉴别

该病主要为害叶片，也可为害茎和果实。苗期和成株期均可发病。

叶片产生圆形、近圆形至不规则形病斑，边缘褐色，中部灰白色，具有同心轮纹，直径 2～10 毫米。湿度大时病部长出微细的灰黑色霉状物，后期病斑中部脆裂。严重时病叶脱落。

茎部症状与叶片相同。

果实产生圆形或近圆形凹陷斑，初期果肉褐色，后长出黑绿色霉层（图 2-8）。

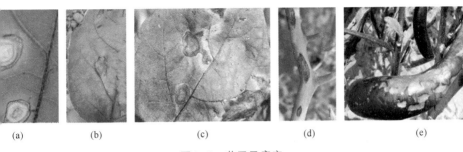

(a)   (b)   (c)   (d)   (e)

图2-8　茄子早疫病

2. 病原及发病规律

病原为茄链格孢，属半知菌亚门真菌。

病菌以菌丝体在病残体内或潜伏在种皮下越冬。条件适宜时产生分生孢子。从气孔、皮孔或表皮直接侵入，田间经2～3天潜育后出现病斑。经3～4天后又产生分生孢子，通过气流和雨水飞溅传播，进行多次再侵染，导致病害不断扩大。潜育期短。病菌生长发育温度为1～45℃，26～28℃最适宜。适宜的相对湿度为31%～100%，86%～98%萌发率最高。每年雨季到来得迟早、雨日及降雨次数多少、降雨持续时间长短，均影响病害的扩展和流行。露地茄子进入盛果期正值8月高温季节，中午最高气温37～39℃，夜间25～30℃，雨日多，高湿持续时间长，病害易流行。昼夜温差大，茄子叶面结露、叶缘吐水持续时间长，即使不下雨，只要满足发病条件需要，也可引起早疫病的流行。

3. 防治妙招

（1）合理轮作　与豆科、十字花科蔬菜进行2～3年轮作。避免与土豆、辣椒连作。

（2）种子处理　播种前种子可用52℃温水浸种30分钟。或用4%嘧啶核苷类抗生素瓜菜烟草型200倍液浸种3～6小时。或用种子重量0.4%的50%克菌丹可湿性粉剂，可拌种3～5千克，混匀包衣晾干后再进行播种。

（3）栽植前对棚室进行消毒　连年发病的温室、大棚，在定植前密闭棚室后，按每 100 立方米的空间用硫黄 0.25 千克、锯末 0.5 千克，混匀后分堆点燃，熏烟 1 夜。

（4）加强田间管理　合理密植。整枝时避免与有病植株相互接触，可减轻病害的发生。施足充分腐熟的优质有机肥，生长期间增施磷、钾肥，肥料按氮磷钾 1∶1∶2 的比例追施。

（5）清园灭菌　早期及时摘除病叶、病果，带出田外集中销毁。茄子采收拉秧后及时清除田间残余植株、落花、落果，结合翻耕土地搞好田间卫生。

（6）生态防治　棚室栽培时注意保温和通风透光，降低湿度。每次浇水后一定要通风，降低棚内空气湿度。露地栽培时注意雨后及时排水。

（7）药剂防治　发病初期可用 50% 福美双·异菌脲可湿性粉剂 800～1000 倍液，或 10% 苯醚甲环唑水分散粒剂 1500 倍液 +75% 百菌清可湿性粉剂 600 倍液，或 52.5% 异菌·多菌灵可湿性粉剂 800～1000 倍液，或 80% 代森锰锌可湿性粉剂 600 倍液，或 70% 丙森锌可湿性粉剂 600～800 倍液，或 47% 春雷·王铜可湿性粉剂 600～800 倍液，或 78% 波尔锰锌可湿性粉剂 500 倍液，或 64% 氢铜·福美锌可湿性粉剂 600～800 倍液，或 68.75% 噁酮·锰锌水分散粒剂 800～1000 倍液，或 0.3% 檗·酮·苦参碱水剂 800～1000 倍液等药剂喷雾防治。隔 7～10 天喷 1 次，连续防治 2～3 次。

> **提示**　使用代森锰锌时，每个生长季节只可使用1次，防止锰离子超标。

田间发病比较普遍时，可用 52.5% 异菌·多菌灵可湿性粉剂 800～1000 倍液，或 50% 异菌脲悬浮剂 800～1000 倍液，或 10% 氟嘧菌酯乳油 1500～3000 倍液 +2% 春雷霉素水剂 300～500 倍液，或 3% 多抗霉素水剂 300～500 倍液 +30% 醚菌酯悬浮剂 1000～2000 倍液等药剂喷雾防治。视病情为害程度隔 5～7 天喷 1 次，应轮换交替或复配使用。

保护地栽培可用 45% 百菌清烟剂 200 克 /667 米 ^{2}。也可用 5% 百菌清粉尘剂，或 10% 百·异菌粉尘剂每次 1 千克 /667 米 ^{2}，每隔 9 天喷撒 1 次，连续防治 2～3 次。

九、茄子半枯病

1. 症状及快速鉴别

从下部叶片开始发病，首先叶柄附近的部分叶脉变黄，然后逐渐扩展至叶顶端，导致周围的组织变黄枯死。新叶一侧叶片变黄，主脉扭曲，叶片畸形，底部叶片开始脱落。严重时叶片全部脱落，植株枯死。病株根部褐变（图 2-9）。

(a)　　　　　　　　　　(b)

图 2-9　茄子半枯病

2. 病原及发病规律

该病菌只侵染茄子。病菌以厚垣孢子形态与病残植株生存于土中，也可附在种子上侵染。茄苗移栽后厚垣孢子萌发出芽管，由根部侵入。根部受伤侵染更迅速。侵入的病原菌在导管中繁殖，阻碍水分上升，与病原菌产生的毒素一起导致叶片枯萎。地温在 20℃ 以下时发病需 3～4 周。酸性土壤易发病。

3. 防治妙招

（1）农业防治　实行 3 年以上轮作。种子消毒；新土育苗或床土消毒。施用充分腐熟的优质有机肥，配方施肥，适当增施钾肥，提高植株抗病力。发病严重时选用抗性砧木进行嫁接。

（2）药剂防治　可用生物肥精 30～50 克 + 菌毒净 30 克 + 鲜牛

奶（或鲜豆浆）1千克。

十、茄子褐色圆星病

1. 症状及快速鉴别

该病主要为害叶片。病斑初为暗褐色小斑点，后为灰褐色、圆形或椭圆形病斑，边缘明显。湿度大时病斑可见灰色霉层。严重时病斑连片，叶片易破碎或早落（图2-10）。

(a)　　(b)　　(c)　　(d)　　(e)　　(f)

图2-10　茄子褐色圆星病

2. 病原及发病规律

病原为茄生尾孢，属半知菌亚门真菌。

该菌以分生孢子或菌丝块在被害部病残体上越冬。翌年在菌丝块上产生分生孢子，借气流或雨水溅射传播蔓延。北方多在7～8月发病。南方只要有茄子栽培，病害皆可发生。温暖多湿的天气或低洼潮湿，株间郁闭，易发病。品种间抗性有一定的差异。

3. 防治妙招

（1）农业防治　选用地势高燥的田块种植，水旱轮作，育苗的营养土要选用无菌土，用前晒3周以上。因地制宜选用抗病良种，种子用拌种剂或浸种剂灭菌。大棚栽培可在夏季休闲期棚内灌水，地面盖地膜，防止土中病菌为害地上部植株。或闭棚几日，利用高温灭菌。播种后用药土覆盖。移栽前喷施1次除虫灭菌剂。合理密植。深沟高畦栽培，做到雨停不积水，防止湿气滞留。有机肥要充分腐熟。增施磷、钾肥，喷布喷施宝，提高植株抗病力。及时清除病蔓、病叶、病株，并带出田外集中烧毁。病穴施药或生石灰消毒灭菌。

（2）药剂防治　发病初期开始喷 25% 嘧菌酯悬浮剂 1000 倍液，或 70% 代森联干悬浮剂 600 倍液，或 75% 百菌清可湿性粉剂 800 倍液 +70% 甲基托布津可湿性粉剂 800 倍液，或 40% 多·硫悬浮剂 600 倍液，或 36% 甲基硫菌灵悬浮剂 500 倍液，或 50% 混杀硫悬浮剂 500 倍液，或 50% 苯菌灵可湿性粉剂 1500 倍液。视病情为害程度每隔 7～10 天喷 1 次，连续 2～3 次。

提示　由于茄子叶片表皮毛多，为增加药液展着性，可加入0.1% 青油，或0.1%～0.2%洗衣粉，或混入27%高脂膜乳剂100～300倍液，雾滴宜细，确保喷匀喷足。

十一、茄子煤污病

1. 症状及快速鉴别

叶片发病，背面产生淡黄绿色、近圆形至不定形、边缘不明显的病斑，病斑表面产生褐色毛状霉。严重时可覆盖整个叶片。叶柄或茎也常长出褐色毛状霉层（图 2-11）。

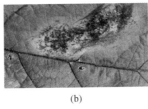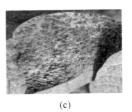

(a)　　　　　　　　(b)　　　　　　　　(c)

图2-11　茄子煤污病

2. 病原及发病规律

病原为出芽短梗霉，属半知菌亚门真菌。

病菌常以菌丝体和分生孢子器在土壤内及土表植株残体上越冬，或以菌丝潜伏在种皮内，或以分生孢子附着在种子上越冬，一般可存活 2 年。环境条件适宜时产生分生孢子。借风雨及蚜虫、白粉虱等传播蔓延。土壤带菌引起幼苗茎基部溃疡，越冬病菌产生分生孢子进行初侵染，后病部又产生分生孢子通过风、雨及昆虫进行传播和重复再侵染。苗床连作，棚内温度过低、湿度过高、播种过密、光照差、通风不良、管理粗放等的田块发病重。年度间早春低温、连续阴雨天气一般发病重。

3. 防治妙招

（1）**农业防治**　露地栽培时注意雨后及时排水，防止湿气滞留。

（2）**防治害虫**　温室白粉虱、蚜虫可用 10% 烯啶虫胺水剂 2000～4000 倍液，或 10% 吡虫啉可湿性粉剂 1500 倍液，或 3% 啶虫脒乳油 1000～2000 倍液，或 10% 氯噻啉可湿性粉剂 2000 倍液，或 10% 吡丙·吡虫啉悬浮剂 1500 倍液等药剂均匀喷雾。隔 10～15 天后再喷 1 次。

（3）**药剂防病**　发病初期可用 10% 苯醚甲环唑水分散粒剂 1000 倍液，或 50% 苯菌灵可湿性粉剂 1000 倍液 +75% 百菌清可湿性粉剂 500 倍液，或 50% 异菌脲可湿性粉剂 800～1000 倍液 +75% 百菌清可湿性粉剂 500 倍液，或 70% 甲基硫菌灵可湿性粉剂 500 倍液 +75% 百菌清可湿性粉剂 500 倍液进行茎叶喷雾。每隔约 7 天喷药 1 次，视病情为害程度连续防治 2～3 次。

十二、茄子黄萎病

茄子黄萎病也叫茄子半边疯、茄子黑心病、茄子凋萎病。

1. 症状及快速鉴别

苗期发病少，成株多在坐果后开始表现症状，在门茄开花坐果后发病最重。多从下而上或从一侧向全株发展。发病初期叶片边缘及叶脉间褪绿变黄，后逐渐发展至半边叶片或整叶变黄，早期病叶晴天中午高温时呈萎蔫状，早晚尚可恢复。后期病叶由黄变褐，最终萎蔫下垂，造成脱落。严重时全株叶片变褐萎垂甚至脱落，只剩光秃的茎秆。

该病为全株性病害，剖检病株根、茎、分枝及叶柄等部位，可见茎部维管束变褐。有时全株发病，有时半边发病，植株明显矮化。病株果实变小、变硬，重病株成熟果实的维管束变为黑褐色（图2-12）。

(a)　　　　　　　(b)　　　　　　　(c)　　　　　(d)　　　(e)

(f)　　　　　　　　　　(g)　　　　　　　(h)

图2-12　茄子黄萎病

2.病原及发病规律

病原为大丽花轮枝孢，属半知菌亚门真菌。

病菌以菌丝体、厚垣孢子和微菌核随病残体在土壤中或附在种子上越冬。带病种子是远距离传播的主要途径之一，成为翌年的初侵染源。病菌在土壤中可存活6～8年。在田间借风、雨、灌溉水、人畜、农具、农事操作等传播扩散。病菌发育适温19～24℃，最高30℃。

日均温低于15℃持续时间长，雨水多，大量浇水，地温下降，田间湿度大，发病早而重。重茬地发病重。施用未充分腐熟的带菌肥料发病重。缺肥或偏施氮肥发病重。

3.防治妙招

（1）**选用抗病品种**　一般长茄比圆茄抗病，青茄比紫茄抗病。叶片长、圆形或尖形，叶缘有缺刻或齿形，叶面茸毛多，叶片呈浓绿色或紫色的都比较抗病。茎内含糖量越高越易感病。

（2）**从无病株上采种**　播种前用种子重量0.2%的50%多菌灵可

湿性粉剂浸种 1～2 小时。

（3）**加强栽培管理**　实行 3～4 年轮作。深耕，多施充分腐熟的优质有机肥，增强植株抗病力。苗床用无病新土培育壮苗。尽可能早播种早定植，使茄子生育期提前，在病害严重为害之前果实即已经采收。及时追肥，提高植株抗性。雨季及时排水，防止地面积水，保护根系。适时采收。发现病叶、病果及时摘除。

（4）**药剂防治**　苗期或定植前，可喷 50% 多菌灵 600 倍液，或50% 多菌灵 500 倍液 +96% 硫酸铜 1000 倍液灌根后带药移栽，或用50% 多菌灵药土 1 千克 /667 米 ^{2}+40～60 千克细土拌匀穴施。发病初期也可浇灌 50% 混杀硫悬浮剂 500 倍液，或 50% 多菌灵 500 倍液，每株灌药液 0.5 升。

开花坐果期，可用 20% 二氯异氰尿酸钠可溶性粉剂 400 倍液，或 80% 多·福·锌可湿性粉剂 800 倍液 +1.05% 氮苷·硫酸铜水剂 300～500 倍液 +88% 水合霉素可溶性粉剂 800～1000 倍液，或95% 噁霉灵 2500～3000 倍液，或 0.5% 葡聚烯糖粉剂 500～800 倍液 +30% 琥胶肥酸铜悬浮剂 500～800 倍液，或 0.5% 菇类蛋白多糖水剂 300～500 倍液 +20% 噻菌铜悬浮剂 500～800 倍液等药剂均匀喷雾。视病情为害程度每隔 7～15 天喷 1 次，连续防治 2～3 次。

十三、茄子褐纹病

1. 症状及快速鉴别

该病苗期至成株期均可发病，可为害子叶、茎和果实。

（1）**幼苗受害**　多在茎基部出现水浸状梭形病斑，以后病斑变褐色，稍凹陷，斑上产生黑色小粒点，病斑可连成一圈，造成幼苗立枯或猝倒。

（2）**成株期受害**　植株下部叶片先发病，初为苍白色、圆形、水浸状小斑点。后扩大成近圆形或不规则形、边缘深褐、中间浅褐或灰白色病斑。病斑上有许多小黑点呈轮纹状排列。茎基部发病较多，形成水浸状、长梭形凹陷病斑，上有许多隆起的小黑点，病部组织干腐，皮层纵裂脱落露出木质部，上部叶片易萎蔫，遇风易折断。当病斑环绕枝干一周时植株枯死。果实产生褐色、椭圆形凹陷病斑，上有许多小黑点呈轮状排列，病斑不断扩大。严重时可遍及整个果实，后落地软腐，或留在枝干上呈干腐状僵果（图2-13）。

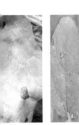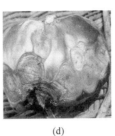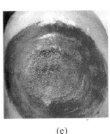

(a)   (b)   (c)   (d)   (e)   (f)

图2-13 茄子褐纹病

2. 病原及发病规律

病原为茄褐纹拟茎点霉，属半知菌亚门真菌。

病菌以菌丝体和分生孢子器在土表病残体上越冬，或以菌丝体潜伏在种子内，或以分生孢子黏附在种子表面上越冬，一般可存活2年。翌年带菌种子引起幼苗发病，土壤带菌引起茎基部溃疡，越冬病菌产生分生孢子进行初侵染。后病部又产生分生孢子，通过风、雨及昆虫、农事活动等进行传播和重复侵染，条件适宜时可引起病害的流行。

发病适宜温度为28～30℃，相对湿度为80%以上。高温多雨季节，相对湿度高于80%，连续阴雨，高温、高湿条件下病害容易流行。植株生长衰弱，多年连作发病重。通风不良、土壤黏重、地势低洼、排水不良、管理粗放、幼苗瘦弱、偏施氮肥时发病重。

3. 防治妙招

（1）选用抗病品种及无病种子 一般长茄较圆茄抗病，青茄比紫茄抗病。

（2）种子处理

① 温汤浸种。种植播种前可用冷水预浸3～4小时，后在55℃温水中浸15分钟，最后在冷水中冷却。

② 药剂浸种。可用 300 倍的福尔马林浸种 15 分钟，或 0.1% 的硫酸铜溶液浸种 5 分钟，或 0.1% 的氧化汞水浸种 5 分钟，或 1% 的高锰酸钾溶液浸种 30 分钟。捞出后用清水冲洗干净催芽播种。也可用 30% 的苯噻硫氰乳油 2000 倍液浸种 6 小时，带药进行催芽。

③ 药剂拌种。可用 50% 的苯菌灵可湿性粉剂 +50% 福美双可湿性粉剂与细土按 1∶1∶6 比例混匀后，以种子重量的 0.1% 进行拌种。或用 2.5% 的咯菌腈悬浮种衣剂 10 毫升 +35% 精甲霜灵种衣剂 2 毫升，兑水 180 毫升，可对 4 千克茄子种子进行包衣。

（3）加强栽培管理　合理轮作换茬，并烧掉病株。改进栽培方法，采用宽行密植。尽可能早播种，早定植，使茄子生育期提前。多施充分腐熟的优质有机肥，及时追肥，增施磷钾肥和微肥，适量施用氮肥，改善土壤结构，提高保肥保水性能，提高植株抗性。夏季高温干旱适宜在傍晚浇水，降低地温。雨季及时排水，防止地面积水。适时采收。发现病叶、病果及时摘除。

（4）生态防治　全面覆盖地膜，加强通气，调节好温室的温度与空气的相对湿度，白天维持 25～30℃，夜晚维持 14～18℃，空气相对湿度控制在 70% 以下。

（5）药剂防治　发病初期可用 1∶1∶160～200 倍的波尔多液，或 75% 的百菌清 500 倍液，或 70% 代森锰锌 500～600 倍液，或 72.2% 普力克 800 倍液，或 70% 甲霜灵·锰锌 500 倍液，或 85% 乙膦铝·锰锌 500 倍液，或 25% 甲霜灵 600 倍液 +85% 乙膦铝 500 倍液，或 64% 杀毒矾 500 倍液 +85% 乙膦铝 500 倍液，或 70% 代森锰锌 500 倍液 +85% 乙膦铝 500 倍液等药剂喷雾防治。每隔 5～7 天喷 1 次，连续 2～3 次。

十四、茄子拟黑斑病

1. 症状及快速鉴别

该病主要为害叶片和果实。

多在茄子生长后期，叶片上产生不规则至近圆形的斑点，常出现在侧脉间，具轮纹，直径 3～10 毫米。后期表面有明显的黑色霉层，导致叶片提前枯死。

果实染病，形成圆形或不规则形黑斑，横径 5～10 毫米，有的横径可达 15 毫米以上。斑面轮纹多不明显。潮湿时斑面被黑色霉层覆盖，病斑融合时果面出现稍凹陷的大黑斑。果肉稍变褐，呈干腐状，后期收获的果实常见明显的病状。严重时黑斑密布，果实不能食用（图 2-14）。

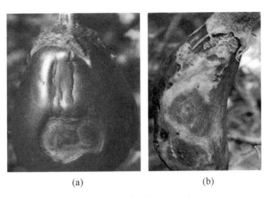

（a） （b）

图 2-14 茄子拟黑斑病

2. 病原及发病规律

病原为链格孢菌，属半知菌亚门真菌。

该菌以菌丝体及分生孢子梗随病残体遗落在土中存活越冬，或潜伏在种皮下越冬。病菌为弱寄生菌，在土壤中可营较长时间的腐生生活。寄主生长衰弱时易发病。

3. 防治妙招

（1）农业防治　播种前种子可用 52℃温水浸种 30 分钟。也可用种子重量 0.3% 的 50% 福美双（或 40% 灭菌丹）可湿性粉剂拌种。收获后及早清洁田园，翻耕晒土，减少菌源。适时追肥和喷施叶面肥，提高植株活力，可减轻发病。

（2）药剂防治　发病初期可喷 30% 氧氯化铜 600 倍液，或 70% 可杀得悬浮剂 800 倍液，或 40% 多·硫悬浮剂 600 倍液，或 40% 多丰农可湿性粉剂 600 倍液，或 75% 百菌清可湿性粉剂 500～600 倍液，或 58% 甲霜灵·锰锌可湿性粉剂 500 倍液，或 64% 杀毒矾可湿性粉剂 400～500 倍液，或 80% 代森锰锌可湿性粉剂 800 倍液，或 50% 克菌丹可湿性粉剂 400 倍液，或 65% 多抗霉素可湿性粉剂 800 倍液。每隔 7～10 天喷 1 次，连续防治 2～3 次。

十五、茄子灰霉病

1. 症状及快速鉴别

该病主要发生在成株期，叶、茎枝、花、果实均可受害，以门茄和对茄果实发病受害最重。

叶片发病，由叶缘向内呈"V"字形扩展。初期呈水渍状，边缘不规则，后期呈浅褐至黄褐色。染病的花器落到叶面或枝杈上可形成圆形或梭形病斑，有浅轮纹。后期连片，整个叶片干枯。高湿条件下会产生灰褐色霉层。

茎染病，初生水浸状不规则形病斑，灰白或褐色，病斑可绕茎枝一周，上部枝叶萎蔫枯死，病部表面密生灰白色霉状物。病枝易折断，也可形成霉层。

花器萎蔫枯死。湿度大时可生稀疏至密集的灰色或灰褐色霉。

果实发病，多在幼果顶部或蒂部附近，蒂部残存花瓣或脐部残留的柱头先被侵染，形成指肚大小的褐色水渍状病斑。病部暗褐色、凹陷腐烂，表面有黑色霉层，叶上病斑茶褐色。向果面或果柄扩展，导致幼果软腐脱落，或失水僵化。湿度大时产生稀疏至密集的灰色或灰褐色霉（图 2-15）。

(a)　　　　　(b)　　　　　(c)　　　　　(d)　　　　　(e)　　　　　(f)

图 2-15　茄子灰霉病

2. 病原及发病规律

无性态病原为灰葡萄孢菌，属半知菌亚门真菌；有性态病原为核盘菌，属子囊菌亚门真菌。

病菌以菌丝体或分生孢子随病残体或在土表中越冬，也可以菌核的形式在土壤中越冬，成为翌年的初侵染源。经 5～7 天潜育，发病后病部又产生新的分生孢子，随气流、灌溉水、农事操作等进行传播蔓延形成再侵染。多在开花后侵染花瓣，再侵入果实，引发病害；也能由果蒂部侵入。病果或摘下的病枝、病叶未及时带出最易使孢子飞散传播病害。

病菌喜低温、高湿的环境条件。温度约 20℃、湿度在 90% 以上时最有利于病害的发生。持续较高的空气相对湿度是造成灰霉病发生和蔓延的主导因素。冬春温室和大棚的低温（16～20℃）、高湿环境及结露持续时间长适合灰霉病的发生且发病重。如果春季遇到连续的阴雨天气，气温偏低，温室大棚放风不及时，湿度大，病害容易流行。连茬地，种植密度大，植株徒长，光照不足，有机肥不足，或施氮肥过多，低洼潮湿，植株长势衰弱，病情加重。

3. 防治妙招

（1）**生态防治**　保护地主要是控制棚室温、湿度。一般上午晚放风，超过 30℃ 开始放风，当降到 25℃ 时中午继续放风，下午温度维持在 20～25℃，降至 20℃ 时停止放风，使夜间温度保持在 15～17℃之间，阴天打开通风口通风换气。将染病的花蒂、花瓣、病果、病叶等及时摘除，带出菜园外集中深埋或烧毁。拉秧后清除病残体，农事操作注意卫生清洁。

（2）**农业防治**　选用耐低温弱光的茄子品种，如黑丽人长茄、西安绿茄、黑美长茄、引茄 1 号、六叶茄、京茄 1 号、新优美长茄、黑龙、迎春 1 号、春晓、紫龙 4 号、紫龙 3 号等。

实行苗床消毒，培育无病壮苗。大田栽培时施用充分腐熟的优质有机肥，增施磷、钾肥，提高植株抗病能力。采用高垄栽培，覆盖地膜，阻挡土壤中病菌向地上部传播。

（3）**药剂防治**　重点抓住移栽前、开花期和果实膨大期三个关键时期及时用药。移栽前可用 50% 速克灵可湿性粉剂 1500～2000 倍液，或 50% 多菌灵可湿性粉剂 500 倍液喷淋幼苗。定植后低温季节结合蘸花，在蘸花（浸蘸整朵花）时可加入防灰霉病的药剂，也可单用"保果灵 1 号"可湿性粉剂，兑热水 0.5 升／克充分搅拌冷却后，蘸花效果良好。

在茄子生育期发病前，可用 75% 百菌清可湿性粉剂 600～800 倍液，或 70% 代森锰锌可湿性粉剂 600～800 倍液，或 50% 速克灵可湿性粉剂 2000 倍液，或 50% 异菌脲可湿性粉剂 1500 倍液，或 60% 防霉宝超微粉剂 600 倍液，或 45% 噻菌灵悬浮剂 4000 倍液，或 2% 武夷菌素水剂 150 倍液，或 50% 乙烯菌核利可湿性粉剂 500 倍液，或 50% 腐霉·百菌清可湿性粉剂 800～1000 倍液，或 40% 嘧霉·百菌清可湿性粉剂 800～1000 倍液，或 25% 嘧菌酯悬浮剂 1500～2000 倍液，或 50% 多·福·乙霉威可湿性粉剂 800 倍液，或 20% 丙环唑微乳剂 3000 倍液，或 50% 乙烯菌核利水分散粒剂 800～1000 倍液 +70% 代森联干悬浮剂 600～800 倍液等药剂喷雾防治。隔 7～10 天喷 1 次。

提示　喷药要细致周到，抓住中心病株周围、植株中下部、花器3个重点位置喷药。做到早发现中心病株及早防治。日光温室前檐湿度高常先发病，应重点喷布。

保护地首选烟剂或粉尘剂，可用 45% 百菌清烟剂每 667 平方米每次用 250 克，或 3% 噻菌灵烟剂每 667 平方米每次用 250 克，或 10% 腐霉利烟剂 300～450 克 /667 米 ^{2}，或 20% 腐霉·百菌清烟剂 200～300 克 /667 米 ^{2}。按包装分放 5～6 处，傍晚闭棚熏烟，次日早晨打开棚室进行正常田间作业。视病情为害程度隔 7～10 天熏 1 次。

也可选用 5% 百菌清粉尘剂每 667 平方米每次 1 千克，或 1.5% 福·异菌粉尘剂每次 1～2 千克，或 26.5% 甲硫·霉威粉尘剂每次 1 千克，或 3.5% 百菌清粉尘剂 +10% 腐霉利粉尘剂喷粉 1～2 千克。用丰收 -5 型或丰收 -10 型喷粉器喷粉，每隔 7～10 天喷 1 次，连喷 2～3 次。

十六、茄子黑枯病

1.症状及快速鉴别

叶、茎、果实均可感病，在保护地发病较重。

叶片初生紫黑色、圆形小点，扩大后呈直径0.5～1厘米、圆形或不规则形病斑，病斑周缘紫黑色，内部色浅，有时形成轮纹，导致早期落叶。

果实发病，多在果蒂或尖部，似日灼状，病部凹陷或开裂，果实畸形（图2-16）。

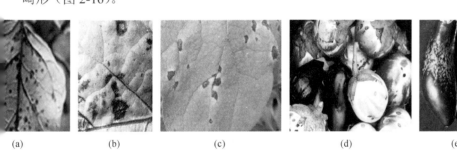

(a)　　　　　(b)　　　　　(c)　　　　　(d)　　　　　(e)

图2-16　茄子黑枯病

2.病原及发病规律

病原为茄棒孢菌，属半知菌亚门真菌。病菌以菌丝或分生孢子附在寄主的茎、叶、果或种子上越冬，成为翌年初侵染源。在6～30℃均能发育，适温20～25℃。高温、多雨发病重。

3.防治妙招

（1）**农业防治**　播种前种子可用55℃温水浸种15分钟，或52℃温水浸种30分钟，再放入冷水中冷却后进行催芽。苗床注意放风，田间切忌灌水过量，雨季注意排水降湿。及时摘除初发病病叶，减少田间菌源。采收后彻底清洁田园，将病残体集中深埋或烧毁。

（2）**药剂防治**　发病初期开始喷50%甲基硫菌灵可湿性粉剂500倍液，或50%多菌灵可湿性粉剂500倍液，或50%混杀硫悬浮剂500倍液，或65%甲霉灵1000倍液，或50%苯菌灵可湿性粉剂1500

倍液。隔 7～10 天喷 1 次，连续防治 2～3 次。

十七、茄子绵疫病

1. 症状及快速鉴别

主要为害果实，也可为害叶片、茎及花器等，果实受害最重。

果实开始出现黑褐色、水浸状、稍凹陷的圆形斑点。病部果肉呈黑褐色腐烂状，在适宜条件下迅速发展扩大，逐渐使整个果实腐烂。在高湿条件下病部表面长有白色絮状菌丝，病果易脱落，或干瘪收缩形成僵果。

成株期叶片感病，产生褐色或紫褐色、水浸状、不规则形病斑，具轮纹。潮湿时病斑上长出少量的白霉。幼苗期叶片发病与成株期叶片发病症状相同。

茎部受害，呈水浸状缢缩，有时折断，并长有白霉，常引发猝倒，幼苗枯死（图 2-17）。

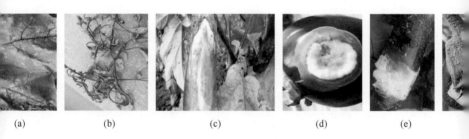

(a)　　　(b)　　　(c)　　　(d)　　　(e)

图 2-17　茄子绵疫病

2. 病原及发病规律

病原为寄生疫霉菌，属鞭毛菌亚门真菌。

其以卵孢子在土壤中病株残留组织上越冬。卵孢子经雨水溅到植株体上后直接侵入表皮，借雨水或灌溉水传播，使病害扩大蔓延。病菌适宜生长发育温度为 30℃，空气相对湿度 95% 以上菌丝体发育良好。

高温高湿、雨后暴晴、通风透光差易发病。茄子盛果期 7～8 月间降雨早、次数多、雨量大且连续阴雨，发病早而重。地势低洼、地下水位高、通风不良、土壤黏重、管理粗放、偏施氮肥、过度密植、重复连作等会加剧病害蔓延，造成严重发病。

3. 防治妙招

（1）农业防治　与非茄果类蔬菜 3～4 年轮作。易低洼渍水的地块采用高畦种植。及时摘除病果，杜绝病菌扩展、传播和蔓延。

（2）种子处理　播种前种子可用 2.5% 咯菌腈悬浮种衣剂 10 毫升 +35% 精甲霜灵乳化种衣剂 2 毫升，兑水 150～200 毫升，可对 4 千克茄种进行包衣。也可用 68% 的精甲霜·锰锌水分散粒剂 600 倍液，浸种 30 分钟后进行催芽。

（3）药剂防治　发病初期可用 66.8% 丙森·异丙菌胺可湿性粉剂 1500 倍液，或 70% 锰锌·乙铝可湿性粉剂 500 倍液，或 70% 丙森锌可湿性粉剂 600 倍液，或 60% 氟吗·锰锌可湿性粉剂 800 倍液，或 53% 精甲霜·锰锌水分散粒剂 500 倍液等药剂喷雾防治。每隔 7～10 天喷 1 次，连续防治 2～3 次。

田间发病较普遍时，可用 60% 唑醚·代森联水分散粒剂 1000～2000 倍液，或 84.51% 霜霉威·乙膦酸盐可溶性水剂 1000 倍液 +70% 代森联水分散粒剂 600～800 倍液，或 20% 唑菌酯悬浮剂 2000～3000 倍液 +75% 百菌清可湿性粉剂 600～800 倍液等药剂兑水喷雾。隔 5～7 天喷 1 次。

十八、茄子炭疽病

1. 症状及快速鉴别

主要为害果实，以接近成熟和成熟后的果实发病重。初在果实表面产生近圆形、椭圆形或不规则形、黑褐色、稍凹陷的病斑。病斑不断扩大，或病斑汇合形成大型病斑，有时可扩及半个果实。后期病部表面密生黑色小点。潮湿时溢出褚红色黏质物，即病菌的分生孢子盘和分生孢子。病部皮下的果肉微呈褐色干腐状。严重时可导致整个果实腐烂（图 2-18）。

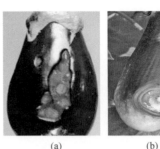

(a)　　　　　　　(b)　　　　　　　(c)　　　　　　　(d)

图2-18　茄子炭疽病

2.病原及发病规律

病原为辣椒刺盘孢和辣椒丛刺盘孢菌，属半知菌亚门真菌。

病原病菌以菌丝体和分生孢子盘随病残体在土壤中越冬，也可以分生孢子附着在种子表面越冬。翌年条件适宜时由越冬分生孢子盘产生分生孢子，借雨水溅射或小昆虫活动传播，传染到植株下部果实上，进行初侵染和再侵染，引起发病。播种带菌种子萌发时就可侵染幼苗发病。果实发病后病部产生大量的分生孢子，借风、雨、昆虫传播，或摘果时通过人为传播，进行反复再侵染。

温暖高湿环境下易发病。病害多在7～8月发生和流行。田间郁闭、采摘不及时、雨后地面积水、施肥不足或氮肥过多时发病重。地势低洼、排水不良、土壤黏重、管理粗放、偏施氮肥、过度密植、通透性差、连茬栽培等也会加剧病害的蔓延。表面产生伤口，或因叶斑病落叶多，果实受烈日暴晒等都易诱发病害。

3.防治妙招

（1）农业防治　避免与茄科和瓜类蔬菜连作，可与十字花科和豆类蔬菜连作。播种前可选用新高脂膜600倍液浸种。采用营养钵育苗，培育适龄壮苗。高畦深沟栽培，降低田间湿度。避免栽植过密，注意通风透气。及时整枝和去除病虫残叶，加强通风透光。

（2）药剂防治　预防时可用新高脂膜600倍液，或70%代森锰锌可湿性粉剂600倍液，或10%世高1500倍液等。一般每隔7～10

天喷 1 次，连续 3～4 次，药剂交替使用。

田间发生病害时，可用 12% 吡唑醚菌酯水分散粒剂 1500 倍液 +70% 代森锰锌可湿性粉剂 600～800 倍液，或 20% 苯醚·咪鲜胺微乳剂 2500～3500 倍液，或 5% 亚胺唑可湿性粉剂 800～1000 倍液 +75% 百菌清可湿性粉剂 600 倍液等药剂兑水喷雾。每隔 7～10 天喷 1 次。

十九、茄子细菌性软腐病

1. 症状及快速鉴别

整个果实呈水烂状，不长毛，有一股恶臭味。严重时可从植株上萼片以下整个果实掉落（图 2-19）。

(a)　　　　　(b)　　　　　(c)　　　　　(d)　　　　　(e)

图 2-19　茄子细菌性软腐病

2. 病原及发病规律

病原为胡萝卜软腐欧文氏菌胡萝卜软腐致病变种，属细菌。

病菌随病残体在土壤中越冬。翌年借雨水、灌溉水及昆虫传播，由伤口侵入。侵入后病菌分泌果胶酶溶解中胶层，导致细胞分崩离析，细胞内水分外溢，引起腐烂。阴雨天或露水未落干时整枝打杈，或虫伤多时，发病重。

3. 防治妙招

（1）农业防治　避免与茄科和瓜类蔬菜连作，可与十字花科和豆类蔬菜连作，最好水旱连作。高畦深沟栽培，降低田间湿度，及时整枝和去除病虫残叶等，加强通风透光。播种前种子可用新高脂膜 600 倍液进行浸种，再催芽播种。

（2）药剂防治　以预防为主，采用杀菌药剂灌根、喷雾、消毒等防治方法。可用 72% 农用链霉素可湿性粉剂 4000 倍液，或新植霉素 4000～5000 倍液叶面喷雾防治。

二十、茄子黑根霉果腐病

1. 症状及快速鉴别

主要为害果实。初产生水浸状、褐色病斑，很快扩展，使整个果实颜色变为暗褐色软化腐烂。湿度大时病部表面产生灰白色、顶端带有灰黑色头状物的毛状霉。病果在发病后期大多脱落，个别果实干缩成僵果留挂在枝头上（图 2-20）。

(a)　　　　　　　(b)　　　　　　　(c)

图 2-20　茄子黑根霉果腐病

2. 病原及发病规律

病原为匍枝根霉，属结合菌亚门真菌。

病菌靠风雨传播，从伤口、生活力衰弱及遭受冷害的部位侵入。气温在 23～28℃，空气相对湿度在 80% 容易发病。整枝不及时，田间郁闭容易发病。

3. 防治妙招

（1）农业防治　棚室栽培时及早覆盖薄膜，高温烤棚。定植前可用硫黄熏蒸，进行设施消毒。培育壮苗，适时定植，密度适宜。及时整枝，适当摘除下部老叶。避免偏施氮肥和大水漫灌，及时放风排湿，避免湿气滞留。注意防治其他病虫害，防止日灼、裂果的发生，尽量减少伤口。果实成熟后适时采收。

（2）药剂防治　加强田间调查，发病初期及时防治。可用 30% 苯噻硫氰乳油 1000 倍液 +70% 代森锰锌可湿性粉剂 700 倍液，或 64% 氢铜·福美锌可湿性粉剂 1000 倍液，或 60% 琥铜·锌·乙铝可湿性粉剂 600～800 倍液 +75% 百菌清可湿性粉剂 600～800 倍液，或 47% 春雷·王铜可湿性粉剂 600～800 倍液喷雾。每隔 7 天喷药 1 次，连续防治 2～3 次。

二十一、茄子黑腐病

1. 症状及快速鉴别

叶片初现紫褐色、点状或圆形病斑，逐渐扩大为直径 0.5～1 厘米的圆斑。病斑逐渐增多导致落叶，生长受抑制。叶片基部发病，不仅整片叶枯萎，茎部也出现病斑。果梗发病也同样危及茎部。果实发病，花萼和果实顶部出现红褐色病斑，微有凹陷，并有裂痕（图 2-21）。

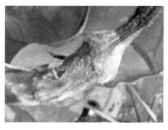

(a)　　　　　　(b)　　　　　　　(c)　　　　　　(d)

图 2-21　茄子黑腐病

2. 病原及发病规律

病原为尖孢镰刀菌，属半知菌亚门真菌。

在自然状态下其只侵染茄子。病原菌附在病残体、大棚建材及种子上，形成侵染源。病菌在气温 15～25℃、湿度大的条件下形成孢子，向四周飞散。落到茄子上的孢子在 20～28℃ 及多湿的条件下萌发出芽管，侵染植株。侵入 4～5 天后即出现病斑。不久后在病斑上形成孢子，成为再侵染源，引起重复再侵染，病害易流行。5～6 月持续晴天、气温高时易发病。

3. 防治妙招

（1）加强栽培管理　与禾本科作物或非茄科、瓜类蔬菜进行 2～3 年轮作。起垄栽培，高畦栽培，定植后覆盖地膜。精细整地，施足充分腐熟的粪肥。

（2）药剂防治　发病初期可用 70% 代森锰锌可湿性粉剂 700 倍液，或 64% 氢铜·福美锌可湿性粉剂 1000 倍液，或 60% 琥铜·锌·乙铝可湿性粉剂 600～800 倍液 +75% 百菌清可湿性粉剂 600～800 倍液，或 47% 春雷·王铜可湿性粉剂 600～800 倍液等药剂兑水喷雾。视病情为害程度每隔 7 天喷药 1 次，连续防治 2～3 次。

二十二、茄子茎基腐病

1. 症状及快速鉴别

主要为害大苗，或定植后茄子的茎基部或地下主侧根。病部初呈暗褐色，后绕着茎基或根颈扩展，导致皮层腐烂，地上部叶片变黄。定植后 4～5 天，秧苗在根颈基部（地表以上 0～2 厘米）产生褐色、凹陷病斑，并向四周扩展，直至环绕整个茎基部。地上部叶片开始出现萎蔫，似缺水状变黄。发病初期中午萎蔫较重，早晨和傍晚尚可逐渐恢复，后病部出现凹陷或缢缩腐烂，皮层易剥离，露出暗色的木质部，3～5 天后植株死亡（图 2-22）。

2. 病原及发病规律

病原为立枯丝核菌，属半知菌亚门真菌，或由镰刀菌、腐霉菌、疫霉菌等引起发病。

镰刀菌以菌丝体和厚垣孢子随病残体在土壤中越冬，疫霉菌以卵孢子在土壤中越冬。病菌均由根茎部或伤口侵入，引起发病。

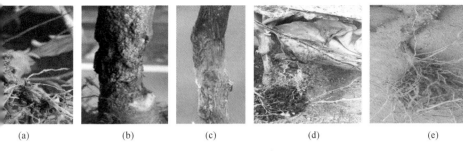

(a)   (b)   (c)   (d)   (e)

图2-22　茄子茎基腐病

高温、高湿环境易发病。种子带菌，土壤环境不良，营养土带菌或营养土中有机肥带菌，易感病。苗床地势低洼积水，营养钵浇水过多，导致营养土成泥糊状，种芽不透气，易感病。长期阴雨、光照不足、高温高湿易感病。幼苗期为感病生育盛期，2～5月为感病流行期。

3. 防治妙招

（1）**培育无病壮苗**　选择无病菌土作营养土，使用前最少要晒3周以上。有机肥要充分腐熟。选用抗病、包衣的种子。可用25%扑霜灵可湿性粉剂500～1000倍液，或50%多菌灵可湿性粉剂500～600倍液，或70%甲基托布津可湿性粉剂800～1000倍液等浸种剂浸种。或用2%戊唑醇干拌剂，或5%烯唑醇等拌种剂，用种子重量的0.1%拌种。不可将种芽直接插入营养土中，避免造成种芽受伤，应先用筷子粗细的小棒在营养钵中捣穴，再将芽放入穴中。营养钵浇水一次性浇透，待水充分渗下后才能播种。出苗后严格控制温度、湿度及光照。结合炼苗进行揭膜、通风、排湿。播种后用药土作覆盖土，常用甲基托布津、多菌灵、好速净、杀毒矾或恶霜灵1份＋干细土200份。发病后用药土围根，或用药剂喷雾，防治效果较好。

（2）**适时定植**　适温定植，精细定植。尽量避免在持续38℃以上的高温情况下定植，定植宜在傍晚前后进行，经过夜间缓冲，秧苗嫁接口处失水少，可减少染病的机会。

（3）**加强栽培管理**　与禾本科作物或非茄科、瓜类蔬菜进行2～3年轮作。起垄栽培，高畦栽培，定植后覆盖地膜。精细整地、耙松，施足充分腐熟的粪肥。

（4）**药剂防治**　发病初期可及时用 10% 双效灵 300 倍液，或 25% 络氨铜 400 倍液，或 25% 敌力脱 2500 倍液，或 5% 菌毒清 500 倍液。

由镰刀菌引起的茎基腐病可用 50% 多菌灵可湿性粉剂 400～500 倍液，或 70% 甲基硫菌灵可湿性粉剂 800 倍液灌根，或喷施 50% 多·硫悬浮剂 400～600 倍液，或 54.5% 噁霉·福美双可湿性粉剂 700～800 倍液，或 70% 甲基硫菌灵可湿性粉剂 600～800 倍液，或 25% 络氨铜水剂 400～500 倍液，间隔 5 天用药 1 次，交替喷洒植株的茎基部。

由疫霉菌、腐霉菌引起的茎基腐病在发病初期，可用 77% 硫酸铜钙 600 倍液灌根，同时可用 50% 乙磷·锰锌可湿性粉剂 500～600 倍液，或 72% 霜脲·锰锌可湿性粉剂 500～600 倍液，或 23% 噻氟菌胺悬浮剂 800～1000 倍液，或 3.2% 甲霜·噁霉灵水剂 600 倍液喷施植株的茎基部，交替喷洒。间隔 5 天喷 1 次，

二十三、茄子青枯病

1. 症状及快速鉴别

被害初期，个别枝条的 1 张或几张叶片叶色变淡，呈现局部萎垂，后逐渐扩展整株。初呈淡绿色，变褐焦枯，病叶脱落或残留在枝条上。病茎外部变化不明显，将茎基部皮层剥开，木质部呈褐色。变色从根颈部起一直可以延伸到上面枝条的木质部。髓部多腐烂空心，用手挤压病茎的横切面可有乳白色黏液渗出（图 2-23）。

  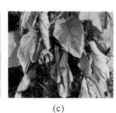 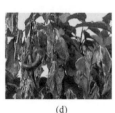 

(a)　　　　　(b)　　　　　(c)　　　　　(d)　　　　(e)

图 2-23　茄子青枯病

2. 病原及发病规律

病原为青枯假单胞菌，属细菌。

病菌主要在病株残体遗留土中越冬。从根部或茎基部伤口侵入，通过雨水、灌溉水、农具、家畜等进行传播。高温、高湿环境有利于病害的发生。雨后转晴，气温急剧上升时会造成病害严重发生。连作、微酸性土壤会导致发病重。

3. 防治妙招

（1）选择抗病优良品种　选用湘茄 4 号（湘杂 6 号）、湘杂 7 号等抗青枯病的优良品种。

（2）实行轮作　与非茄科作物实行 4 年以上的轮作。最好是水旱轮作 1～2 年。

（3）培育无病壮苗，提高植株抗病能力　选用无病种子适期播种，避过高温季节可减轻发病。播种前可用 50% 多菌灵 1000 倍液喷洒苗床。最好采用营养杯或营养袋育苗，减少定植伤根。幼苗移栽前 1 天可喷 70% 甲基硫菌灵 1000 倍液，保证幼苗无病，减少病害传播到菜田。

（4）加强田间栽培管理　勤浇小水，防止大水漫灌。施足基肥，施用有机肥要充分腐熟，并平衡追施氮、磷、钾混合肥。第一次采果后适当喷施 0.2% 磷酸二氢钾或其他叶面肥，并及时中耕、培土，促进根系生长。发现病株及时拔除，集中深埋或烧毁。在病株周围土壤撒石灰，防止病害蔓延扩散。

（5）嫁接防病　青枯病严重地区，提倡采用赤茄、小西瓜（刺茄）、托鲁巴姆等作砧木，利用当地优良品种作接穗进行嫁接，可防止青枯病的发生。

（6）药剂防治　发病初期可用 72% 农用硫酸链霉素 400 倍液，或 40% 细菌快克可湿性粉剂 600 倍液，或 86.2% 氧化亚铜可湿性粉剂 1000 倍液，或 14% 络氨铜水剂 300 倍液灌根。每株灌配制好的药液 0.3～0.5 升，每隔 10 天灌 1 次，连续 3～4 次。

二十四、茄子菌核病

1. 症状及快速鉴别

整个生育期均可发病。苗期多在茎基部发病，初期病部呈褐色水浸状。空气潮湿时很快长出白色棉絮状菌丝，发生软腐，但无臭味。菌丝中混生黑色小菌核。干燥时病部变为灰白色。菌丝集结为菌核，病部缢缩，茄苗枯死。

成株期，茎基部或侧枝等各部位均可发病。先从主茎基部或侧枝5～20厘米处开始，初产生水浸状淡褐色病斑，逐渐变为灰白色，稍凹陷。湿度大时长出白絮状菌丝，皮层湿腐霉烂，病茎表皮和髓部长出黑色鼠粪状小菌核，圆形或不规则形。干燥后髓部变空，病部表皮易破裂，维管束外露，呈麻状，个别出现长4～13厘米的灰褐色轮纹斑。而后导致植株枯死。

花、叶、果柄染病，呈水渍状软腐，叶片脱落。果实染病，果面先为浅灰褐色，呈水渍状腐烂。病斑扩大后呈暗褐色，逐渐向全果扩展，有的先从脐部开始，向果蒂部扩展至整个果实腐烂。潮湿时表面长出白色霉状物，为病菌的菌丝体，后形成黑色不规则粒状菌核（图2-24）。

(a)　　　　　　　(b)　　　　　　　(c)　　　　　　　(d)

图2-24　茄子菌核病

2. 病原及发病规律

病原为核盘菌，属子囊菌亚门真菌。

病菌主要以菌核在田间土壤中越冬。翌年春季茄子定植后，菌核萌发形成子囊盘，散发子囊孢子，随着气流传到寄主上，由伤口或自然孔口侵入。在棚内病株与健株、病枝与健枝接触，或病花、病果软腐后落在健部均可发病，成为再侵染途径。孢子萌发适宜温度16～20℃，相对湿度95%～100%。棚内低温、高湿发病重；早春有3天以上连阴雨或低温侵袭，病情加重。

3. 防治妙招

（1）**选用耐低温、弱光的品种** 如黑丽人长茄、西安绿茄、黑美长茄、引茄1号、六叶茄、京茄一号、新优美长茄、黑龙、迎春1号、春晓、紫龙4号、紫龙3号等。

（2）**生态防治** 覆盖地膜可阻止病菌的子囊盘出土。注意通风降低棚内湿度。上午棚温升到30℃时开始放风，中午和下午继续放风保持棚温约23℃，降低湿度。当棚温降到20℃时闭合通风口，夜间温度保持约15℃，阴天也要适当通风，通过温、湿度调节，降低叶片和果实结露量和结露时间。寒流侵袭时注意加温防寒，防止植株受冻诱发染病。

（3）**农业防治** 实行1～2年的轮作换茬。前茬收获后进行1次土壤深翻，使菌核不能萌发。浸种前先将种子进行4～6小时的晾晒，如果种子中混杂有菌核和病株残屑，在播种前可用8%的盐水选种，去除上浮的菌核和杂物。不要从病区温室、大棚移植幼苗，防止菌核随育苗土传播。农事操作时避免通过人为传播。发现病株及时拔除，病残体带到棚外集中深埋或销毁，禁止随地乱扔。

（4）**药剂防治**

① 大田土壤消毒。每667平方米可用50%乙烯菌核利干悬浮剂3～5千克，或50%多菌灵可湿性粉剂4～5千克，与干土适量充分混合均匀撒在畦面上，然后耙入土中，减少初侵染源。

② 苗床消毒。可用50%腐霉利可湿性粉剂，或25%乙霉威可湿性粉剂，每畦用8克加入10千克细土。播种时，药土下铺1/3，种子上盖2/3。

③ 喷雾防治。发病初期可用40%菌核净可湿性粉剂800～1500倍液，或50%速克灵可湿性粉剂1500倍液，或50%多菌灵可湿性粉剂500倍液，或50%异菌脲可湿性粉剂800倍液在植株茎基部及地面喷洒药液保护，每隔5～7天喷1次，连续防治3～4次。

进入结果期后可用 45% 噻菌灵悬浮剂 800～1000 倍液 +50% 福美双可湿性粉剂 600 倍液，或 20% 甲基立枯磷乳油 600～1000 倍液 +5% 水杨菌胺可湿性粉剂 300～500 倍液，或 50% 多·菌核可湿性粉剂 600～800 倍液 +50% 敌菌灵可湿性粉剂 500 倍液，或 43% 戊唑醇悬浮剂 4000～5000 倍液，或 4% 嘧啶核苷类抗生素水剂 500 倍液喷雾防治，每隔 10～15 天喷 1 次。

④ 涂抹茎蔓。病情严重时，除正常喷雾外，还可将上述杀菌剂兑成 50 倍液，涂抹茎蔓病部，不仅可控制扩展，还有很好的治疗作用。

注意 使用腐霉利药剂时，应在采收前5天停止用药。

⑤ 熏烟法。棚室栽培可用 10% 腐霉利烟剂，或 45% 百菌清烟剂，每 667 平方米每次使用 250 克，熏烟 1 夜。每隔 8～10 天熏 1 次。

⑥ 粉尘法。可喷撒 5% 百菌清粉尘剂，每 667 平方米每次用 1 千克。

二十五、茄子立枯病

1. 症状及快速鉴别

苗期发病，一般多发生在育苗的中后期，在病苗的茎基部产生椭圆形暗褐色病斑。严重时病斑扩展绕茎一周，失水后病部逐渐凹陷，干腐缢缩。初期大苗白天萎蔫，夜间可恢复。后期茎叶萎垂枯死。病苗枯死后立而不倒，故称立枯病。潮湿时产生淡褐色蛛丝状的霉层，拔起病苗，丝状物与土块相连（图 2-25）。

(a)　　　　　　(b)　　　　　(c)　　　　(d)

图2-25　茄子立枯病

2. 病原及发病规律

病原为立枯丝核菌，属半知菌亚门真菌。

病菌以菌丝体或菌核在土壤中的病残体上及有机质上越冬。可在土壤中腐生2～3年，土壤带菌是幼苗受害的主要原因。菌丝能直接侵入寄主，通过流水、农具传播。病菌发育适温17～28℃，最低温度13℃，最适温度24℃，最高42℃。pH值在3.0～9.5均可正常生长发育。病菌喜湿耐旱，相对湿度高于85%菌丝才能侵入寄主。温度高、湿度大，幼苗徒长易发病。播种过密、间苗不及时、湿度过高易发病。育苗期间，温度忽高忽低，光照弱，通风不良，幼苗生长衰弱易发病。

3. 防治妙招

（1）农业防治 播种前种子可用种子重量0.2%的40%拌种双，或50%多菌灵可湿性粉剂拌种。用营养钵育苗，使用充分腐熟的优质有机肥。春季育苗播种后一般不浇水，可采用撒施细湿土的方法保持土壤湿度，如果湿度过高可撒施草木灰降湿。夏季育苗可采取遮阴。科学放风，防止出现高温、高湿等不利的条件。苗期可喷0.1%～0.2%磷酸二氢钾，可增强植株抗病能力。

（2）药剂防治 育苗期可用青枯立克600倍液喷雾预防，每隔7天喷1次，连喷2～3次。治疗时可用青枯立克300倍液＋大蒜油15～20毫升灌根，每隔3～5天重复1次，连灌2～3次。病情得到有效控制后转为预防方案。

出苗后预防也可用50%腐霉利可湿性粉剂1000～1500倍液＋75%百菌清可湿性粉剂600～800倍液，或30%苯醚甲·丙环乳油3000～3500倍液，或20%灭锈胺悬浮剂800～1000倍液＋70%代森锰锌可湿性粉剂600～800倍液，或20%氟酰胺可湿性粉剂600～800倍液等药剂喷雾防治。每隔7～10天喷1次，连续防治2～3次。

苗床发现病株后及时拔除。床内撒施干草木灰或细干土降低湿度，控制病害。配合使用70%甲基托布津可湿性粉剂800倍液，或50%多菌灵可湿性粉剂500倍液，或20%甲基立枯磷可湿性粉剂1200倍液，或15%土菌消水剂450倍液，或30%苯醚甲·丙环乳油

2000～3000 倍液，或 5% 井冈霉素水剂 1000～1500 倍液等灌根或喷淋。交替使用药剂，每隔 5～7 天用药 1 次。

注意 喷药时，重点喷洒茎基部及其植株附近的地面。

二十六、茄子猝倒病

1. 症状及快速鉴别

染病幼苗近地面处的嫩茎出现淡褐色、不定形的水渍状病斑，病部很快缢缩，幼苗倒伏，此时子叶尚保持青绿。潮湿时病部或土面会长出稀疏的白色棉絮状物，幼苗逐渐干枯死亡。田间常成片发病（图2-26）。

(a)   (b)   (c)

图2-26 茄子猝倒病

2. 病原及发病规律

病原为瓜果腐霉菌，属鞭毛菌亚门真菌。

病菌腐生性很强，可在土壤中长期存活。病苗上可产生孢子囊和游动孢子，借雨水、灌溉水传播。病菌喜高湿环境条件，但对温度要求不严。感病生育期在幼苗期。

土温低于 15～16℃ 时发病迅速。土壤含水量较高时极易发病。光照不足，幼苗长势弱，抗病力下降，易发病。幼苗子叶中养分快耗尽，而新根尚未充实之前，幼苗营养供应紧张，抗病力最弱。如果此时遇寒流或连续低温阴雨（雪）天气会突发病。苗床连作、棚内温度过低、湿度过高、播种过密、光照差、通风不良、管理粗放的田块发病重。年度间早春低温、阴雨天气多的年份发病严重。

3. 防治妙招

（1）清园灭菌　发现病株及时拔除，并在病穴撒上生石灰，可及时控制病害的蔓延。

（2）药剂防治　出苗后及时拔除病苗。可用 250 克 / 升吡唑醚菌酯乳油 3000 倍液 +68.75% 噁唑·锰锌水分散粒剂 1000 倍液，或 50% 烯酰吗啉可湿性粉剂 1000～1500 倍液 +75% 百菌清可湿性粉剂 600～800 倍液，或 57% 烯酰·丙森锌水分散粒剂 2000～3000 倍液，或 20% 唑菌酯悬浮剂 2000～3000 倍液 +70% 代森联水分散粒剂 600～800 倍液，或 50% 烯酰·乙膦铝可湿性粉剂 2000 倍液 +70% 代森锰锌 800 倍液，或 50% 氟吗·乙铝可湿性粉剂 600～800 倍液 +70% 代森锰锌可湿性粉剂 600～800 倍液等药剂喷雾。每隔 7～10 天喷 1 次，直至真叶长出幼茎木栓化为止。

二十七、茄子枯萎病

茄子枯萎病也叫茄子萎蔫病。

1. 症状及快速鉴别

发病初期，病株叶片自下而上逐渐变黄枯萎，病症多表现在下部叶片，有时同一叶片仅半边变黄，另一半健全正常。主要是叶脉变黄，最后整个叶片枯黄，叶片不脱落。剥开病茎维管束呈褐色（图 2-27）。

 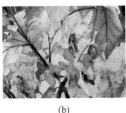  

(a)　　　　　　　(b)　　　　　　　(c)　　　　　　　(d)

图 2-27　茄子枯萎病

2. 病原及发病规律

病原为尖孢镰刀菌茄子专化型，属半知菌亚门真菌。

病菌以菌丝体或厚垣孢子随病残体在土壤中或依附在种子上越冬，可营腐生生活。病菌借助水流、灌溉水或雨水溅射传播，从根部的伤口或幼根侵入定居在维管束内。温度 25～28℃，土壤湿润有利于发病。植株生长衰弱时发病较重。连作地、土壤低洼潮湿、土温高、氧气不足、根活力降低或伤口多、施用未腐熟的土杂肥等易发病。

3. 防治妙招

（1）**农业防治**　因地制宜选育和种植抗病品种。与非寄主植物实行 3 年以上轮作。高畦种植，合理密植，注意通风透气。酸性土壤施用石灰调节土壤酸碱度。施用充分腐熟的优质有机肥，采用配方施肥。合理灌溉，严禁大水漫灌，雨后及时排水，促进根系生长。

（2）**药剂防治**　发病初期可用 50% 多菌灵可湿性粉剂 500 倍液，或 50% 苯菌灵可湿性粉剂 1000 倍液，或 20% 甲基立枯磷乳油 1000倍液，或 5% 菌毒清水剂 400 倍液，或 15% 噁霉灵水剂 1000 倍液灌根，每株灌药液 200 毫升。

也可用 30% 琥胶肥酸铜可湿性粉剂 500～700 倍液，或 50% 苯菌灵可湿性粉剂 1000 倍液 +50% 福美双可湿性粉剂 500 倍液，或10% 双效灵水剂 300 倍液 +1.05% 氮苷·硫酸铜水剂 300～500 倍液+88% 水合霉素可溶性粉剂 800～1000 倍液，或 30% 多·福可湿性粉剂 800～1000 倍液，或 80% 多·福·福锌可湿性粉剂 800～1000 倍液，或 70% 噁霉灵可湿性粉剂 800～1000 倍液，或 30% 福·嘧霉可湿性粉剂 800～1000 倍液，或 80% 乙蒜素乳油 1000～1500 倍液等药剂均匀喷雾。视病情为害程度每隔 7～15 天喷 1 次，连续防治 2～3 次。

二十八、茄子根腐病

1. 症状及快速鉴别

主要侵染根部和根基部。幼苗染病逐渐萎蔫，根部和根基部表皮呈褐色，初生根或支根表皮变褐，皮层遭到破坏、腐烂。初时早晚尚可恢复，随着病情的发展，毛细根腐烂导致养分供应不足，下部叶片迅速向上变黄萎蔫脱落，最后不能恢复。根基以上的部位以及叶柄内均无病变，木质部外露，叶片上也没有明显的病斑，最后植株枯萎死亡（图2-28）。

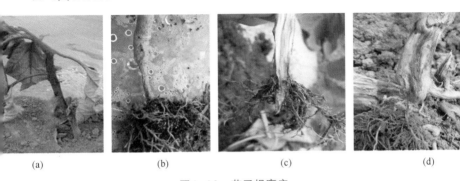

(a)   (b)   (c)   (d)

图2-28　茄子根腐病

2. 病原及发病规律

病原为腐皮镰孢菌，属半知菌亚门真菌。

病菌形成的分生孢子、厚垣孢子及卵孢子为侵染源，主要以受害株残体在土壤中越冬。病菌厚垣孢子在土壤中能够存活5～6年以上，为主要的侵染源。病菌从植株根部伤口或根直接侵入，通过雨水或灌溉水传播蔓延。发病适宜地温10～20℃，在高湿条件下易引起发病。高温、高湿有利于发病。酸性土壤及连作地、低洼地及黏土地发病严重。湿度大、排水不良的地块易发病。

3. 防治妙招

（1）合理轮作　选择3年内未种过茄子及茄科蔬菜的沙土地种植。

（2）土壤消毒　定植时，可用抗枯灵可湿性粉剂900倍液，或噁霉灵可湿性粉剂300倍液浸根10～15分钟。或用50%的苯菌灵可湿性粉剂与适量的细土拌匀，撒在定植穴中。定植缓苗后发病前，可用向农4号可湿性粉剂800倍液＋强力生根剂，每隔7～10天对茄子逐株灌根，连续 3～4 次。定植后浇水时随水加入硫酸铜，用量 1.5～2 千克 /667 米 ^{2}，可减轻发病。采用高畦栽培，平整好土地，防止大水漫灌及雨后积水。苗期发病及时松土，增强土壤的通透性。

（3）**药剂防治**　田间发现中心病株及时拔除。可用 5% 丙烯酸·噁霉·甲霜水剂 800～1000 倍液，或 54.5% 噁霉·福美双可湿性粉剂 700 倍液，或 5% 水杨菌胺可湿性粉剂 300～500 倍液，或 80% 多·福·福锌可湿性粉剂 500～700 倍液，或 20% 二氯异氰尿酸钠可溶性粉剂 400～600 倍液，或 2.5% 咯菌腈悬浮剂 1000 倍液 +68% 精甲霜·锰锌水分散粒剂 600 倍液，或 40% 多·硫悬浮剂 500 倍液，或 35% 福·甲霜可湿性粉剂 800 倍液，或 50% 氯溴异氰尿酸可溶性粉剂 1000 倍液，或 50% 福美双可湿性粉剂 1000 倍液，或 3% 甲霜·噁霉灵水剂 600 倍液，或 20% 甲基立枯磷乳油 800～1000 倍液 +70% 敌磺钠可溶性粉剂 800 倍液等药剂灌根防治。每株灌药液 0.2～0.3 千克，隔 7～10 天灌 1 次，连续 2～3 次。

二十九、茄子白绢病

1. 症状及快速鉴别

主要为害茎基部。病部初呈褐色腐烂，并产生白色具光泽的绢丝状菌丝体及黄褐色油菜籽状的小菌核。严重时叶柄、叶片干枯凋萎，或整株枯死。

一般叶片不脱落，有的枯黄，也有的始终青绿。最后整株枯死，但根系一般完整（图 2-29）。

(a)　　(b)　　(c)　　(d)　　(e)　　(f)

图 2-29　茄子白绢病

2. 病原与发生规律

病原为齐整小核菌，属半知菌亚门真菌。

病菌主要以菌核或菌丝体在土壤中越冬。条件适宜时菌核萌发产生菌丝，从寄主茎基部或根部侵入，潜育期 3～10 天。出现中心病株后，主要靠地表菌丝向四周放射状延伸向外传播扩展蔓延。病菌发育最适温度 32～33℃，最高 40℃，最低 8℃。最适 pH 值 5.9。高温、时晴时雨天气有利于菌核萌发。连作地、酸性土或砂性土壤发病重。在高温、高湿的 6～7 月易发病。在夏季灌水条件下，菌核经 3～4 个月就会死亡。

3. 防治妙招

（1）农业防治　发病重的田块与禾本科作物进行 2～3 年轮作换茬，最好实行水旱轮作。播种时种子可用 50% 多菌灵可湿性粉剂 10 克 +50% 福美双可湿性粉剂 10 克 +40% 五氯硝基苯粉剂 10 克 + 细干土 500 克混匀，底部先垫 1/3 药土，将 2/3 药土覆盖在种子上面。整地细致，作畦平直，施足充分腐熟的优质有机肥。将土壤酸碱度调到中性。定植时选用大苗、壮苗，按大、小苗分级分别定植。发现病株及时拔除，集中深埋或烧毁。并用生石灰（或 15% 三唑酮可湿性粉剂）与细土按 1∶120 的比例拌匀，撒施在病穴及周围的土壤进行消毒处理。

（2）药剂防治　病田可用 20% 甲基立枯磷乳油 800 倍液，或 20% 三唑酮乳油 2000 倍液，或每 667 平方米用农用硫酸链霉素 4 克 +15% 噁霉灵水剂 4 毫升，喷洒地面、灌穴或淋施 1～2 次。隔 15～20 天后再重复 1 次。发病初期可用 25% 丙环唑微乳剂 3000～4000 倍液，或 30% 异菌脲·环己锌乳油 900～1200 倍液，或 50% 腐霉·多菌灵可湿性粉剂 800～1000 倍液，兑水灌根或淋施茎基部。视病情为害程度，隔 7～10 天施 1 次，连续防治 2～3 次。也可用 50% 甲基立枯磷 1 份拌细土 100～200 份，撒在病部根茎处，防治效果明显。

三十、茄子病毒病

1. 症状及快速鉴别

常见有花叶型、坏死斑点型、大型轮点型 3 种症状。

① 花叶型。植株整株发病，叶片黄绿相间，形成斑点花叶。

② 坏死斑点型。病株上部叶片出现局部侵染性紫褐色坏死斑，有时呈轮状坏死。叶面皱缩，呈高低不平的萎缩状。

③ 大型轮点型。叶片产生由黄色小点组成的轮纹斑点，有时轮纹斑点也可坏死（图2-30）。

(a)　　　　　(b)　　　　　(c)　　　　　(d)　　　　　　(e)　　　　　(f)

图2-30　茄子病毒病

2. 病原及发病规律

该病由病毒侵染引起。主要由烟草花叶病毒、黄瓜花叶病毒、蚕豆萎蔫病毒、马铃薯病毒、番茄斑萎病毒等进行单独或复合侵染。

病毒喜高温、干旱环境，主要发病盛期春季为4～6月，秋季9～10月。感病生育期在开花结果期。田边杂草多，偏施氮肥，蚜虫防治不及时，管理粗放及连作田块植株发病重。

3. 防治妙招

（1）农业防治　合理轮作，选择3年以上未种过茄果类蔬菜的地块，远离黄瓜、番茄、辣椒的地块种植。选用抗病品种，培育无病壮苗。种子消毒先用清水浸种2～3小时，再用10%磷酸钠溶液浸泡20～30分钟，用清水淘净后再进行催芽播种。发病初期及时拔除病株，在菜田外集中销毁。土壤施足充分腐熟的优质有机肥，保持土壤湿润，注意通风换气。

（2）药剂防治　防治蚜虫及粉虱害虫，防止害虫传播病毒，可用10%蚜虱净1500倍液及时喷雾。

防治病害，在发病初期可喷施2%宁南霉素水剂500倍液，或24%混脂酸·碱铜水剂700倍液，或20%吗啉胍·乙铜可湿性粉剂

500 倍液，或 10% 混合脂肪酸铜水剂 100 倍液，或 0.5% 菇类蛋白多糖水剂 300 倍液。约隔 10 天喷 1 次，连续防治 2～3 次。

第二节　茄子主要生理性病害快速鉴别与防治

一、茄子缺氮症

1. 症状及快速鉴别

苗期开始表现病状，先是老叶叶色失绿变黄，生长停滞，最后全部叶片变黄，不结果或结果少，果小色黄，植株矮小。在开花期虽然也形成少量花蕾，但由于没有足够的养分供给，生长受抑制，大部分花蕾枯死脱落（图 2-31）。

(a)　　　　　　　　　(b)

图 2-31　茄子缺氮症

2. 病因及发病规律

前茬施用有机肥或氮肥少，土壤中含氮量低。施用稻草秸秆太多，降雨多、氮素淋溶多时易造成缺氮。经测定生产 1000 千克茄果需氮素 3.45～3.72 千克、五氧化二磷 1 千克、氧化钾 6 千克。

3. 防治妙招

① 为避免缺氮，基肥要施足。此外，也可施用绿丰生物肥 50～80 千克 /667 米^2。温度低时施用硝态氮化肥效果较好。

② 在初、盛果期前 1 周，取 10 厘米土层内土样，测其速效氮含量，当土壤中缺速效氮时应补施尿素或碳铵等速效性氮肥。也可将碳酸氢铵或尿素等混入 10～15 倍的腐熟有机肥中，施在植株两侧后覆土并浇水。

③ 应急时也可在叶面上喷洒 0.2% 的尿素（或碳酸氢铵）。

二、茄子缺磷症

1. 症状及快速鉴别

缺磷时，叶片从下部开始逐渐脱落，叶片变小，叶色变深，叶脉发红，植株矮小，不结实。茎秆细长，纤维发达，花芽分化和结果期延长（图 2-32）。有时也可出现磷过剩（图 2-33）。

(a)　　　　　(b)

图 2-32　茄子缺磷症

图 2-33　磷过剩

2. 病因及发病规律

苗期遇到低温影响磷的吸收。此外土壤偏酸或紧实板结，也易发生缺磷症。

经测定，每生产 1000 千克的茄果，需要五氧化二磷 1 千克。

3. 防治妙招

（1）**施足磷肥**　育苗期及定植期注意施足磷肥。培养土中要求有五氧化二磷 1000～1500 毫克。在定植前测定土壤中速效磷含量不足时，可补过磷酸钙。

（2）**叶面喷肥**　应急时可在叶面喷洒 0.2%～0.3% 磷酸二氢钾，或 0.5%～1% 的过磷酸钙水溶液。

三、茄子缺钾症

1. 症状及快速鉴别

叶脉间发黄，上部叶片簇生，果小，果实顶部、维管束、果实籽粒变褐。叶外缘焦状卷曲，最后叶片脱落（图2-34）。

(a)   (b)

图2-34　茄子缺钾症

2. 病因及发病规律

土壤中含钾量低或沙性土易缺钾。经测定，每生产1000千克茄果，需氧化钾6千克。

3. 防治妙招

（1）土壤施肥　缺钾时，在多施有机肥基础上，施入足够的钾肥。可从植株两侧开沟施入硫酸钾、草木灰，施后覆土浇水。

（2）叶面喷肥　应急时可叶面喷洒0.2%～0.3%的磷酸二氢钾，或1%的草木灰浸出液。

四、茄子缺钙症

1. 症状及快速鉴别

先是叶脉间局部发黄，后整个叶片发黄。叶片上形成圆形或椭圆形、黄褐色坏死斑，叶片黄萎枯死。最后造成落花、落叶，呈光杆状。网状叶脉变褐色，为锈状叶。缺钙严重时果实易发生脐腐病（图2-35）。

2. 病因及发病规律

施用氮肥、钾肥过量会阻碍对钙的吸收和利用。土壤干燥，土壤

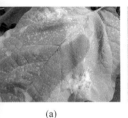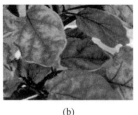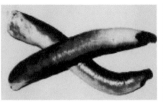

(a)　　　　　　　　(b)　　　　　　　　(c)

图 2-35　茄子缺钙症

溶液浓度过高也会阻碍对钙的吸收。空气湿度小，蒸发快，补水不及时及缺钙的酸性土壤都会使植株发生缺钙症。

3. 防治妙招

（1）**土壤施钙**　缺钙时根据土壤诊断，施用适量的石灰。

（2）**叶面喷肥**　应急时可在叶面喷洒 0.3%～0.5% 的氯化钙水溶液，每隔 3～4 天喷 1 次，连续喷 2～3 次。也可施用惠满丰液肥，用量 450 毫升 /667 米 ^{2}，稀释 400 倍液，一般喷 3 次即可。或喷施绿风95 植物生长调节剂 600 倍液，或云大 -120 植物生长调节剂（芸苔素内酯）3000 倍液，或 1.8% 爱多收液剂 6000 倍液。

五、茄子缺铁症

1. 症状及快速鉴别

幼叶的叶肉先失绿黄化，叶脉仍为绿色。严重时整个新叶变为黄白色。因铁在植株体内移动性小，先是新叶表现失绿，而老叶仍保持绿色（图 2-36）。

2. 病因及发病规律

茄子缺铁与阴雨天气、气温、地温下降都有很大的关系。连续阴雨天气几乎没有蒸发现象，土壤水分饱和，土壤中的二氧化碳不易向空气中扩散而形成碳酸盐，引起缺铁失绿症状。这种情况也称为"坏天气缺铁症"。如果天气转晴症状明显减轻，有的自动逐渐消失。在土壤呈酸性、多肥、多湿的条件下常会使茄子发生缺铁症。

(a)　　　　　　　(b)　　　　　　　(c)

图2-36　茄子缺铁症

3. 防治妙招

① 在大棚茄子生产中，缺铁症状往往与缺锌同时表现。所以在补铁的同时，要注意合理配用锌肥。

② 叶面喷肥。在茄子生长期或发现植株缺铁时，可用0.5%～1%硫酸亚铁叶面喷施。

六、茄子缺硼症

1. 症状及快速鉴别

从顶叶开始黄化、凋萎。顶端茎及叶柄折断，内部变黑，茎上有木栓状皲裂。果皮外表不出现腐烂，仍有光泽，但掰开果实后发现果瓤已经变成褐色或黑色（图2-37）。

(a)　　　　　　(b)　　　　　　(c)　　　　　　(d)

图2-37　茄子缺硼症

2.病因及发病规律

土壤酸化，硼素被淋失或石灰施用过量均易引起缺硼。有的并非由于土壤中缺乏硼、钙等营养元素，而是由于茄子植株吸收硼、钙营养元素不足，造成缺硼症状。

3.防治妙招

补充硼、钙等营养元素，合理浇水施肥。同时要养好根，注意小水勤浇，土壤要见干见湿，避免过度干旱，保证茄子水分及养分供应平衡，促进植株正常生长。

发现缺硼及时用 0.05%～0.2% 的硼酸溶液叶面喷施。

七、茄子缺镁症

1.症状及快速鉴别

先在植株下部的老叶上出现，从叶尖开始表现缺镁症状，继而叶片中脉附近的叶肉失绿黄化，逐渐扩大到整个叶片，而叶脉仍保持绿色，以后失绿部分逐渐由绿色转变为黄色或白色。严重时叶脉间会出现褐色或紫红色坏死斑（图 2-38）。

(a)   (b)   (c)   (d)   (e)   (

图 2-38　茄子缺镁症

2.病因及发病规律

酸性土壤上易发生缺镁症状。土壤低温，氮、磷肥过量，有机肥少，都会造成缺镁症。沙土地茄子出现缺镁症多是因为土壤本身缺镁。其他类型的土壤上出现缺镁症多是施钾肥过多、地温低和缺磷造成的。

3.防治妙招

① 选择疏松肥沃的地块。注意土壤改良，酸性、碱性土壤要逐渐改良为中性土壤。

② 增施有机肥，注意氮、磷、钾肥的配合施用，避免过量偏施氮肥。

③ 出现缺镁症状时及时在叶面喷施 0.1%～0.2% 的硫酸镁溶液。

八、茄子缺锰症

1.症状及快速鉴别

植株幼叶脉间失绿，呈浅黄色斑纹。严重时叶片均呈黄白色，不久变褐色，叶脉仍为绿色。植株蔓变短，细弱，花芽常呈黄色（图2-39）。

(a)　　　　　　　　　(b)

图2-39　茄子缺锰症

2.病因及发病规律

碱性土壤容易缺锰。检测土壤 pH 值，如果根际土壤呈碱性，易出现缺锰病症状。土壤有机质含量低易缺锰。一次施肥过多，土壤盐类浓度过高，也影响锰的吸收利用。

3.防治妙招

（1）**土壤施肥**　增施有机肥，科学施用化肥，平衡施肥。全面混合或分施，在土壤中浓度不要过高。

（2）**叶面喷肥**　应急时可用 0.2% 的硫酸锰水溶液进行叶面

喷肥。

九、茄子缺硫症

1.症状及快速鉴别

植株生长缓慢，心叶小。形成黄绿相间的花叶，产生褐色斑点，顶叶卷曲，果小且少。后从上而下造成落叶。植株发僵，叶片失绿，形成黄绿相间的花叶，花芽分化和结果少（图2-40）。

(a)   (b)

图2-40　茄子缺硫症

2.病因及发病规律

在棚室等设施栽培条件下，长期连续施用没有硫酸根的肥料，易发生缺硫症。

3.防治妙招

① 增施有机肥。

② 缺硫时，可施用硫酸铵或硫酸钾等含硫基的肥料。

十、茄子缺锌症

1.症状及快速鉴别

顶部的叶片中间隆起，畸形。生长点附近的节间缩短。叶小，丛生状，新叶上发生黄斑，逐渐向叶缘发展，导致全叶黄化（图2-41）。

2. 病因及发病规律

光照过强，吸收磷过多，植株即使吸收了锌也会表现缺锌症状。土壤中有足够的锌但不溶解，也不能被茄子吸收利用。

(a)　　　　　　　　(b)

图2-41　茄子缺锌症

3. 防治妙招

① 施用含锌的复合肥。不要过量施用磷肥。

② 严重缺锌时，可叶面喷施以色列快美优补 3000 倍液 3 次以上。也可施用硫酸锌，每 667 平方米用 1.5 千克。或用 0.1%～0.2% 的硫酸锌 800～1500 倍液进行叶面喷洒。

十一、茄子裂果病

1. 症状及快速鉴别

果实形状不正，产生双子果或开裂，常发生纵裂。严重时露出种子。保护地发生较多。露地栽培主要发生在门茄坐果期。一般始于花萼下端开裂，为害较重（图 2-42）。

(a)　　　　　　(b)　　　　　　(c)　　　　　　(d)

图2-42　茄子裂果病

2. 病因及发病规律

主要是受高温、强光和干旱等因素影响。久旱后突然浇水过多或遇到大雨，植株迅速吸水，果肉迅速膨大，果皮发育速度比不上果肉膨大的速度，将果皮胀裂。或在叶面上喷施农药及营养液时，近乎僵化的果实突然得到水分后，易发生裂果。激素使用不当也易裂果。

3. 防治妙招

① 茄子育苗时选择土质肥沃的土壤。施足充分腐熟的优质有机肥。气温控制在 20～30℃，夜间 20℃ 以上，地温不低于 20℃。生长初期和中期注意防止低温，后期气温逐渐升高，防止高温多湿，昼夜温差不小于 5℃。保持土壤湿润，日照长，花芽分化早、快，有利于长柱花的形成。

② 培育壮苗。苗龄最好在 70～80 天，要求茎粗短，节紧密，叶肥厚，叶色深绿，须根多。苗期温度白天在 28～30℃，夜间 18～20℃。注意光照充足，保证苗木健壮生长。

③ 幼苗长到 1 叶 1 心时进行移植，使其在花芽分化前缓苗，保证花芽分化充分。定植后可用 10 万单位的防落素配成 30 毫克 / 千克的水溶液，对门茄进行喷花，可有效地防止保护地或露地茄子产生裂果。施用芸苔素内酯 3000 倍液，保证茄苗健壮生长。

④ 菜地深翻，增施有机肥，使根系健壮生长。

⑤ 合理浇水。避免忽干忽湿，防止久旱后浇水过多。雨后及时排水。棚室栽培进入高温季节时，棚膜逐渐全部揭开，防止高温为害，或产生畸形花。

十二、茄子沤根

1. 症状及快速鉴别

茄子不产生新根和不定根，根皮呈铁锈色。后发生腐烂，地上部萎蔫，容易拔起，叶片黄化枯焦（图 2-43）。

2. 病因及发病规律

地温低于 12℃，持续时间较长，浇水过量，易发生沤根。或遇

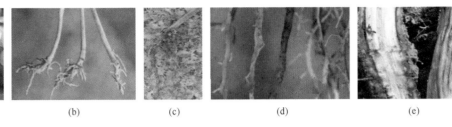

(b)   (c)   (d)   (e)

图2-43　茄子沤根

连阴雨天气，苗床温度过低，幼苗萎蔫，持续时间长等易发生沤根。土壤低洼潮湿、土温低、水分过大、氧气不足、根活力降低，或根部伤口多，施用未充分腐熟的土杂肥等均易发病。

3. 防治妙招

① 加强苗期温度管理，利用电热温床或酿热温床进行育苗。保证苗床温度在16℃以上，不低于12℃。

② 避免苗床过湿，掌握揭膜、放风时间及通风量。发现茄子幼苗沤根后覆盖干土或用小耙松土，降低土壤湿度。

③ 适期定植。定植过早易发生沤根。当地温达到生长要求时再进行定植。

十三、茄子畸形花

1. 症状及快速鉴别

畸形花有的为2～4个雌蕊，具有多个柱头；有的雌蕊更多，排列成扁柱状或带状，这种现象通常被称为雌蕊"带花"。畸形花如果不及时摘除常结出畸形果，影响产量和效益（图2-44）。

2. 病因及发病规律

主要是花芽分化期间夜温过低造成的。花芽分化时尤其第一花序上的花，在夜温低于15℃容易形成畸形花。另外强光、营养过剩也会导致畸形花。

3. 防治妙招

（1）温度调控　芽分化期苗床温度白天控制在24～25℃，夜间

| (a) | (b) | (c) | (d) |

图2-44　茄子畸形花

15~17℃，满足正常生长条件要求。

（2）生态防治　生长期间保证光照充足，湿度适宜，避免土壤过干或过湿，抑制徒长。采取降温（尤其是降低夜温）的方法抑制幼苗徒长，会产生大量畸形花。因此最好采用"稍控温、多控水"的办法。科学施肥，确保苗床氮肥充足，但不能过多。保证磷、钾肥及钙、硼等微量元素肥料适量，维持各元素之间的平衡。可施用芸苔素内酯3000倍液。

十四、茄子畸形果

1. 症状及快速鉴别

茄子畸形果多种各样，田间经常见到的畸形果有扁平果、弯曲果等。形成畸形果的花器往往也呈畸形，子房形状不正（图2-45）。

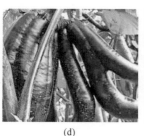

| (a) | (b) | (c) | (d) |

图2-45　茄子畸形果

2.病因及发病规律

花芽分化及发育时水肥过量，或氮肥过多，或分化时期缺肥少水，苗期遇到长期低温寡照天气等，均易导致花芽分化不正常，产生畸形果。应用提高坐果的激素时使用不当，也易产生畸形果。

3.防治妙招

（1）选择优良品种栽培　应选用耐低温、弱光性强的茄子优良品种。

（2）加强温度管理　幼苗花芽分化期注意保持温度稳定，变化程度不可剧烈。遇有连续阴雨天气注意保温。必要时需进行加温。

（3）加强肥水管理　合理施肥，不可偏施氮肥。适时适量浇水。

（4）合理使用坐果激素　不可随意加大用药量，避免形成畸形果。

十五、茄子凹凸果

茄子凹凸果也叫空泡果。在越冬长期栽培的3～5月经常见到。

1.症状及快速鉴别

该病常发生在收获期。果实看起来肥大但生长不良，部分地方突起，外表凹凸不平。里面的果实有时着色不良，重量较正常的轻，用手捏发软。剖开后可见果肉和表皮之间有空洞或空泡（图2-46）。

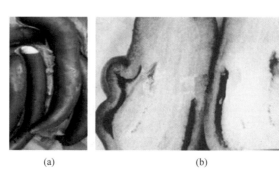

(a)　　　　　　　　　　(b)

图2-46　茄子凹凸果

2.病因及发病规律

该病是由于果实部分生长发育不平衡引起的。施肥过多，土壤贫瘠、生长较弱、温度不当等，会导致果实不能平衡吸收营养。激素处理不当，浓度过高或处理过早，都会出现凹凸果。

3.防治妙招

（1）选择优良品种　选择凹凸果出现少的、果肉比较致密的圆茄品种。

（2）加强栽培管理　适期播种，避免施肥过量，配方施肥，合理搭配氮、磷、钾肥，避免偏施、过施氮肥。浇水适时适量，不要忽干忽湿。注意光照充足。白天温度控制在25～30℃，上半夜18～24℃，下半夜15～18℃。不可随意加大激素药量，适时应用，避免产生药害。

第三节　茄子主要虫害快速鉴别与防治

一、茄子蚜虫

茄子蚜虫也叫腻虫、蜜虫，属同翅目蚜科。

1.症状及快速鉴别

蚜虫群居叶背、花梗或嫩茎上吸食汁液，分泌蜜露。被害叶变黄，叶面皱缩卷曲。嫩茎、花梗被害呈弯曲畸形，影响开花结实，植株生长受到抑制，甚至枯萎死亡。还可通过刺吸式口器传播多种病毒病，比其本身的虫害为害更为严重（图2-47）。

(a)　　　　　　　　　　(b)

图2-47　茄子蚜虫及为害症状

2. 形态特征

无翅孤雌蚜体长 1.5～1.9 毫米。夏季黄绿色，春、秋季墨绿色或蓝黑色。

有翅孤雌蚜体长 2 毫米，头黑色。

3. 生活习性及发生规律

繁殖能力很强，一年可繁殖十几代。以卵在越冬寄主上或以成蚜、若蚜在温室内蔬菜越冬或继续繁殖。温暖和较干燥的环境有利于害虫发生。繁殖的适温为 16～22℃，北方超过 25℃，南方超过 27℃，相对湿度达 75% 以上不利于蚜虫的繁殖。

4. 防治妙招

① 清除田间及其附近的杂草，减少虫源。

② 药剂防治。可用烟剂熏蒸，每 667 平方米可用 22% 敌敌畏烟剂 500 克，傍晚闭棚前点燃，熏蒸 1 昼夜。或 10% 氰戊菊酯烟剂 500 克，将烟剂均分成 4～5 堆，傍晚闭棚前点燃，熏蒸 1 昼夜。

也可用 10% 抗蚜威可湿性粉剂 2000 倍液，或 10% 吡虫啉可湿性粉剂 1500 倍液，或 1.8% 藜芦碱水剂 800 倍液，或 2.5% 联苯菊酯乳油 3000 倍液，或 50% 灭蚜松乳油 2500 倍液，或 2.5% 功夫乳油 3000～4000 倍液，或 20% 氰戊菊酯乳油 2000 倍液，或 10% 蚜虱净可湿性粉剂 4000～5000 倍液，或 15% 哒螨灵乳油 2500～3000 倍液等药剂喷雾。每隔 5～7 天喷施 1 次，连续防治 2～3 次。

二、茄子无网蚜

茄子无网蚜也叫茄子无网长管蚜，属同翅目，蚜科。

1. 症状及快速鉴别

茄子无网蚜以成虫和若虫吸食汁液，并传播病毒病。无翅孤雌成蚜体长卵形，长 2.8 毫米、宽 1.1 毫米。头部及前胸红橙色，胸、腹部绿色（图 2-48）。

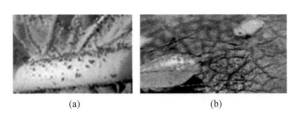

(a)　　　　　　　　　(b)

图2-48　茄子无网蚜及为害症状

2. 生活习性及发病规律

其在植物叶背面取食后，叶面常出现白点。可传播马铃薯、甜菜和烟草病毒病。

3. 防治妙招

可参见茄子蚜虫防治。

三、茄子红蜘蛛

茄子红蜘蛛也叫红叶螨、棉红蜘蛛，属蛛形纲蜱螨目叶螨科，包括朱砂叶螨、二斑叶螨等不同种的复合种群。

1. 症状及快速鉴别

茄子红蜘蛛以成虫和若虫群集叶背吸食汁液，叶面出现黄白色小点。严重时导致叶片变黄焦枯，呈锈色火烧状。叶片早衰、易脱落（图2-49）。

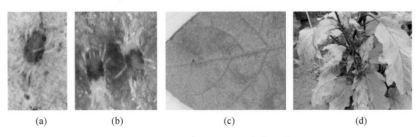

(a)　　　　(b)　　　　(c)　　　　(d)

图2-49　茄子红蜘蛛及为害症状

2. 生活习性及发生规律

其一年发生 10～20 代，以成虫、若虫或卵在田间落叶、土缝或附近杂草上或在冬季作物上越冬。但冬季温暖时仍可继续活动，无真正的越冬现象。高温低湿、天气干旱的年份和季节有利于繁殖为害。田间杂草丛生有利于红蜘蛛生育繁殖，可加剧为害。茄子保护地栽培比露地栽培受害严重。天敌主要有草蛉、瓢虫、蓟马和捕食性螨类等。

3. 防治妙招

（1）农业防治　清除田间残株落叶及田内田边杂草，可压低虫口基数，减轻为害。红蜘蛛喜叶背多茸毛的寄主，种植时如果能与光叶蔬菜和作物间作或轮作，可减轻为害。适时、适度浇水，田间不能干旱，可减轻红蜘蛛为害。

（2）加强巡查，及时施药　将红蜘蛛及早消灭在点片发生阶段。可用 20% 双甲脒乳油 1500～2000 倍液，或 75% 克螨特乳油 1000～1500 倍液，或 45% 超微硫黄胶悬剂 400 倍液，或 20% 复方浏阳霉素乳油 1000 倍液，或 15% 哒螨酮乳油 3000 倍液，或 20% 四螨嗪悬浮剂 1500～2000 倍液，或 5% 唑螨酯悬浮剂 1500～2000 倍液，或 25% 三唑锡 1000 倍液等药剂喷雾防治。每隔 7～10 天喷 1 次，交替喷施 2～3 次。

四、茄子茶黄螨

1. 症状及快速鉴别

茄子茶黄螨以刺吸式口器吸取植物汁液为害，可为害叶片、嫩芽、新梢、花蕾和果实。

叶片受害后变厚、变小、变硬，叶反面茶锈色，油渍状。叶缘向背面卷曲，嫩茎呈锈色，梢顶端枯死。

花蕾受害后畸形，不能开花。

果实受害后果面黄褐色，粗糙，果皮皲裂，种子外落。为害严重时呈馒头开花状。

其喜欢在植株的幼嫩部位取食，受害症状在顶部的生长点显现，中下部无症状。与病毒病有区别，病毒病除在顶部为害外，有时全株也会表现症状（图2-50）。

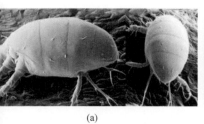  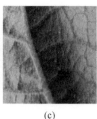 

(a)　　　　　　　　(b)　　　　　　　(c)　　　　　(d)

图2-50　茄子茶黄螨成虫、幼虫及为害症状

2. 生活习性及发生规律

每年可发生几十代。茄子茶黄螨主要在棚室中的植株上或在土壤中越冬，以两性生殖为主，也可进行孤雌生殖，但未受精的卵孵化后均为雄性。棚室中全年均可发生，露地茄子以6～9月受害较重。生长繁殖迅速，在18～20℃条件7～10天可发育1代，在28～30℃条件4～5天发生1代。生长的最适温度为16～23℃，相对湿度为80%～90%。温暖、高湿条件下有利于茶黄螨的生长与发育。单雌产卵量为100余粒，卵多散产在嫩叶背面和果实的凹陷处。成螨活动能力强，靠爬迁或自然力扩散蔓延。大雨对害虫有冲刷作用。

3. 防治妙招

（1）农业防治　茄果类蔬菜最好与韭菜、莴苣、小白菜、油菜、芫荽等耐寒叶菜类轮作。降低田间空气相对湿度，创造不利于茶黄螨发生的气候条件，可减轻为害程度。结合整枝，摘除虫卵，进行烧毁。清除杂草，前茬蔬菜收获后及早拉秧，彻底清除田间的落果、落叶和残枝，并集中焚烧或深埋。深翻耕地，消灭虫源，压低越冬螨虫口基数。

（2）生态防治　保护和利用天敌，维护生态平衡，可向田间释放人工繁殖的植绥螨。

（3）药剂防治　田间虫株率达到0.5%时及时喷药控制。虫害发生初期可用 15% 哒螨灵乳油 1500～3000 倍液，或 5% 唑螨酯悬浮剂 3000 倍液，或 10% 除尽（溴虫腈）乳油 3000 倍液，或 20% 双甲脒乳油 1000～1500 倍液或 73% 炔螨特悬浮剂 2000～3000 倍液，或 1.8% 阿维菌素乳油 4000 倍液，或 10% 浏阳霉素乳油 1000～2000 倍液，或 20% 灭扫利乳油 1500 倍液，或 20% 三唑锡悬浮剂 2000 倍液，或 1.2% 烟碱·苦参酮乳油 1000～2000 倍液，或 30% 嘧螨酯乳油 2000～3000 倍液，或 50% 溴螨酯乳油 1000～2000 倍液等药剂。

提示 为提高防治效果，可在药液中混加增效剂或洗衣粉等，并采用淋洗式喷药。重点喷植株上部的嫩叶背面、嫩茎、花器、幼果等幼嫩部位。

五、茄子茶半跗线螨

1. 症状及快速鉴别

常发生在暖地茄园。受害植株叶片小、畸形，叶缘向后翻卷，叶背呈现有光泽的淡褐色。严重时常造成枯死、落叶。多发生在植株新叶和心部，下位叶片较少发生。因此常呈顶端自枯症状。花蕾和果实也可受害，导致不能开花或形成畸形花。果梗和花等表面灰白或灰褐色。果实也变色，表皮粗糙，失去商品价值（图 2-51）。

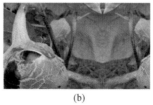

(a)   (b)

图 2-51 茄子茶半跗线螨为害症状

2. 防治妙招

（1）农业防治 及时、彻底地清理温室、大棚等越冬场所，防止向露地扩散。及时清理销毁残枝落叶和地头田边杂草，以防扩散。抗裂品种一般也能够抵抗螨类的为害，应多进行选用。

（2）药剂防治　发病初期可用 73% 的克螨特乳油 1000 倍液，或 20% 浏阳霉素 1000 倍液，或 25% 的灭螨猛 1000～1500 倍液，或硫黄胶悬剂 300～400 倍液。每隔 7 天喷 1 次，连喷 2～3 次。

六、茄子烟青虫

1. 症状及快速鉴别

茄子烟青虫以幼虫蛀食花蕾、花、果实，也可为害嫩茎、芽及叶片，造成孔洞或缺刻（图 2-52）。

(a)　　　　(b)　　　　(c)　　　　(d)　　(e)

图 2-52　茄子烟青虫成虫、幼虫、蛹及为害症状

2. 防治妙招

（1）农业防治　早熟、中熟、晚熟品种合理搭配，时间隔开种植。及时翻耕、整枝、摘除虫果。菜田内种植玉米诱集带，诱蛾产卵。

（2）物理防治　每（50×667）平方米菜地设置 1 盏黑光灯，诱杀成虫。

（3）药剂防治　幼虫防治一定要掌握在 3 龄期前，施药以上午为宜，重点喷洒植株上部。可选用苏云金芽孢杆菌制剂，或棉铃虫核型多角体病毒，连续防治 2 次。也可用 2.5% 保得乳油 2000～4000 倍液，或 20% 氯氰菊酯乳油 2000～4000 倍液，或 20% 氰戊菊酯乳油 2000～4000 倍液，或 2.5% 功夫乳油 2000～4000 倍液，或 2.5% 天王星乳油 2000～4000 倍液等药剂进行喷雾防治。

七、茄子短额负蝗

1.症状及快速鉴别

其以成虫咬食叶片。初龄若虫喜群集叶部，被害叶片呈网状。稍大后分散取食，造成孔洞或缺刻。严重时可吃光整片叶，只剩主脉（图2-53）。

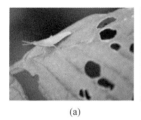 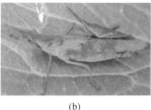 

(a)　　　　　　　　　　(b)　　　　　　　　　　(c)

图2-53　茄子短额负蝗成虫及为害症状

2.生活习性及发生规律

一年发生2代，以卵越冬。5月上旬开始孵化，初龄若虫喜群集叶部，被害叶片呈网状。稍大后分散取食，造成孔洞或缺刻。严重时整片叶被吃光，只剩主脉。交尾时雄虫在雌虫背上，随着雌虫爬行，雌虫背负着雄虫数天不散，故得名"负蝗"。成虫夜间活动，稍有趋光性，雌虫在叶背产卵。幼虫3龄后卷叶取食，在末龄虫放大叶或落叶中化蛹。到11月后进入越冬期。

3.防治方法

（1）**人工捕杀**　初龄若虫集中为害时可人工捕杀。如果零星为害可不用专门防治。

（2）**药剂防治**　为害严重时可喷5% S-氰戊菊酯乳油3000倍液，或20%氰戊菊酯乳油3000倍液等药剂。

八、茄子美洲斑潜蝇

1.症状及快速鉴别

成虫吸食叶片汁液，造成近圆形、刻点状凹陷。幼虫在叶片的上下表皮之间蛀食，造成曲曲弯弯的隧道，隧道相互交叉，逐渐连片，叶片光合能力锐减，过早脱落或枯死（图2-54）。

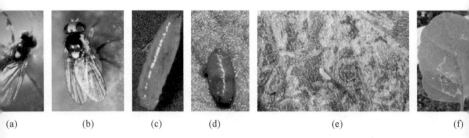

(a)　　　　(b)　　　　(c)　　　(d)　　　　　(e)　　　　　(f)

图2-54　茄子美洲斑潜蝇成虫、幼虫、蛹及为害症状

2. 防治妙招

目前较好的防治药剂是微生物杀虫剂阿维菌素，也叫齐螨素，是一种全新的抗生素类生物杀螨杀虫剂，具有胃毒和触杀作用，主要有 1.8%、0.9%、0.3% 乳剂 3 种剂型，使用浓度分别为 3000 倍液、1500 倍液和 500 倍液。此外也可用 40% 绿菜宝 1000～1500 倍液，或 98% 巴丹原粉 1000～1500 倍液，或 35% 苦皮藤素 1000 倍液，或 2.4% 威力特微乳剂 1500～2000 倍液，或斑潜皇 2000～2500 倍液，或 2.5% 菜蝇杀乳油 1500～2000 倍液。每隔 7 天喷 1 次，共喷 2～4 次。

> **提示**　为了提高药效，配药液时可加入500倍的害立平增效剂，也可加入适量的白酒。

九、茄子二十八星瓢虫

茄子二十八星瓢虫也叫酸浆瓢虫，属鞘翅目，瓢虫科。

1. 症状及快速鉴别

主要为害茄子叶片，还可为害嫩茎、花瓣、萼片和果实。

叶片被害，以成虫和幼虫在叶片背面啃食叶肉，仅留表皮，形成许多独特的、不规则的、平行的、半透明的细凹纹（牙痕状），稍大后幼虫逐渐分散。有时也会将叶片吃成空洞或仅留叶脉。成虫和幼虫为害严重时叶片布满褐色斑痕，导致叶片枯萎、整株死亡（图2-55）。

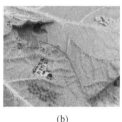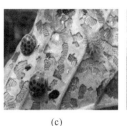

(a)　　　　　　　　(b)　　　　　　　　(c)　　　　　　　(d)　　　　　(e)

图2-55　茄子二十八星瓢虫为害症状

被害果实被啃成凹纹，果实变褐常开裂。内部组织僵硬，有苦味，不堪食用。被害植株不仅产量下降，而且果实品质差。

2. 形态特征

（1）成虫　体长7～8毫米，半球形，赤褐色，密被黄褐色细毛。前胸背板前缘凹陷，前缘角突出，中央有1个较大的剑状斑纹。

（2）卵　长1.4毫米，纵立，鲜黄色，有纵纹。

（3）幼虫　体长约9毫米，淡黄褐色。长椭圆状，背面隆起，各节有黑色枝刺（图2-56）。

（4）蛹　长约6毫米，椭圆形，淡黄色。背面有稀疏细毛及黑色斑纹。

(b)　　　　(c)　　　　　　(d)　　　　　　　(e)　　　　　　(f)

图2-56　茄子二十八星瓢虫成虫、卵、幼虫

3. 生活习性及发生规律

在东北、华北、山东等地一年发生2代；在武汉一年发生4代。

以成虫群集在背风向阳的各种缝隙、隐蔽物下（如树洞、树缝、篱笆下）等地越冬。为害期为6～9月。6月上中旬为产卵盛期。6月下旬～7月上旬为第一代幼虫为害期。7月中下旬为化蛹盛期。7月底～8月初为第一代成虫羽化盛期。8月中旬为第二代幼虫为害盛期。8月下旬开始化蛹，羽化的成虫自9月中旬开始寻求越冬场所，10月上旬开始越冬。

4. 防治妙招

（1）及时清洁园田　收获后将病叶、病果等残株带出园外，集中深埋或烧毁，消灭卵和幼虫，减少越冬虫源。并进行耕地，消灭卵、幼虫和藏于缝隙中的成虫。

（2）人工捕杀害虫和摘除卵块　冬、春季节利用成虫的假死习性，用薄膜承接，敲打植株使之坠落，收集消灭。根据为害症状搜寻幼虫和成虫，进行人工捕杀。根据卵块颜色鲜艳，集中成群，极易发现的特点，结合农事活动人工摘除卵块。

（3）药剂防治　抓住幼虫分散前的最佳防治有利时机及时施药。可用0.5%甲氨基阿维菌素苯甲酸盐乳油3000倍液+4.5%顺式氯氰菊酯乳油2000倍液，或4.5%高效氯氰菊酯乳油2000倍液，或10%联苯菊酯乳油1500倍液，或2.5%三氟氯氰菊酯乳油3000倍液，或20%氰戊菊酯乳油2000倍液，或2.5%溴氰菊酯乳油1500～2500倍液，或20%甲氰菊酯乳油1000～2000倍液，或21%增效氰·马乳油1500～3000倍液，或3.2%甲维盐·氯氰微乳剂3000～4000倍液，或1.7%阿维·氯氟氰可溶性液剂2000～3000倍液，或35%赛丹乳油、50%马拉硫磷乳油、50%辛硫磷乳油、50%敌敌畏乳油，用量均为1000倍液，或5%抑太保乳油2000倍液，或2.5%溴氰菊酯3000倍液，或2.5%功夫菊酯3000倍液，或10%溴·马乳油1500倍液等，兑水交替喷雾。视虫情为害程度每隔7～10天喷1次，连续防治2～3次。全面周到喷雾，重点喷在叶背面。

> 提示　防治害虫的最佳时期应在幼虫孵化期，最晚不能超过幼虫分散为害之前，特别注意药液重点喷到叶背面。

十、茄子黄曲条跳甲

茄子黄曲条跳甲也叫菜蚤子、土跳蚤、黄跳蚤、狗虱虫、黄曲条菜跳甲、黄条跳甲等，属鞘翅目，叶甲科。全国各地均有发生，可传播软腐病。

1. 症状及快速鉴别

成虫食叶，以幼苗期为害最重。刚出土的幼苗，子叶被害后整株死亡，造成缺苗断垄。幼虫只为害菜根，蛀食根皮，咬断须根，造成叶片萎蔫枯死（图2-57）。

  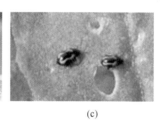

(a)　　　　　　　　　(b)　　　　　　　　　(c)

图2-57　茄子黄曲条跳甲成虫及为害症状

2. 生活习性及发生规律

其以成虫在落叶、杂草中潜伏越冬。翌年春季气温达10℃以上开始取食，20℃时食量大增。成虫善跳跃，即使在高温时也能飞翔，中午前后活动最盛，有趋光性，对黑光灯敏感。成虫寿命长，产卵期可延续1个月以上，世代重叠，发生不整齐。卵散产于植株周围湿润的土隙中或细根上。春、秋两季发生严重，秋季重于春季。湿度高的菜田发病重。

3. 防治妙招

（1）**农业防治**　采用防虫网可防治黄条跳甲，又能兼治其他害虫。清除菜地残株落叶，铲除杂草，消灭其越冬场所。播前深耕晒土，造成不利于幼虫生活的环境条件，并消灭部分蛹。铺设地膜，避免成虫将卵产在植株的根上。

（2）**药剂防治**　可喷洒2.5%鱼藤酮乳油500倍液，或0.5%川棟素杀虫乳油 800 倍液，或 1% 苦参碱醇溶液 500 倍液，或 3.5% 氟腈·溴乳油 1500 倍液等药剂防治成虫。还可用 90% 敌百虫 1000 倍液，或 50% 辛硫磷乳油 1000 倍液进行灌根。使用敌百虫药剂，在采收前 7 天，停止用药。

十一、茄子斜纹夜蛾

茄子斜纹夜蛾也叫莲纹夜蛾、莲纹夜盗蛾，属鳞翅目，夜蛾科。

1. 症状及快速鉴别

主要以幼虫为害全株。低龄时群集叶背啃食。3 龄后分散为害叶片、嫩茎。老龄幼虫可蛀食果实。食性杂，可为害多种器官。老龄时形成暴食，为害性很大（图 2-58）。

(a)　　　　　　　(b)

图 2-58　茄子斜纹夜蛾成虫、幼虫及为害症状

2. 生活习性及发生规律

一年可发生 4～5 代，以蛹在土下 3～5 厘米处越冬。成虫白天潜伏在叶背或土缝等阴暗处，夜间出来活动。成虫有强烈的趋光性和趋化性，对糖、醋、酒味也很敏感。卵的孵化适温约 24℃，幼虫在 25℃时 14～20 天化蛹，蛹期 11～18 天。

3. 防治妙招

（1）物理防治　利用杀虫灯、性诱捕器诱杀成虫。

（2）人工防治　结合农事操作摘除未孵化的卵块，或幼虫还未扩散为害之前摘除被害叶。

（3）药剂防治　可用 15% 茚虫威悬浮剂 3000～4000 倍液，或 20% 虫酰肼悬浮剂 1000～2000 倍液，或 10% 虫螨腈悬浮剂 1000 倍液，或 5% 甲维盐乳油 1500 倍液等药剂喷雾防治。

提示　喷药时间以下午4时后为佳。

十二、茄子白雪灯蛾

茄子白雪灯蛾也叫白灯蛾，属鳞翅目，灯蛾科。

1. 症状及快速鉴别

幼虫食叶，严重时仅存叶脉，也可为害花、果（图 2-59）。

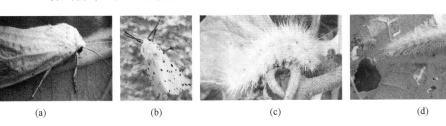

(a)　　　　　　(b)　　　　　　(c)　　　　　　(d)

图 2-59　茄子白雪灯蛾成虫、幼虫及为害症状

2. 生活习性及发生规律

在华北、华东地区一年可发生 2～3 代，以蛹在土中越冬。翌年春季 3～4 月羽化，以第二代幼虫在 8～9 月为害较重。成虫有趋光性，羽化后 3～4 天开始产卵，卵成块产于叶背，每块数十粒至百余粒，每雌虫可产 400 余粒，经 5～6 天孵化。初龄幼虫群集为害，3 龄后开始分散，受惊有假死性。幼虫共 7 龄，发育历期 40～50 天。老熟后在地表结茧化蛹。第二代老熟幼虫从 9 月开始向沟坡、道旁等处转移化蛹越冬。

3. 防治方法

（1）**物理防治**　利用诱虫灯诱杀成虫。

（2）**人工防治**　结合农事操作摘除未孵卵块。或幼虫还未扩散为害之前摘除被害叶。

（3）**药剂防治**　在产卵盛期或幼虫孵化期，可用 0.2% 苦皮藤素乳油 1000 倍液，或 90% 晶体敌百虫 800 倍液，或 5% 氟氯氰菊酯乳油 1500 倍液，或 2.5% 溴氰菊酯 3000 倍液，或 20% 甲氰菊酯乳油 3000 倍液，或 5% 虱螨脲乳油 1000 倍液等药剂均匀喷雾。

十三、茄子瓜绢野螟

1. 症状及快速鉴别

幼龄幼虫在叶背啃食叶肉，呈灰白色斑，3 龄后吐丝将叶或嫩梢缀合居于其中取食，使叶片穿孔或缺刻，严重时仅留下叶脉。幼虫常蛀入果实内，影响产量和质量。

2. 形态特征

（1）成虫　体长 11 毫米，头、胸黑色，腹部白色，第 1、7、8 节末端有黄褐色毛丛。前、后翅白色透明，略带紫色，前翅前缘和外缘、后翅外缘呈黑色宽带。

（2）卵　扁平，椭圆形，淡黄色，表面有网纹。

（3）幼虫　末龄幼虫体长 23～26 毫米，头部、前胸背板淡褐色，胸腹部草绿色，亚背线呈两条较宽的乳白色纵带，气门黑色。

（4）蛹　长约 14 毫米，深褐色，外被薄茧（图 2-60）。

 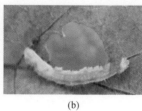 

(a)　　　　　　　　(b)　　　　　　　　(c)

图 2-60　茄子瓜绢野螟成虫、幼虫及为害症状

3. 生活习性及发生规律

南方一年可发生 6 代。其以老熟幼虫或蛹在枯叶或表土越冬。翌年春季 4 月底羽化，5 月幼虫为害。7～9 月幼虫数量多，世代重叠，为害严重。11 月后进入越冬期。成虫夜间活动，稍有趋光性，雌虫在

　茄果类蔬菜病虫害快速鉴别与防治妙招

叶背产卵。3龄后卷叶取食，在卷叶或落叶中化蛹。

4. 防治妙招

（1）**农业防治**　采用防虫网还可兼治黄守瓜。采收后将枯枝落叶收集，集中沤埋或烧毁，压低下代或越冬虫口基数。人工摘除卷叶，捏杀部分幼虫和蛹。

（2）**物理防治**　加强瓜绢野螟预测预报，采用性诱剂或黑光灯预测预报发生期和发生量。架设频振式或微电脑自控灭虫灯，还可减少蓟马、白粉虱为害。

（3）**生态防治**　用螟黄赤眼蜂可防治瓜绢野螟。

（4）**药剂防治**　在幼虫 1～3 龄时可喷 2% 天达阿维菌素乳油 2000 倍液，或 2.5% 敌杀死乳油 1500 倍液，或 20% 氰戊菊酯乳油 2000 倍液，或 5% 高效氯氰菊酯乳油 1000 倍液等药剂。

十四、茄子棉铃虫

1. 症状及快速鉴别

其以幼虫蛀食蕾、花、果为主，也为害嫩茎、叶和芽。花蕾受害，苞叶张开，变成黄绿色，2～3 天后造成脱落。幼果常被吃空或引起腐烂脱落。成果被蛀食部分果肉，因蛀孔在蒂部，雨水流入，病菌侵入引起腐烂。果实大量被蛀后导致果实腐烂，脱落减产（图 2-61）。

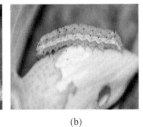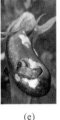

(a)　　　　(b)　　　　(c)　　　　(d)　　　　(e)　　　　(f)

图 2-61　茄子棉铃虫成虫、幼虫及为害症状

2. 生活习性及发生规律

茄子棉铃虫属喜温、喜湿性害虫，以蛹在土壤中越冬。5月中旬

开始羽化，5月下旬为羽化盛期。第一代卵最早在5月中旬出现，多产于茄科蔬菜、豌豆等作物上。5月下旬为产卵盛期。初夏气温稳定在20℃，5厘米深的地温23℃以上时越冬蛹开始羽化。湿度对幼虫发育的影响更为显著，当月雨量在100毫米以上，相对湿度60%以上时为害较重。但雨水过多，土壤板结，不利于幼虫入土化蛹，会提高蛹的死亡率。暴雨可冲刷虫卵，有一定的抑制害虫作用。

3. 防治妙招

（1）**农业防治** 冬季前翻耕土壤，浇水淹地，减少越冬虫源。根据虫情测报在棉铃虫产卵盛期，结合整枝摘除虫卵，进行烧毁。

（2）**生物防治** 成虫产卵高峰后3～4天喷洒苏云金杆菌乳剂，或核型多角体病毒，使幼虫感病死亡。连续喷2次，效果最佳。

（3）**物理防治** 用黑光灯、杨柳枝等诱杀成虫。

（4）**药剂防治** 当百株卵量达20～30粒时开始用药防治。如果喷药之后百株幼虫仍然超过5头应继续用药。一般在茄子果实开始膨大时开始用药，每周1次，连续防治3～4次。可用2.5%功夫乳油5000倍液，或4.5%高效氯氰菊酯乳油3000～3500倍液，或40%菊杀乳油3000倍液，或5%抑太保乳油1500倍液，或5%氟虫脲乳油2000倍液，或5%氟苯脲乳油4000倍液，或5%氟铃脲乳油2000倍液，或20%除虫脲胶悬剂500倍液，或20%抑食肼可湿性粉剂800倍液，或10%醚菊酯悬乳剂700倍液，或10%溴氟菊酯乳油1000倍液，或20%溴灭菊酯乳油3000倍液，或40%菊马乳油2000倍液，或2.5%溴氰菊酯乳油2000倍液，或20%氰戊菊酯乳油2000倍液等药剂喷雾防治。

十五、茄子根结线虫

1. 症状及快速鉴别

其主要为害根部。病部产生大小不一，形状不定的肥肿、畸形瘤状结。剖开根结有乳白色线虫。多在根结上部产生新根，再侵染后又形成根结状肿瘤。病轻时地上部症状不明显。严重时植株矮小，发育不良，叶片变黄，结果小。高温干旱出现萎蔫或提前枯死（图2-62）。

 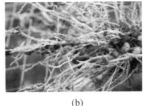 

(a)   (b)   (c)

图2-62　茄子根结线虫为害症状

2.防治妙招

（1）**高温闷棚**　保护地在7～8月采用高温闷棚进行土壤消毒，地表温度最高可达72.2℃，地温49℃以上可杀死土壤中的根结线虫和土传病害的病原菌。

（2）**合理轮作**　水旱轮作效果好，最好与禾本科作物轮作。

（3）**采用营养钵和穴盘无土育苗**　采用嫁接方法可防止茄子根结线虫病，且可兼防茄子枯萎病、根腐病、青枯病等。

（4）**茄子定植前处理土壤**　可用0.5%阿维菌素颗粒剂3～4千克/667米²（或10%噻唑磷颗粒剂2千克/667米²）+高效土壤菌虫通杀处理剂2千克+20千克细土充分拌匀，撒在畦面下，再用铁耙将药土与畦面表土层15～20厘米充分拌匀，当天即可定植。也可用10%噻唑磷颗粒剂1.5～2千克/667米²埋入根部。

第三章
辣椒病虫害快速鉴别与防治

第一节　辣椒主要传染性病害快速鉴别与防治

一、甜、辣椒病毒病

甜、辣椒病毒病也叫花叶病。

1. 症状及快速鉴别

侵染辣椒的病毒种类较多，常因多种病毒复合侵染，田间症状表现复杂多样，前期引起植株矮化，花叶、叶片黑色坏死脱落。后期引起丛枝、簇叶、花蕾和幼果枯萎，整株黄化落叶。常见有花叶型、黄化型、坏死型和畸形型等 4 种症状。花叶型最普遍，坏死型为害最重。

（1）花叶型　有轻型和重型花叶 2 种类型。病叶出现明显的黄、绿相间的花斑，皱缩或产生褐色坏死斑。

① 轻型花叶。初现明脉，轻微褪绿，病叶、病果出现不规则褪绿。或有浅绿、深绿相间的斑驳。不造成落叶，病株无明显畸形或矮化异常（图 3-1）。

② 重型花叶。除褪绿斑驳外，叶面凹凸不平，叶脉皱缩畸形或叶片变厚、变窄、细长，呈"线形"叶。病叶和病果畸形皱缩，叶明脉，果小，难以转红，僵化。植株生长缓慢，严重矮化（图 3-2）。

茄果类蔬菜病虫害快速鉴别与防治妙招

图3-1　辣、甜椒轻型花叶病毒病

图3-2　辣、甜椒重型花叶病毒病

（2）黄化型　病叶明显变黄。严重时植株上部叶片全变为黄色，形成上黄下绿，植株矮化，并伴有明显的落叶现象（图3-3）。

图3-3　辣、甜椒黄化型病毒病

（3）坏死型　病株部分组织变褐坏死，表现为顶枯、斑驳坏死、条斑及环状斑纹。顶枯指植株枝杈顶端幼嫩部分变褐坏死，其他症状不明显。斑驳坏死可在叶片和果实上发生，病斑红褐或深褐色，不规则，有时穿孔或发展成黄褐色大斑，病斑周围有一深绿色的环，叶片迅速黄化脱落。条纹状坏死主要表现在枝条上，病斑红褐色，沿枝条上下扩展，发病部分落叶、落花、落果。严重时整株枯干（图3-4）。

(a)　　　　　　　　(b)　　　　　　　　　(c)

图3-4　辣、甜椒坏死型病毒病

（4）畸形型（或丛簇型）　初定植植株心叶叶脉褪绿，逐渐形成深浅不均的斑驳，叶面皱缩，以后病叶增厚，产生黄绿相间的斑驳或大型黄褐色坏死斑，叶缘向上卷曲，幼叶狭窄。严重时呈线状，病叶增厚、变小或呈蕨叶状，叶面皱缩。植株节间缩短，矮小，分枝极多，呈丛簇状丛生枝，叶片丛生。病果呈深绿与浅绿相间不均匀的花斑和疣状突起，或黄绿相间的花斑，果实畸形，果面凹凸不平，病果易脱落（图3-5）。

(a)　　　　　　　(b)　　　　　　　　(c)　　　　　　　　(d)

图3-5　辣、甜椒畸形型病毒病

提示　有时以上几种症状同时出现在一个病株上，严重影响产量和品质。

2. 病原及发病规律

由多种病毒单独或复合侵染引起，毒源有10多种，主要是黄瓜花叶病毒（CMV）、烟草花叶病毒（TMV）、马铃薯Y病毒（PVY）、马铃薯X病毒、苜蓿花叶病毒（AMV）、辣椒斑驳病毒（PepMoV）等。黄瓜花叶病毒是最主要的病毒，占病株50%以上。

烟草花叶病毒为第二位，约占病株 30%，烟草型坏死枯斑或落叶，后期心叶呈系统花叶或叶脉坏死，茎部斑面或顶梢坏死。黄瓜花叶病毒、马铃薯 Y 病毒、苜蓿花叶病毒主要通过蚜虫传播。天气干旱高温蚜虫发生数量多，可促进蚜虫传毒，并降低寄主的抗病性。烟草花叶病毒毒力很强，靠接触及伤口传播，通过整枝打杈等农事操作及种子传播传染，发生更为普遍。此外定植晚、连作地、低洼及缺肥地易引起病害流行。有机肥缺乏、化肥多、管理不当等发病较重。

3. 防治妙招

（1）**选用抗病耐病品种**　因地制宜选育和种植抗病品种。一般尖椒、锥形椒较灯笼形甜椒抗病。早熟品种比晚熟品种耐病。如：冀研四号、冀研六号、皇冠椒、沈椒 2 号、津椒 3 号、中椒 2 号、农大 40、甜杂 1 号、甜杂 2 号、九椒一号等都较抗病毒病。

（2）**加强栽培管理**　抓好三个环节，一是壮苗，要求茎粗、叶绿，移栽时花芽已分化（缓苗快）。二是密植，不利于蚜虫在其中活动，以 2 株 / 穴、9000～10000 株 /667 米^2 为宜。三是防止早衰，一般早衰表现在 8 月中旬。

（3）**药剂防治**　苗期 2～3 片叶时为病毒病初发期。可用 10%混合脂肪酸（83 增抗剂）水剂 100 倍液，或 20% 盐酸吗啉胍·乙铜（病毒 A）可湿性粉剂 400～600 倍液喷雾。或烟草花叶病毒弱毒疫苗 N14，或黄瓜花叶病毒卫星核糖核酸制剂 S52，均为 100 倍液，高压喷枪接种，或手指摩擦接种，均可防止苗期感染病毒。

定植前及定植缓苗后分别喷洒 10% 混合脂肪酸水剂 100 倍液，或 20% 病毒 A 可湿性粉剂 400～600 倍液，或 1.5% 植病灵乳剂 1000 倍液，均有较好的防治效果。每 7 天喷 1 次，共 3 次，可明显抑制病毒的核酸及蛋白质的形成。

在发病初期，可用菌毒清（或植病灵）+0.1% 的磷酸二氢钾 +0.1% 的尿素，或病毒 A 可湿性粉剂 500 倍液，每隔 7 天喷 1 次，连续 3～4 次。也可在定植前 1 周、定植缓苗后 1 周各喷 1 次硫酸锌 1000 倍液，均有较好的防治效果。

用83增抗剂100倍液，或5%菌毒清200～300倍液，定植前喷第一次，定植缓苗后喷第二次，能诱导青椒提高耐病毒能力，增产显著。

（4）早期防治蚜虫　苗期及定植后及时防治蚜虫。可用25%蚜虱绝乳油2000～3000倍液，或10%吡虫啉可湿性粉剂3000～4000倍液，或15%蓟蚜净乳油2000倍液，或3%啶虫脒乳油3000倍液，或50%抗蚜威可湿性粉剂1500倍液，或40%菊杀乳油3000倍液，或0.4%杀蚜素水剂200～400倍液等药剂喷雾防治，无残毒无污染。注意多种药剂轮换交替使用。

二、辣椒叶斑病

辣椒叶斑病也叫辣椒色链隔孢叶斑病。

1. 症状及快速鉴别

主要为害叶片。叶片的正、背两面均可出现浅褐至黄褐色、近圆形或不规则形病斑，病斑直径2～12毫米。湿度大时叶背对应部位生有致密的灰黑至近黑色绒状物，病斑上有一暗褐色细线圈，外围有浅黄色晕圈（图3-6）。

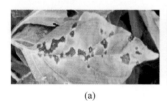  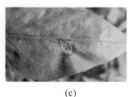

(a)　　　　　　　　　(b)　　　　　　　　　(c)

图3-6　辣椒叶斑病

2. 病原及发病规律

病原为辣椒色链隔孢或辣椒褐柱孢，属半知菌亚门真菌。

病原菌可在种子上越冬，也可以菌丝块在病残体上或以菌丝在病叶上越冬，成为翌年初侵染源。发病常始于苗床。高温、高湿持续时间长有利于病害的扩展。

3. 防治妙招

（1）加强管理　采收后彻底清除病残体，带出园外集中烧毁。与其他蔬菜实行隔年轮作。

（2）药剂防治　预防时可用奥力克速净 500 倍液喷施，7 天用药 1 次。治疗时轻微发病，可用奥力克速净 300～500 倍液喷施，5～7 天用药 1 次。病情严重时可用奥力克速净 300 倍液喷施，3 天用药 1 次，喷药次数视病情为害程度而定。

在发病初期，也可用 75% 百菌清可湿性粉剂 500～600 倍液，或 50% 多·硫悬浮剂 500 倍液，或 36% 甲基硫菌灵悬浮剂 500 倍液，或 50% 多·霉威可湿性粉剂 1000 倍液，或 77% 可杀得可湿性粉剂 400～500 倍液等药剂喷雾。每隔 7～10 天喷 1 次，连续 2～3 次。采前 7 天停止用药。

三、辣椒白斑病

1. 症状及快速鉴别

主要为害叶片。病叶先出现 1～2 毫米的小点，边缘棕褐色，中央灰白色，略凹陷，尤其在嫩叶上易发生，开始病斑扩展缓慢，后逐渐形成轮纹状。湿度大时病斑融合成不规则形，引起病叶黄化或脱落。茎部发病形成 5～10 毫米的长形斑（图 3-7）。

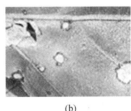

(a)　　　　　　　　(b)　　　　　　　　(c)

图 3-7　辣椒白斑病

2. 病原及发病规律

病原为番茄匐柄霉菌，属半知菌亚门真菌。

病原菌可在土壤中的病残体或种子上越冬。翌年温度、湿度适宜时产生分生孢子进行初侵染。病部产生的病原菌通过风雨传播，形成再侵染。温暖潮湿、阴雨天及结露持续时间长是发病的重要条件。土壤肥力不足，植株生长衰弱发病重。

3. 防治妙招

（1）加强管理　选用抗病品种。增施有机肥及磷、钾肥。及时清除病残体，集中烧毁。

（2）药剂防治　发病初期开始喷药。可用75%百菌清可湿性粉剂600倍液，或77%可杀得可湿性粉剂400～500倍液，或80%代森锰锌可湿性粉剂800倍液，或50%混杀硫悬浮剂500倍液。每隔约10天喷1次，连续2～3次。采收前7天停止用药。

四、辣椒白星病

辣椒白星病也叫辣椒斑点病。

1. 症状及快速鉴别

主要为害叶片，苗期和成株期均可染病。从下部老熟叶片开始发生，逐渐向上发展，初产生水渍状褪绿小圆斑，扩大后病斑呈圆形或近圆形凹陷坏死斑，边缘褐色，稍凸起。病、健部明显，中央白或灰白色，直径2～3毫米，病斑上散生黑色粒状小点，即病菌的分生孢子器。湿度大时病斑迅速扩展，导致叶片坏死。空气干燥田间湿度低时病斑易破裂穿孔。严重时常造成叶片干枯脱落，仅剩上部叶片。

叶柄、茎干染病，也产生大小不一的近圆形凹陷斑，边缘红褐色，中间灰白色，造成枝叶干枯。果实染病产生近圆形凹陷斑，中央灰白至灰褐色。病情严重时造成早期落叶，植株早衰（图3-8）。

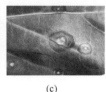

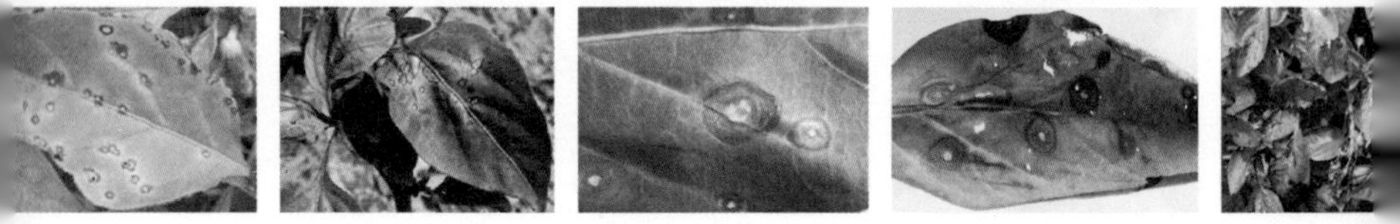

(a)　　　　　(b)　　　　　(c)　　　　　(d)　　　　　(

图3-8　辣椒白星病

2. 病原及发病规律

病原为辣椒叶点霉，属半知菌亚门真菌。

病菌以分生孢子器随病株残体遗留在田间或潜伏在种子上越冬。环境条件适宜时分生孢子器吸水，释放出分生孢子，通过雨水反溅或气流传播，从寄主叶片表皮直接侵入，引起初次侵染。病菌先侵染下部叶片，逐渐向上部发展，经潜育出现病斑后，在受害的部位产生新生分生孢子，借风雨传播进行多次再侵染，加重为害。

病菌喜高温、高湿环境，发病温度范围 8～32℃，最适 22～28℃，相对湿度 95%。最适感病生育期为苗期至结果中后期。发病潜育期7～10 天。早春多雨或梅雨期间闷热年份发病重。连作地、地势低洼、排水不良发病重。种植过密、通风透光差、生长不良发病重。

3. 防治妙招

（1）茬口轮作　提倡与非茄科蔬菜隔年轮作，减少田间病菌来源。

（2）加强田间管理　合理密植，深沟高畦栽培，雨后及时排水，降低地下水位。适当增施磷、钾肥，促使植株健壮，提高植株抗病能力。及时摘除病、老叶。收获后清除病残体，带出园外集中深埋或烧毁。深翻土壤，加速病残体的腐烂分解。

（3）药剂防治　发病前可用噻菌铜、百菌清、噻菌灵、苯醚甲环唑等药剂预防。

发病初期，可用 80% 代森锰锌可湿性粉剂 800 倍液，或 50% 甲基托布津可湿性粉剂 1000 倍液，或 77% 可杀得可湿性粉剂 1000 倍液，或 75% 百菌清可湿性粉剂 600 倍液，或 50% 代森锰锌可湿性粉剂 600 倍液等药剂。每隔 7～10 天喷 1 次，连续 2～3 次。如果发病严重可用氟硅唑 4000～6000 倍液，或用多菌灵 + 百菌清 + 噻菌铜混合喷雾防治。

五、辣椒叶霉病

1. 症状及快速鉴别

主要为害甜椒、辣椒的叶片。叶面初现浅黄色不规则形褪绿斑，叶背病部初生白色霉层，不久变为灰褐至黑褐色绒状霉，即病原菌的分生孢子梗和分生孢子。随着病情的扩展，叶片由下向上逐渐变成花斑。严重时变黄干枯。棚室栽培的甜椒为害更重（图3-9）。

(a)　　　　　　　(b)　　　　　　　(c)　　　　　　　(d)

图3-9　辣椒叶霉病

2. 病原及发病规律

病原为褐孢霉菌，属半知菌亚门真菌。

其主要以菌丝体和分生孢子随病残体遗留在地面越冬，冬季温暖地区没有越冬现象。翌年气候条件适宜时病害组织上产生分生孢子，通过风雨传播。分生孢子在寄主表面萌发后从伤口或直接侵入，病部又产生分生孢子，借风雨传播，进行再侵染。

植株栽植过密，生长郁闭，田间湿度大或有白粉虱为害，易发病。秋季昼暖夜凉、露重和春暖、阴雨绵绵时病害蔓延较快。棚室内种植的甜、辣椒发病较重。

3. 防治妙招

（1）选用抗病品种　生产中应选用抗性较强的辣型品种。

（2）实行轮作　主要是病残体在土壤中进行循环侵染，应与其他作物轮作。

（3）增施石灰和腐熟的有机肥　由于病菌喜酸性环境，整地时每667平方米撒施生石灰150～200千克，施足充分腐熟的优质有机肥，避免由于发酵烧根造成伤口，引发病害。

（4）合理密植，加强管理　栽植密度应依照各品种特性及要求合理安排。尽量避免忽干忽湿，严禁大水漫灌，雨后及时排水，注意降低田间湿度，尤其是保护地更应及时通风排湿。

（5）及早清洁田园　发现病株及病叶及早清除。收获后及时清除病残体，集中深埋或烧毁，断绝循环侵染途径。

（6）药剂防治　发病初期可用50%多菌灵可湿性粉剂500～1000倍液，或70%甲基托布津可湿性粉剂1000倍液，或75%百菌清可湿性粉剂600倍液，或64%杀毒矾可湿性粉剂400～500倍液，或65%甲霜灵可湿性粉剂1000倍液等药剂进行喷雾防治。

六、辣椒斑枯病

1.症状及快速鉴别

主要为害叶片，呈现白色至浅灰黄色圆形或近圆形斑点，边缘明显，病斑中央有许多小黑点，即病原菌的分生孢子器（图3-10）。

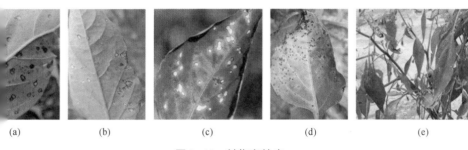

(a)　　　　　(b)　　　　　(c)　　　　　(d)　　　　　(e)

图3-10　辣椒斑枯病

2.病原及发病规律

病原为番茄壳针孢，属半知菌亚门真菌。

病菌以菌丝体和分生孢子器在病残体、多年生茄科杂草上或附着在种子上越冬，成为翌年初侵染源。分生孢子借风雨传播后，被雨水返溅到植株上，从气孔侵入，后在病部产生分生孢子器及分生孢子扩大为害。病菌发育适温22～26℃，12℃以下28℃以上发育不良。高湿有利于分生孢子从器内溢出，适宜湿度92%～94%。如果遇多雨天气，特别是雨后转晴，辣椒植株生长衰弱、肥料不足时易发病。

3. 防治妙招

（1）**农业防治**　选用抗病品种。加强田间管理，高畦栽培，适当密植，保持田间通风透光及地面干燥，注意排水降湿。合理施肥，增施磷、钾肥。采收后将病残物深埋或烧毁。

（2）**药剂防治**　发病初期可用 50% 异菌脲悬浮剂 1000 倍液，或 250 克／升嘧菌酯悬浮剂 1500～2000 倍液，或 40% 双胍辛烷苯基磺酸盐可湿性粉剂 1000 倍液 +75% 百菌清可湿性粉剂 600 倍液，或 50% 腐霉利可湿性粉剂 1000 倍液 +70% 代森锰锌可湿性粉剂 800～1000 倍液，或 50% 氟硅唑乳油 4000～6000 倍液 +65% 福美锌可湿性粉剂 500 倍液，或 10% 苯醚甲环唑水分散粒剂 2000 倍液 +70% 代森联干悬浮剂 800～1000 倍液等药剂均匀喷雾。视病情为害程度，隔 7～10 天喷 1 次。

七、辣椒细菌性叶斑病

1. 症状及快速鉴别

主要为害叶片。成株叶片发病，初呈黄绿色不规则小斑点。扩大后变为红褐、深褐至铁锈色病斑，病斑膜质，形状不规则，扩展速度很快。严重时植株大部分叶片脱落。病健交界处明显，但不隆起，可区别于辣椒疮痂病（图3-11）。

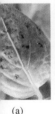 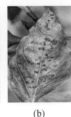  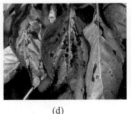 

(a)　　　　(b)　　　　(c)　　　　(d)　　　　(e)

图3-11　辣椒细菌性叶斑病

2. 病原及发病规律

病原为丁香假单胞菌，属细菌。

病菌在病残体上越冬。借风雨或灌溉水传播，从叶片伤口处侵入。东北及华北常 6 月开始发生，气温 25～28℃、空气湿度 90% 以上的 7～8 月高温多雨季节易流行。9 月气温降低病害蔓延停止。地势低洼，管理不善，肥料缺乏，植株衰弱或偏施氮肥，植株徒长，发病重。

3. 防治妙招

（1）**农业防治** 避免连作，与非茄科蔬菜或十字花科蔬菜轮作 2～3 年。播前可用种子重量 0.3% 的 30% 琥胶肥酸铜可湿性粉剂，或 72% 农用硫酸链霉素可溶性粉剂，或 3% 中生菌素可湿性粉剂进行拌种。收获后及时彻底地清除病菌残体，结合深耕晒垄，促使病残体腐烂分解，加速病菌死亡。采用高垄或高畦栽培，覆盖地膜。雨季注意排水，避免大水漫灌。

（2）**药剂防治** 发病初期可用 72% 农用硫酸链霉素可溶性粉剂 2000～4000 倍液，或 47% 春雷·王铜可湿性粉剂 500～600 倍液，或 88% 水合霉素可溶性粉剂 600～1000 倍液，或 14% 络氨铜水剂 300～500 倍液，或 50% 氯溴异氰尿酸可溶性粉剂 600～1000 倍液，或 20% 叶枯唑可湿性粉剂 600～800 倍液，或 20% 嘧菌酯可湿性粉剂 800～1000 倍液，或 12% 松脂酸铜乳油 600～800 倍液，或 45% 代森铵水剂 400～600 倍液，或 20% 喹菌酮水剂 1000～1500 倍液，或 20% 噻唑锌悬浮剂 600～800 倍液，或 20% 噻森铜悬浮剂 500～700 倍液等药剂进行喷雾。每隔 7～10 天喷 1 次。

八、辣椒霜霉病

1. 症状及快速鉴别

为害叶片、叶柄及嫩茎。

叶片染病，初现浅绿色不规则形病斑，叶背面有稀疏的白色霜霉层，病叶变脆，并向上卷。后期严重时可导致叶片易脱落。

叶柄、嫩茎染病，呈褐色水渍状，有稀疏的白色霜霉层（图3-12）。

(a)　　　　　(b)　　　　　(c)　　　　　(d)　　　　　(e)

图3-12　辣椒霜霉病

2. 病原及发病规律

病原为辣椒霜霉菌，属鞭毛菌亚门真菌。

病菌以卵孢子越冬。潜入期较短，条件适宜时只需3～5天产生游动孢子，借风雨传播。在生长季节可进行反复再侵染，导致病害大流行。病菌适宜温度20～24℃，相对湿度85%以上。阴雨天气多，灌水过多或排水不及时田间发病重。

3. 防治妙招

（1）农业防治　避免连作，与非茄科蔬菜或十字花科蔬菜轮作2～3年。播前种子进行拌种消毒。收获后及时彻底地清除病菌残体，结合深耕晒垄，促使病残体腐烂分解，加速病菌死亡。采用高垄或高畦栽培，覆盖地膜。雨季注意排水，避免大水漫灌。

（2）药剂防治　发病普遍时，可用50%烯酰吗啉可湿性粉剂2000倍液+70%代森联干悬浮剂500倍液，或氟菌·霜霉威悬浮剂1000倍液+70%代森锰锌可湿性粉剂600倍液，或25%甲霜·霜霉威可湿性粉剂700倍液+75%百菌清可湿性粉剂500倍液，或氰霜唑悬浮剂1000倍液+50%克菌丹可湿性粉剂800倍液，或72%霜脲·锰锌可湿性粉剂500倍液，或70%丙森锌可湿性粉剂500倍液，或60%唑醚·代森联水分散粒剂1000～2000倍液等药剂，在雨季下雨前进行茎叶喷雾防治（重点喷果）。视病情为害程度每隔7～10天喷1次。

保护地栽培，可用45%百菌清烟雾剂250克/667米^2，或20%百·福烟剂250～300克/667米^2，或20%锰锌·霜脲烟剂250～300

克/667米²。傍晚封闭棚室，将烟剂分放在 5～7 个燃放点，烟熏过夜。或喷撒 5% 百菌清粉剂 1 千克/667米²。间隔 7～10 天用药 1 次，最好与喷雾防治交替进行。

九、辣椒疫病

1. 症状及快速鉴别

整个生长期都会受害，茎、叶、果实均可染病。

苗期发病，茎基部发生水浸状软腐或猝倒，呈黑褐色，幼苗枯萎而死。

叶片染病，初呈水渍状，后扩展为圆形或近圆形或不规则形大病斑，直径 2～3 厘米，边缘黄绿色，中央暗褐色。

果实染病，始于蒂部，初生暗绿色水浸状斑，迅速变褐软腐。向果面和果柄发展，病果呈灰绿色，后呈灰白色软腐，有时有深绿色同心轮纹。湿度大时表面长出稀疏的白色霉层。干燥后形成暗褐色僵果，果壳残留在枝上干缩不脱落。

茎和枝染病，病斑初为水浸状，后环绕表皮呈褐色或黑褐色条斑，病部以上枝叶迅速凋萎。染病病斑潮湿时表面长出一层稀疏白色霉层，为病菌的孢囊梗和孢子囊（图 3-13）。

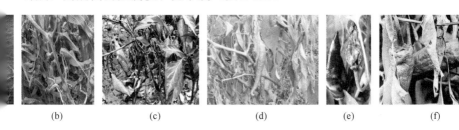

(b)　　　　　(c)　　　　　(d)　　　　　(e)　　　　　(f)

图 3-13　辣椒疫病

2. 病原及发病规律

病原为辣椒疫霉菌，属鞭毛菌亚门真菌。

病原菌在病残体和种子上越冬，为初侵染源。条件适宜时经雨水飞溅或随灌溉水传到茎基部或近地面果实上，引起发病。在病部产生大量病原菌，借风雨传播。对温度适应范围较广泛，8～38℃都能生长，适宜发病温度 25～33℃，有一定的湿度就能引起发病。大棚湿度 85% 以上，棚膜凝水结露时易大发生。一般在雨季或大雨后突然转晴，气温急剧上升时易流行。大水漫灌易流行。大雨后水淹的菜田浸泡在水中的茎、叶、果实都可能严重发病。水源受病原菌污染、重茬连作地、植株长势弱发病重。线虫造成辣椒根部伤口，使病原菌易从伤口进入植株内部，造成植株迅速发病。在整个生育期均可发病，以挂果后最易受害。尤其是雨后天晴，气温急剧上升发病较重，并迅速蔓延。

3. 防治妙招

（1）**种子处理**　播种前种子可用 55℃ 温水浸种，或用高锰酸钾 500 倍液浸种 30 分钟，洗净后催芽。也可用种子重量 0.3% 的 72.2% 的普力克水剂，或 0.3% 的 69% 安克·锰锌可湿性粉剂进行拌种。

（2）**加强栽培管理**　将田间植株及病残体带出田外烧毁或沤肥，减少田间侵染源。实行与非茄科作物轮作，最好是水旱轮作。在炎热夏季灌水泡田 7～10 天，光照使水温提高，杀灭疫霉菌孢子囊及卵孢子。育苗土用无病原新土。适时灌水，采用滴灌或浇灌，严禁大水漫灌。使用无滴膜，减少棚内产生水滴。高垄地膜栽培，增加早期土温，促进发根。肥料以充分腐熟有机肥为主，氮、磷、钾合理搭配，苗期少施氮肥，开花结果期适当增加施肥量。增施二氧化碳气肥，促进健壮生长，增强抗病能力。土壤暴晒可减少线虫为害。调节好温室的温、湿度，白天维持 25～30℃，夜晚 14～18℃，空气相对湿度控制在 70% 以下。

（3）**药剂防治**　本着施药"上喷下灌"的原则用药，强调保护预防。旧床土用甲霜灵·锰锌等药剂消毒。常年发病的田块在当地气温达 30℃ 以上，土温约 25℃ 时，在雨前或灌水前进行预防。发现少量发病叶果立即摘除深埋。发现茎干发病立即用 70% 代森锰锌 200 倍液涂抹病斑，铲除病原。

发病初期开始喷药。可用 65.5% 霜霉威盐酸盐水剂 600～900 倍液，或 58% 甲霜灵·锰锌可湿性粉剂 600～800 倍液，或 72.2% 霜脲锰锌可湿性粉剂 500 倍液，或 38% 噁霜嘧铜菌酯 800 倍液，或 25% 甲霜灵可湿性粉剂 700 倍液，或 56% 嘧菌酯·百菌清 600 倍液，或 4% 嘧啶核苷类抗生素 500 倍液，或 75% 百菌清可湿性粉剂 600 倍液，或 77% 可杀得可湿性粉剂 400 倍液，或 1：1：200 的波尔多液，或 40% 霜疫灵可湿性粉剂 200 倍液，或 25% 嘧菌酯悬浮剂 1000 倍液等药剂喷雾防治。间隔 7～10 天喷 1 次，连续 2～3 次。复合侵染的田块如果田中有线虫，在播种或定植时可穴施 10% 粒满库颗粒剂 500 克 /677 米 ^{2}。

注意　喷药时，喷洒周到，尤其是茎基部要多喷，让药液顺茎秆流到根基部。植株周围土壤和地膜上也必须喷到。辣椒疫霉菌易产生耐药性，应交替使用农药。

或用 45% 百菌清烟雾剂，每 667 平方米用 50～300 克，间隔 7～10 天 1 次，连续 2～3 次。

此外还可进行药液灌根。可用 50% 甲霜铜可湿性粉剂 600 倍液，或 10% 苯醚甲环唑乳油 2000 倍液，或 30% 甲霜·噁霉灵 600 倍液，或 68% 精品甲霜·锰锌水分散粒剂 600 倍液，或 25% 甲霜灵可湿性粉剂 700 倍液，或 72% 霜脲·锰锌可湿性粉剂 600 倍液，对病穴及附近周围植株灌根。每株药液量 250 克，间隔 5～7 天，灌 1～2 次，防效显著。

十、辣椒早疫病

辣椒早疫病也叫轮纹病。苗期和成株期均可发生，多发生在辣椒 3～5 叶期。

1. 症状及快速鉴别

主要为害叶片、茎秆和果实。

苗期发病，一般是在老叶尖部或顶芽产生暗褐色水渍状病斑，引起叶尖和顶芽腐烂，形成无顶苗。病苗后期可见墨绿色霉层。

叶片初现褐色或黑褐色圆形或椭圆形小病斑，逐渐扩大至 4～6

毫米，在病斑边缘一般具有浅绿或黄色晕环，中部有同心轮纹，可引起落叶。

茎秆发病，一般在分叉处产生褐色至深褐色、不规则圆形或椭圆形病斑，表面有灰黑色霉状物。

果实发病，多发生在花萼附近，初为椭圆形或不定形褐色或黑色病斑，病斑明显凹陷，后期果实开裂，病部变硬。潮湿条件下病部着生黑色霉层（图3-14）。

    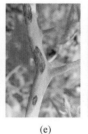 

(a)　　　　　(b)　　　　　(c)　　　　　(d)　　　　　(e)　　　　　(

图3-14　辣椒早疫病

2. 病原及发病规律

病原为链格孢属茄链格孢，属半知菌亚门真菌。

病菌以菌丝体及分生孢子随病残体在田间或种子上越冬。翌年产生新的分生孢子，借助风、雨水、昆虫等传播。病菌从气孔、皮孔或伤口侵入，也可从表皮直接侵入，形成初侵染。潜育期3～4天，病部产生大量分生孢子，通过气流、雨水进行重复再侵染。

影响辣椒早疫病发生程度的主要因素是土壤湿度、光照及管理水平。秧苗定植过迟、老化衰弱、过密、湿度过大、通风透光不良等都易引发病害。土壤潮湿、透气不良等会加速病害蔓延。进入旺盛生长及果实迅速膨大期，基部叶片开始衰老，气温约21℃，空气相对湿度大于70%即开始发病。每年雨季到来迟早、降雨日数多少、雨量大小与分布都会影响早疫病发生的迟早及是否流行。2年内栽种过马铃薯、西红柿、茄子、甜椒，或与重茬茄科蔬菜邻作，常因植株瘦弱或田间管理不当，造成早疫病的大流行。

3. 防治妙招

（1）农业防治 可选用辣优 4 号、中椒 4 号、辣优 9 号、粤椒 3 号、湘研 9 号、渝椒 5 号等耐病优良品种。同一品种不要连年种植，常进行品种轮换。种子可用 55℃的温水浸种 15 分钟进行消毒。选择地势高、向阳、排灌方便、土壤肥沃、透气性好的无病地块。与非茄科蔬菜实行 3 年以上的轮作，不与茄科重茬蔬菜邻作。避免苗床内湿度过大，浇水后及时通风降湿；高畦种植，覆盖地膜，合理密植，注意开沟排水。适时整枝，有利于田间通风降低湿度，防止发病和控制病害的蔓延。精耕细作，合理施肥，施足充分腐熟的优质有机肥，适时追肥，多施磷、钾肥，喷洒植保素 7500 倍液，促进根系及茎秆的健壮生长，增强抗病力。

（2）药剂防治 发病初期可用 75% 的百菌清可湿性粉剂 600～800 倍液，或 50% 异菌脲可湿性粉剂 1000 倍液，或 64% 杀毒矾可湿性粉剂 600 倍液，或 50% 多菌灵可湿性粉剂 500 倍液，或 50% 异菌脲可湿性粉剂 600 倍液，或 50% 甲基托布津可湿性粉剂 600 倍液，或 70% 代森锰锌 600～700 倍液等药剂喷雾，交替使用。每隔 7～10 天喷 1 次，连续 2～3 次。

十一、辣椒褐斑病

1. 症状及快速鉴别

主要为害叶片，有时也为害茎。叶上形成圆形或近圆形病斑，初为污绿色，后渐变为灰褐色，表面稍隆起，病斑中央有一个浅灰色中心，周缘为黄色晕圈。严重时病叶变黄脱落（图 3-15）。

| (a) | (b) | (c) | (d) | (e) | (f) |

图 3-15　辣椒褐斑病

茎部病斑与叶片症状相类似。

2. 病原及发病规律

病原为辣椒尾孢菌，属半知菌亚门真菌。

病菌可在种子上或以菌丝体在蔬菜病残体，或以菌丝在病叶上越冬，成为翌年初侵染源。病害在苗床中开始，生长发育适温20～25℃，高温、高湿持续时间长有利于发生和蔓延。

3. 防治妙招

（1）农业防治　与非茄果类蔬菜实行隔年轮作。采收后彻底清除病残株及落叶，带出园外集中烧毁或深埋。播种前可用55～60℃温水浸种15分钟，或用50%多菌灵可湿性粉剂500倍液浸种20分钟后冲洗干净催芽。也可用种子重量0.3%的50%多菌灵可湿性粉剂拌种。

（2）药剂防治　发病初期及时喷药。可用70%代森锰锌可湿性粉剂400～500倍液，或1∶1∶200倍的波尔多液，或75%百菌清可湿性粉剂500～600倍液，或50%多·硫悬浮剂500倍液，或36%甲基硫菌灵悬浮剂500倍液，或50%混杀硫悬浮剂500倍液，或77%可杀得可湿性粉剂400～500倍液，或70%甲基硫菌灵可湿性粉剂800倍液+70%代森锰锌可湿性粉剂600～800倍液，或50%异菌脲悬浮剂800～1000倍液，或50%多·霉威可湿性粉剂800倍液+65%福美锌可湿性粉剂600～800倍液，或40%氟硅唑乳油3000～5000倍液+75%百菌清可湿性粉剂600～800倍液，或50%腐霉利可湿性粉剂1000倍液+75%百菌清可湿性粉剂500倍液，或40%嘧霉胺可湿性粉剂600倍液+80%代森锌可湿性粉剂500～700倍液，或25%咪鲜胺乳油1000倍液+50%克菌丹可湿性粉剂400～500倍液，或嘧菌·百菌清悬浮剂800～1200倍液，或30%异菌脲·环己锌乳油900～1200倍液，或20%苯醚·咪鲜胺微乳剂2500～3500倍液，或70%福·甲·硫黄可湿性粉剂600～800倍液，或47%春雷·王铜可湿性粉剂600～800倍液，兑水均匀喷雾。视病情为害程度每隔7～10天喷1次，连续防治2～3次。

保护地栽培在定植前可用硫黄熏蒸消毒，杀死棚内残留病菌。每

100 立方米空间用硫黄 0.25 千克、锯末 0.5 千克混合后，分几堆点燃熏蒸 1 夜。或用 45% 百菌清烟雾剂 400～600 克 /667 米 ^{2}，或 15% 腐霉利烟剂 300 克 /667 米 ^{2} 熏 1 夜。

十二、辣椒叶枯病

辣椒叶枯病也叫灰斑病。甜椒和辣椒均可受害。

1. 症状及快速鉴别

在苗期及成株期均可发生，主要为害叶片，有时也可为害叶柄及茎。

叶片发病，初呈散生的褐色小点，迅速扩大为圆形或不规则形病斑，中间灰白色，边缘暗褐色，直径 2～10 毫米。病斑中央坏死处常脱落穿孔，病叶易脱落。病害一般由下向上扩展，病斑越多落叶越严重，甚至整株叶片脱光成裸枝（图 3-16）。

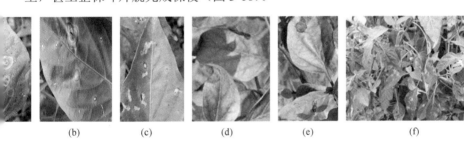

(b)　　　　　(c)　　　　　(d)　　　　　(e)　　　　　(f)

图 3-16　辣椒叶枯病

2. 病原及发病规律

病原为茄匍柄霉，属半知菌亚门真菌。

病菌以菌丝体或分生孢子随病株残体遗落在土中或附着在种子上越冬。以分生孢子进行初侵染和再侵染，借气流进行再传播。6 月中下旬高温、高湿季节为发病高峰期。高温、高湿，通风不良，偏施氮肥，植株前期生长过旺，田间积水等不利条件易发病。

3. 防治妙招

（1）农业防治　与玉米、花生、棉花、豆类或十字花科作物等实行 2 年以上轮作。可用 50% 苯菌灵可湿性粉剂 1000 倍液 +50% 福美双可湿性粉剂 600 倍液浸种 0.5 小时，再用清水浸种 8 小时后催芽或直播。或每 50 千克种子用 2.5% 咯菌腈悬浮种衣剂 50 毫升，加 0.25～0.5 千克水稀释后均匀拌种，晾干后播种。使用腐熟有机肥配制营养土，育苗注意通风，严格控制苗床的温、湿度，培育壮苗。定植时施足底肥，及时追肥，合理施用氮肥，增施磷、钾肥。定植后注意中耕松土，雨季及时排水，防止田间湿度过大。采收后，及时清除病残体。

（2）药剂防治　发病初期可用 68.75% 噁唑菌酮·锰锌水分散粒剂 800 倍液，或 66.8% 丙森·异丙菌胺可湿性粉剂 700 倍液，或嘧菌·百菌清悬浮剂 800～1200 倍液，或 64% 氢铜·福美锌可湿性粉剂 600～800 倍液，或 70% 丙森·多菌灵可湿性粉剂 600～800 倍液，或 47% 春雷·王铜可湿性粉剂 700 倍液，或 58% 甲霜灵·锰锌可湿性粉剂 500 倍液，或 50% 甲霜铜可湿性粉剂 600 倍液，或 64% 杀毒矾可湿性粉剂 500 倍液，或 50% 甲基托布津可湿性粉剂 500 倍液，或 1∶1∶200 波尔多液，或 10% 苯醚甲环唑水分散粒剂 2000 倍液 +70% 代森联干悬浮剂 600 倍液兑水均匀喷雾。视病情为害程度每隔 7～10 天喷 1 次，连续防治 2～3 次。

十三、辣椒青枯病

辣椒青枯病也叫细菌性枯萎病。

1. 症状及快速鉴别

发病株顶部叶片萎蔫下垂，随后下部叶片凋萎。发病初期植株中午萎蔫，早晚能够恢复。拔出病株，多数须根坏死，茎基部产生不定根，维管束变褐。严重时横切面可见乳白色黏液溢出，有异味（图 3-17）。

2. 病原及发病规律

病原为青枯假单胞菌，属细菌。

病菌随病残体在土壤中越冬，借雨水、灌溉水传播。多从植株的根部或茎部的皮孔或伤口侵入，前期处于潜伏状态，结果后遇到适宜条件，病菌在植株体内繁殖，茎叶变褐萎蔫。

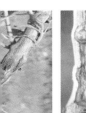

(a)　　　　　(b)　　　　　(c)　　　　　　　　(d)　　　　　　　　　　(e)

图3-17　辣椒青枯病

当土壤温度20～25℃，气温30～35℃易出现发病高峰。尤其大雨或连阴雨后骤晴，气温急剧升高，水分蒸腾量大，易促成病害流行。连作重茬地、低洼地、缺钾、酸性土壤等均有利于发病。

3.防治妙招

（1）**农业防治**　实行轮作，最好是水旱轮作，可有效降低土壤含菌量，减轻病害发生。采用营养钵、温床育苗，适期播种，培育矮壮苗，增强抗病能力。清除病叶等病残体，集中烧毁或深埋。结合整地，每667平方米撒施50～100千克石灰使土壤呈微碱性，能有效抑制病害发生。增施草木灰或钾肥也有良好效果。有机肥充分发酵消毒。严禁大水漫灌，高温季节在清晨或傍晚浇水。采用高垄或半高垄栽培，配套田间沟系，降低田间湿度。植株生长早期进行深中耕，后浅耕。生长旺盛后停止中耕，以免损伤根系造成病菌侵染。增施磷、钙、钾肥，促进植株生长健壮，能减轻青枯病发生。喷施微肥可促进植株维管束生长发育，提高植株抗病能力。

（2）**药剂防治**　发病前预防可用14%络氨铜水剂300倍液，或77%可杀得可湿性粉剂500倍液，或72%农用硫酸链霉素可溶性粉剂4000倍液。每隔7～10天喷1次，连续3～4次。或用50%敌枯双可湿性粉剂800～1000倍液灌根，每隔10～15天灌1次，连续2～3次。

田间发现零星病株立即拔除。病穴可用2%福尔马林液，或20%石灰水液浇灌消毒，防止土壤病菌扩散。田间病害连片发生时可用100～200毫克/千克农用链霉素或新植霉素，或4%嘧啶核苷类抗生素，或甲霜·噁霉灵灌根，每株灌药液 0.25～0.5 千克，每 10～15 天灌 1 次，连续 2～3 次。病害严重发生时，在灌根的同时可喷施 50% 绿乳铜乳油 500 倍液，或 14% 络氨铜水剂 300 倍液，或 30% 甲霜·噁霉灵 500 倍液，或 4% 嘧啶核苷类抗生素 500 倍液，或 77% 可杀得可湿性粉剂 500 倍液，或 72% 农用链霉素可湿性粉剂 4000 倍液。每隔 7～10 天喷 1 次，连续 2～3 次。

十四、辣椒污霉病

1. 症状及快速鉴别

　　主要为害叶片、叶柄及果实。叶片初现污褐色、圆形至不规则形霉点。后形成煤烟状物，可布满叶面、叶柄及果面。引起病叶提早枯黄或脱落。

　　果实提前成熟，但不脱落（图 3-18）。

(a)　　　　　(b)　　　　　(c)　　　　　(d)　　　　　(e)

图 3-18　辣椒污霉病

2. 病原及发病规律

　　病原为辣椒斑点芽枝霉菌，属半知菌亚门真菌。

　　病菌以菌丝和分生孢子在病叶、土壤中或植株病残体上越冬。翌年条件适宜时产生分生孢子，借风雨、粉虱等传播蔓延。湿度大、粉虱多易发病。年度间春季或多雨的年份发病重。

3. 防治妙招

　　（1）农业防治　选用抗病品种。棚室栽培调控好温、湿度。露地栽培选择通风、高燥田块，深沟高畦栽培。

（2）药剂防治　发病初期及时喷药。可用 40% 多·硫悬浮剂 800 倍液，或 50% 甲基硫菌灵可湿性粉剂 500 倍液，或 50% 混杀硫悬浮剂 500 倍液，或 50% 苯菌灵可湿性粉剂 1000～1500 倍液，或 65% 甲霉灵 800 倍液，或 50% 多·霉威可湿性粉剂 800～900 倍液等药剂喷雾防治。每隔约 10 天喷 1 次，连续防治 2～3 次。

十五、辣椒菌核病

1. 症状及快速鉴别

为害幼苗、茎部、叶片和果实等。

苗期发病，茎基部初为水浸状浅褐色斑，后变为棕褐色，迅速绕茎一周。湿度大时长出白色棉絮状菌丝，或软腐但不产生臭味。干燥后呈灰白色。病苗呈立枯状死亡。

成株茎或分杈处易发病，病茎灰白色。湿度大时病部表面有白色棉絮状菌丝体，后茎部皮层霉烂，表面或髓部形成黑色鼠粪状菌核。干燥时植株表皮破裂，纤维束外露似麻状。

叶片发病，呈水浸状软腐，引起脱落。

果实发病，果面先变褐色，呈水浸状腐烂，逐渐向全果扩展，有的先从脐部开始向果蒂扩展，造成整果腐烂，表面长出白色菌丝体（图 3-19）。

(a)　　　(b)　　　(c)　　　(d)　　　(e)　　　(f)　　　(g)

图 3-19　辣椒菌核病

2. 病原及发病规律

病原为核盘菌，属子囊菌亚门真菌。

病原菌以菌核遗落在土中，或混杂在种子中越夏或越冬。温度、湿度适宜时菌核萌发，产生子囊盘和子囊孢子，借气流传播到植株上形成初侵染。菌丝从伤口侵入，或生出芽管直接穿过细胞间隙侵入致病。发病后通过田间病健株接触，或健株接触感病杂草均可形成再侵染。定植在大棚后棚内土壤里的菌核即可萌发。高温季节病情逐渐缓和。

3. 防治妙招

（1）农业防治 播种前可用种子重量 0.4%～0.5% 的 50% 多菌灵可湿性粉剂，或 50% 异菌脲可湿性粉剂，或 60% 防霉宝超微粉剂拌种，清除混在种子中的菌核。与禾本科作物实行 3～5 年轮作。及时深翻，覆盖地膜，防止菌核萌发出土。已出土的子囊盘及时铲除，严防蔓延。控制大棚温、湿度，及时放风排湿，防止夜间棚内湿度迅速升高。控制浇水量，在上午浇水降低湿度。春季寒流侵袭前气温较低时及时覆膜防冻。发现病株及时拔除，或剪去病枝。

（2）药剂防治 苗床土可用 25% 多菌灵可湿性粉剂（或 40% 五氯硝基苯）10 克，拌细干土 1 千克 / 米 ^{2} 撒在土表，耙入土中，进行播种。或用 40% 福尔马林 20～30 毫升 / 米 ^{2} 加水 2.5～3 升均匀喷洒在土面上，充分拌匀后堆起，用潮湿的草帘或薄膜覆盖闷 2～3 天，充分杀灭病菌，然后揭开覆盖物将土壤摊开晾 15～20 天。待药气散发后再播种或定植。

发病后喷药防治，可用 50% 多菌灵（或 50% 甲基硫菌灵）可湿性粉剂 500 倍液，或 50% 乙烯菌核利可湿性粉剂 1000 倍液喷雾。棚室也可用 10% 腐霉利烟剂，或 45% 百菌清烟剂熏治，每 667 平方米每次 200 克。每隔约 10 天喷 1 次，连续 2～3 次。

十六、辣椒疮痂病

辣椒疮痂病也叫细菌性斑点病、落叶瘟。

1. 症状及快速鉴别

主要为害叶片，茎蔓、果实、果柄也可受害。

育苗后期，幼苗长出 3～4 片真叶时开始发病，下部叶片出现银白色水浸状小病斑，后变为暗色，防治不及时引起落叶。重病株下部叶片可落光，只留下苗尖有叶。

成株期在开花盛期发病，叶片上形成很多深褐色、圆形或不规则形水浸状病斑，后逐渐变为黄褐色，边缘色深，中部颜色较淡，有时有轮纹。在连续晴好的天气病斑边缘有隆起，呈疮痂状。病斑直径 0.2～1.2 毫米。在阴雨天气或暴雨过后叶片病斑少而大。受害叶片边缘叶尖常变深褐色，不久脱落。

茎部感病初呈水渍状不规则形褐色条斑，后期病部木栓化隆起，有时纵裂呈疮痂状。

果实被害，开始表面有褐色隆起的小黑点，后扩大为稍隆起的圆形或长圆形、黑色病斑。有时病斑连片，表面木栓化、深褐色、疮痂状。潮湿时疮痂中间有菌脓溢出（图3-20）。

(b)　　　(c)　　　(d)　　　(e)　　　(f)

图3-20　辣椒疮痂病

2. 病原及发病规律

病原为野油菜黄单胞菌辣椒斑点病致病型，属细菌。

病菌主要在种子表面越冬，还可随着病残体在田间越冬，成为初侵染源。病菌从叶片的气孔侵入，在潮湿条件下病斑上产生灰白色菌脓。借雨水飞溅及昆虫作近距离传播。高温、多湿病害严重。在高温多雨的 7～8 月，尤其在暴风雨过后伤口增加，有利于细菌的传播和侵染，容易形成发病高峰。品种间抗病性差异大，以甜椒和粗牛角形辣椒发病最重。氮肥用量过多，磷、钾肥不足加重发病。

3. 防治妙招

（1）农业防治　采取温汤浸种，种子先用冷水浸 2～3 小时后，再用 50℃ 温水浸种 30 分钟，放入冷水中冷却，然后催芽播种。或用清水浸种 10～12 小时后再用 0.1% 硫酸铜溶液浸 5 分钟，捞出拌少量草木灰或石灰后进行播种。也可用 0.1% 高锰酸钾或 20% 细菌灵浸种 5 分钟。与非茄科实行 2～3 年轮作。选用抗病品种。用无病新土育苗，及时清洁田园。控制田间小气候，采取高畦种植，深沟窄畦栽培。避免积水，做到下雨地里不积水。深翻土壤，加强松土、追肥，促进根系发育，提高植株抗病力。注意氮、磷、钾肥的合理搭配，控制氮肥用量，增施磷、钾肥。提倡施用充分腐熟的有机肥或草木灰及生物菌肥。

（2）药剂防治　发病初期喷药防治。可用 72% 农用硫酸链霉素可溶性粉剂 4000 倍液，或 47% 加瑞农（春雷·王铜）可湿性粉剂 600 倍液，或 60% 琥·乙膦铝可湿性粉剂 500 倍液，或新植霉素 4000～5000 倍液，或 14% 络氨铜水剂 300 倍液等药剂喷雾。每隔 7～10 天喷 1 次，连续 2～3 次。

也可喷洒或浇灌 3% 中生菌素可湿性粉剂 800 倍液，或 50% 氯溴异氰尿酸水溶性粉剂 1000 倍液，或 2% 春雷霉素液剂 500 倍液，或 53% 精甲霜·锰锌水分散粒剂 500 倍液 +2.5% 咯菌腈悬浮剂 1200 倍液，或 10% 苯醚甲环唑微乳剂 2000 倍液，或 20% 喹菌酮可湿性粉剂 1000～1500 倍液。每隔 7～10 天用药 1 次，连续防治 2～3 次。

十七、辣椒黄萎病

1. 症状及快速鉴别

多发生在辣椒生长中后期。初发病时接近地面的叶片首先下垂，叶缘或叶尖逐渐变黄，发干或变褐。叶脉间的叶肉组织变黄。后植株发育受阻，茎基部木质维管束组织变褐，沿主茎向上部扩展数个侧枝。最后导致全株萎蔫、叶片枯死脱落。病害扩展较慢，通常只造成病株矮化、节间缩短、生长停滞，造成不同程度的减产（图 3-21）。

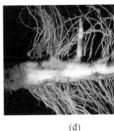

(a)   (b)   (c)   (d)

图3-21　辣椒黄萎病

2. 病原及发病规律

病原为大丽花轮枝孢，属半知菌亚门真菌。

该病是典型的土传病害，病菌在土壤中可存活6～8年，以休眠菌丝、厚垣孢子和微菌核随病残体在土壤中过冬，成为翌年的初侵染源。在当地，混有病残体的肥料和带菌土壤或茄科杂草等均可传播，借风、雨、流水、人畜及农具传播到无病田。翌年病菌从根部的伤口或直接从幼根表皮或根毛侵入，后在维管束内繁殖，并扩展到枝叶。苗期和定植后环境气温低于15℃，持续时间长，易发病。

3. 防治妙招

（1）农业防治　选育和引进抗病品种。黄萎病是典型的土传病害，应与禾本科等作物实行4年以上的轮作，有条件的实行水旱轮作。苗床或定植田可用98%棉隆颗粒剂10～30克/米² 与15千克过筛细干土充分拌匀，撒在畦面上，后耙入土中，深约15厘米，拌后耙平浇水，覆盖地膜，发挥药剂的熏蒸作用。10天后揭膜散气，再隔10天后播种或分苗，否则会产生药害。苗期或定植前可喷50%多菌灵可湿性粉剂600～700倍液。或每667平方米用50%多菌灵可湿性粉剂2～4千克+50%福美双可湿性粉剂3～5千克+40%五氯硝基苯粉剂5～8克，后与土混合进行土壤消毒。提倡施用酵素菌沤制的堆肥或充分腐熟的优质有机肥。当10厘米土层深处地温15℃以上再开始定植，最好铺光解地膜，避免用过冷井水浇灌。选择晴天合理灌溉，注意提高地温，生长期间宜小水勤浇，保持地面湿润。每采收1次后开始追肥或喷施促丰宝、惠满丰、爱多收等。或喷施宝兑水12

升／毫升，也可用 3% 过磷酸钙叶面喷施。

（2）药剂防治　苗期或定植后可用 70% 甲基硫菌灵可湿性粉剂 600～700 倍液 +70% 敌磺钠可溶性粉剂 500～600 倍液喷淋根颈处或灌根，对幼苗进行消毒。

田间发现病株后及时进行防治。发病初期可浇灌 10% 治萎灵水剂 300 倍液，或 80% 防霉宝超微可湿性粉剂 600 倍液，或 50% 苯菌灵可湿性粉剂 1000 倍液，或 30% 琥胶肥酸铜可湿性粉剂 350 倍液，或 80% 多·福·锌可湿性粉剂 800 倍液，或 20% 二氯异氰尿酸钠可溶性粉剂 400 倍液，或 70% 甲基硫菌灵可湿性粉剂 500～600 倍液 +50% 克菌丹可湿性粉剂 400～500 倍液，或 5% 丙烯酸·噁霉·甲霜水剂 800～1000 倍液灌根，每株灌 0.5 升，视病情为害程度每隔 7～10 天用 1 次。或用 12.5% 增效多菌灵可溶性粉剂 200～300 倍液，每株浇灌 100 毫升。采收前 3 天停止用药。

十八、辣椒炭疽病

1. 症状及快速鉴别

主要为害果实，也可为害叶片。果实发病，初期病斑褐色、水渍状、长圆形或不规则形。扩大后病斑凹陷，斑面产生隆起的不规则形环纹，环纹上密生黑色或橙红色小粒点，即分生孢子盘。潮湿时病斑周围有湿润状变色圈，边缘出现软腐状。叶片发病初生褪绿色水渍状斑点，扩大后圆形，变褐色，中间灰白，后期在病斑上产生轮状排列的小黑点。茎和果梗被害，形成褐色、不规则形凹陷病斑。干燥时易开裂。常见症状表现主要有 3 种类型。

（1）黑点炭疽病　叶片初为水渍状褪绿斑点，逐渐成圆形病斑，中央灰白，长有轮纹状排列的黑色小粒点，边缘褐色。果实病斑长圆或不规则形，褐色凹陷水渍状，有不规则形隆起。有轮纹状排列的黑色小粒点。湿度大时边缘软腐。干燥时病斑干缩呈膜状，极易破裂。

（2）黑色炭疽病　初在果实上产生水浸状浅褐至褐色、圆形至椭圆形斑点，后扩大为椭圆至不规则形凹陷斑，斑上产生黑色小粒点，呈同心轮纹状排列。后期患病病斑常穿孔。

（3）**红色炭疽病** 果实发病初期，在果实上产生浅褐至黄褐色水浸状小斑点。后扩展成圆形至椭圆形凹陷斑，病斑上产生橙至橙红色小粒点，呈不明显的轮纹状排列（图3-22）。

(a)　　　　　　(b)　　　　　　(c)　　　　　　(d)

)　　　(f)　　　　　(g)　　　　　(h)　　　　　(i)

图3-22　辣椒炭疽病

2.病原及发病规律

黑点炭疽病病原为辣椒刺盘孢，黑色炭疽病病原为果腐刺盘孢，红色炭疽病病原为盘长孢状刺盘孢，均属半知菌亚门真菌。

黑点炭疽病仅发生在浙江、江苏、贵州等地。黑色炭疽病在东北、华北、华东、华南、西南等地区都有发生。红色炭疽病发生较少。除为害辣椒外，还侵染茄子和番茄。主要为害果实，特别是近成熟期的果实更易发生，也侵染叶片和果梗。

病菌以菌丝体潜伏在种子内，或以分生孢子附着在种子表面，或以拟菌核和分生孢子盘在病株残体上越冬。翌年产生分生孢子，借助风雨传播，由寄主伤口和表皮直接侵入。借助气流、昆虫、育苗和农事操作传播，并在田间反复侵染。适宜发病温度12～33℃，27℃最适宜。孢子萌发要求相对湿度在95%以上。相对湿度低于54%不发病。露地栽培多从6月上中旬进入结果期后开始发病。高温多雨或高湿，积水过多，田间郁闭，长势衰弱，密度过大，氮肥过多，发病较重。

3. 防治妙招

（1）**农业防治**　选用抗病品种，一般辣味强的品种较抗病，如杭州鸡爪椒。长丰、茄椒1号、铁皮青等甜椒品种较抗病。种子播前可用55℃温水浸种10分钟，或用50℃温水浸种30分钟，进行种子消毒处理。取出后冷水冷却催芽播种。也可用冷水浸种10～12小时，再用1%硫酸铜溶液浸5分钟，捞出后用少量草木灰或生石灰中和酸性即可播种。也可用68%精甲霜·锰锌水分散粒剂600倍液浸种0.5小时，带药进行催芽播种。

发病严重的地块要与茄科和豆科蔬菜实行2～3年以上轮作。施足有机肥，配施氮、磷、钾肥。避免栽植过密，不在地势低洼的地块种植。采用营养钵育苗，培育适龄壮苗。预防果实发生日灼。清除田间病残体，减少病菌侵染源。

（2）**药剂防治**　发病初期可摘除病叶、病果。可用20%吡唑醚菌酯水分散粒剂1000～1500倍液，或20%硅唑·咪鲜胺水乳剂2000～3000倍液，或25%溴菌腈可湿性粉剂500倍液+70%代森锰锌可湿性粉剂600～800倍液，或25%咪鲜胺乳油1000倍液，或25%嘧菌脂悬乳剂1000倍液，或70%丙森锌可湿性粉剂600倍液，或5%亚胺唑可湿性粉剂1000倍液+75%百菌清可湿性粉剂600倍液，或10%苯醚甲环唑水分散粒剂1500倍液+22.7%二氰蒽醌悬浮剂1500倍液，或75%肟菌·戊唑醇水分散粒剂2000～3000倍液，或25%咪鲜·多菌灵可湿性粉剂1500～2500倍液，或40%多·福·溴菌腈可湿性粉剂800～1000倍液，或60%甲硫·异菌脲可湿性粉剂1000～1500倍液，或咪鲜胺与甲基托布津1：9混配，或农抗120与代森锰锌混配，或丙环唑与甲基托布津混配等药剂兑水喷雾，视病情程度每隔7～10天喷1次，连续1～2次。

发病盛期可用10%苯醚甲环唑水分散粒剂1000～1500倍液+68.75%噁唑菌酮·锰锌水分散粒剂800倍液，或40%腈菌唑水分散粒剂6000～7000倍液+75%百菌清可湿性粉剂600～800倍液，或25%丙环唑乳油3000～5000倍液+70%代森锰锌可湿性粉剂

600～800 倍液，或 25% 咪鲜胺乳油 1500～2500 倍液 +65% 代森锌可湿性粉剂 500～800 倍液，或 30% 氟菌唑可湿性粉剂 2000 倍液 +75% 百菌清可湿性粉剂 600～800 倍液等药剂兑水均匀喷雾。视病情为害程度每隔 7～10 天喷 1 次，连续 2～3 次。

棚室内也可用 45% 百菌清烟剂 200 克 /667 米^2，分放 5～6 处，傍晚闭棚，由里向外逐次点燃，次日早晨打开棚室进行正常田间作业。视病情为害程度每隔 5～10 天施药 1 次。

十九、辣椒灰霉病

1. 症状及快速鉴别

幼苗染病，子叶变黄，幼茎缢缩，病部易折断，导致幼苗枯死。

成株染病，叶片呈"V"字形褐色病斑。湿度大时产生灰色霉状物。茎染病出现水浸状不规则条斑，逐渐变为灰白或褐色，病斑绕茎一周，上端枝叶萎蔫死亡。潮湿时长有霉状物，状如枯萎病。花器或果实染病，呈水浸状，有时病部密生灰色霉层（图 3-23）。

(b)　　　　　　(c)　　　　　　(d)　　　　　　(e)　　　　　　(f)

图 3-23　辣椒灰霉病

2. 病原及发病规律

病原为灰葡萄孢，属半知菌亚门真菌。

病菌以菌核遗留在土壤中，或以菌丝、分生孢子在病残体上越冬。在田间借助气流、雨水及农事操作等传播蔓延。病菌喜低温、高湿、弱光条件。病菌发育适温 23℃，最高 31℃，最低 2℃。一般在 12 月至翌年 5 月湿度 90% 以上的连续多湿状态易发病。大棚持续较高相对湿度是造成灰霉病发生和蔓延的主导因素，尤其在冬、春季连阴雨天气多的年份，气温偏低，放风不及时，棚内湿度大，导致灰霉病的发生和蔓延。此外植株密度过大，生长旺盛，管理不当，都会加快病害的扩展。光照充足对病害蔓延有一定的抑制作用。

3. 防治妙招

（1）农业防治　采用地膜覆盖栽培，注意密度适宜。施足有机肥，适时追肥。适当控制灌水，严防大水漫灌。做好棚室内温、湿度调控，上午尽量保持较高的温度，使棚顶露水雾化；下午适当延长放风时间，加大放风量，降低棚内湿度，夜间适当提高温度，减少或避免叶面结露。及时摘除病果、病叶，并携带出棚外深埋或烧毁。

（2）药剂防治　在温度20～23℃，持续低温多雨时，田间易发病。特别在结果期田间较多发病时应及时喷药，注意加入适量保护剂，防止再侵染。可用30%福·嘧霉可湿性粉剂1000倍液+75%百菌清可湿性粉剂600～800倍液，或50%异菌脲可湿性粉剂1500倍液，或50%腐霉利可湿性粉剂1000～1500倍液+75%百菌清可湿性粉剂600～800倍液，或2%丙烷脒水剂1000～1500倍液+2.5%咯菌腈悬浮剂1000～1500倍液，或26%嘧胺·乙霉威水分散粒剂1500～2000倍液，或30%嘧霉·多菌灵悬浮剂1000～2000倍液，或50%腐霉·百菌清可湿性粉剂800～1000倍液，或30%异菌脲·环己锌乳油900～1200倍液等药剂喷雾防治。

对上述杀菌剂产生耐药性的地区，可用25%啶菌噁唑乳油1000倍液，或40%嘧霉胺悬浮剂1000～2000倍液，或50%嘧菌环胺水分散粒剂800～1000倍液等药剂兑水均匀喷雾。视病情为害程度每隔5天喷1次。

棚室保护地可用45%百菌清烟剂200克/667米²+3%噻菌灵烟雾剂250克/667米²，或10%腐霉利烟剂300～450克/667米²，或20%腐霉·百菌清烟剂200～250克/667米²，或15%异菌·百菌清烟剂200～300克/667米²，分放5～6处，傍晚闭棚由里向外逐次点燃后，次日早晨打开棚室进行正常田间作业。视病情为害程度每隔5～10天施药1次。

也可用 5% 百菌清粉尘剂（或 10% 腐霉利粉尘剂）喷粉 1 千克 / 667 米²，隔 7～10 天防治 1 次。

二十、辣椒立枯病

1. 症状及快速鉴别

小苗和大苗均可发病，但一般多发生在育苗的中后期。发病时病苗茎基部产生椭圆形、暗褐色病斑，病部可见蛛丝状褐色霉层。早期病苗白天萎蔫，夜间恢复。随后病斑逐渐凹陷，并扩大绕茎一周，有的木质部暴露在外，最后病茎缢缩、植株死亡（图 3-24）。

(a)　　　(b)　　　(c)　　　(d)　　　(e)

图 3-24　辣椒立枯病

2. 病原及发病规律

病原为立枯丝核菌，属半知菌亚门真菌。

病菌以菌丝体或菌核残留在土壤和病残体中越冬，一般在土壤中能存活 2～3 年。菌丝能直接侵入寄主，也可通过雨水、流水、农具、带菌农家肥等传播蔓延。病菌生长适温 17～28℃，地温 16～20℃适宜发病。播种过密，土壤忽干忽湿，间苗不及时或幼苗徒长，通风不良，湿度过高，易发病。

3. 防治妙招

（1）苗期管理　苗期可喷 0.01% 芸苔素内酯乳油 8000～10000 倍液，或 0.1%～0.2% 的磷酸二氢钾，可增强抗病力。

（2）药剂防治　苗床初现萎蔫症状，且气候有利于发病时应及时施药，并注意保护剂和治疗药剂混用，防止病害进一步扩展。发病初期可用 30% 苯醚甲·丙环乳油 3000 倍液 +70% 代森锰锌可湿性粉剂 600～800 倍液，或 20% 灭锈胺悬浮剂 800 倍液 +75% 百菌清可湿性粉剂 500～1000 倍液，或 20% 氟酰胺可湿性粉剂 600 倍液 +65% 福美锌可湿性粉剂 600～800 倍液，或 50% 腐霉利可湿性粉剂 1500 倍液 +70% 丙森锌可湿性粉剂 600～700 倍液，或 10% 多抗霉素可湿性粉剂 600 倍液 +75% 百菌清可湿性粉剂 500～1000 倍液等药剂兑水均匀喷雾。视病情为害程度每隔 7～10 天喷 1 次，连续 2～3 次。

田间发病较多注意及时施药，防止死苗。可用 5% 丙烯酸·噁霉·甲霜水剂 800～1000 倍液，或 20% 二氯异氰尿酸钠可溶性粉剂 400～600 倍液，或 50% 异菌脲可湿性粉剂 800～1000 倍液灌根或喷淋。视病情为害程度每隔 5～7 天施药 1 次。

二十一、辣椒猝倒病

1. 症状及快速鉴别

幼苗子叶期或真叶尚未展开之前，多在幼苗长出 1～2 片真叶前发生，3 片真叶后发病较少，是幼苗最易感病的关键时期。早春在育苗床或在穴盘育苗上会引起烂种。

幼苗出土后，在近地面茎基部出现水渍状病斑，随即变黄、萎缩凹陷，叶片还未凋萎植株即猝倒。用手轻提极易从病斑处脱落。地面潮湿时病部可见白色棉毛状霉层（图 3-25）。

(a)　　　　(b)　　　　(c)　　　　(d)

图 3-25　辣椒猝倒病

2.病原及发病规律

病原为瓜果腐霉菌,属鞭毛菌亚门真菌。

该病为土传性病害,病菌在土壤或病残体中过冬。病原菌潜伏在种子内部借雨水、灌溉水传播。土温低于 15～16℃时发病迅速。土壤湿度高,光照不足,幼苗长势弱,抗病力下降,易发病。在幼苗子叶中养分快耗尽,新根尚未长满之前,由于营养供应不足,抗病力减弱,此时如果遇到寒流或连续低温阴雨(雪)天气,苗床保温不好,会突发病害。

3.防治妙招

(1)种子处理   播种前种子可用 53% 精甲霜·锰锌 600～800 倍液,或 72.2% 霜霉威 800～1000 倍液,或 72% 霜脲·锰锌可湿性粉剂 600～800 倍液浸种 0.5 小时,再用清水浸种 8 小时后催芽或直播。也可用 35% 甲霜灵拌种剂,或 3.5% 咯菌·精甲霜悬浮种衣剂,按种子重量的 0.6% 拌种。

(2)药剂防治   苗床发现病株及时拔除。及时用 25% 吡唑醚菌酯乳油 2000～3000 倍液 +75% 百菌清可湿性粉剂 600～1000 倍液,或 69% 烯酰·锰锌可湿性粉剂 1000 倍液,或 72.2% 霜霉威水剂 400 倍液 +70% 代森锰锌可湿性粉剂 600～1000 倍液,或 53% 精甲霜·锰锌可湿性粉剂 600～800 倍液,或 3% 甲霜·噁霉灵水剂 800 倍液 +65% 代森锌可湿性粉剂 600 倍液,或 72% 霜脲·锰锌可湿性粉剂 600～800 倍液,或 60% 锰锌·氟吗啉可湿性粉剂 800～1000 倍液,或 76% 霜·代·乙膦铝可湿性粉剂 800～1000 倍液,或 15% 噁霉灵水剂 800 倍液 +50% 甲霜灵可湿性粉剂 600～1000 倍液等药剂均匀喷雾。视病情为害程度每隔 7～10 天喷 1 次,连续防治 2～3 次。

二十二、辣椒茎基腐病

1.症状及快速鉴别

多在幼苗定植后发病。茎基部发生暗褐色、不规则形病斑,绕茎基部向左右、上下扩展,使茎基部皮层腐烂坏死,缢缩变细。地上部叶片萎蔫变黄,因营养水分供应不足整株逐渐萎蔫枯死(图 3-26)。

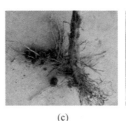

(a)   (b)   (c)   (d)   (e)

图3-26　辣椒茎基腐病

2. 病原及发病规律

病原为立枯丝核菌，属半知菌亚门真菌。

病菌以菌丝或菌核在土壤中越冬，腐生性强，能在土中存活2～3年。主要以菌丝体传播和繁殖，生长发育最适温度约24℃，最高42℃，最低14～15℃，在适宜的环境条件下直接侵入为害。苗床温暖潮湿，通风不畅，幼苗徒长，生长衰弱，均易引起病害的发生。

3. 防治妙招

（1）**农业防治**　播种前苗床要一次性浇透底水。苗期的中后期及时间苗、移苗，培育壮苗。在开花结果期间采用浅灌或浇水，不能大水漫灌，更不能久灌不排。选择排水良好的地块种植，并挖好排水沟，雨后及时排除积水。幼苗后期注意多施磷、钾肥，切忌偏施氮肥，增强植株的抗病能力。可在辣椒行间铺草，降低地面温度，防止植株基部灼伤。开花结果期采用浸灌或浇水，不能漫灌，更不能久灌不排。在阴雨时节用干净的草木灰撒施在茎基部有很好的防治效果，一般以每株撒施250～300克为宜。

（2）**药剂防治**　发病前可用五氯硝基苯1千克拌干细土30千克，撒在茎基部周围，对病害有一定的抑制效果，也可喷施杀菌剂。

二十三、辣椒软腐病

1. 症状及快速鉴别

主要为害果实。病果先出现水浸状暗绿色斑，果皮外观整齐完好，后变褐软腐，有恶臭味，内部果肉腐烂。整个果实失水后干缩，果皮变白。挂在枝蔓上易脱落。尤其在虫蛀果上发病率很高。茎叶发病后腐烂发臭（图3-27）。

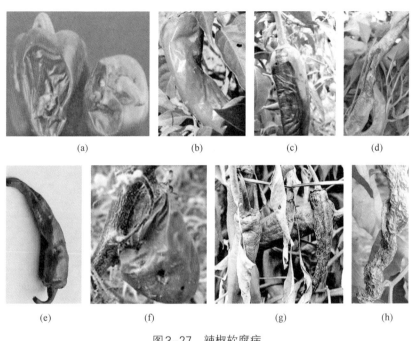

(a)　　　　　　　(b)　　　　　　　(c)　　　　　　　(d)

(e)　　　　　　　(f)　　　　　　　(g)　　　　　　　(h)

图3-27　辣椒软腐病

2. 病原及发病规律

病原为胡萝卜软腐欧文氏菌胡萝卜软腐致病型，属细菌。

病菌随病残体在土壤中越冬，成为初侵染源。在适宜的环境条件下通过田间灌溉水或雨水飞溅，使病菌从伤口侵入。发病后又可通过烟青虫等昆虫及风雨等进行再传播，使病害在田间蔓延扩大流行。病菌生育温度范围为2～40℃，最适温度为25～30℃。

田间低洼易涝，钻蛀性害虫多易发病。阴雨连绵天气多，湿度大，排水不良的地块病害易流行。

3. 防治妙招

（1）农业防治　与非茄科和非十字花科蔬菜，最好与豆类蔬菜或水稻等轮作。及时摘除病果，将病果清除，带出田外烧毁或深埋。培育壮苗，适时定植，深翻土壤，合理密植，通风透光。雨季及时排水。保护地栽培加强通风，防止棚内湿度过高。

（2）**药剂防治**　植株结果期在雨前、雨后及时喷药。可用72%农用硫酸链霉素可溶性粉剂4000倍液，或新植霉素4000倍液，或50%琥珀肥酸铜可湿性粉剂500倍液，或47%加瑞农（春雷·王铜）可湿性粉剂600倍液，或50%氯溴异氰尿酸水溶性粉剂1000倍液，或77%可杀得可湿性粉剂800倍液，或30%氧氯化铜胶悬剂500倍液等药剂喷雾，交替使用。每隔7～10天喷1次，连续2～3次。

另外，及时喷洒杀虫剂防治烟青虫等蛀果害虫，减少伤口，防止病菌侵入。

二十四、辣椒条斑病毒病

1. 症状及快速鉴别

叶片无明显症状，果实上有一条条的褐色条纹，或密布黄褐色的斑点。有时与花叶病毒病一起发病，叶片也同时表现出花叶型症状。如果只发生条斑病毒病，很少侵染叶片（图3-28）。

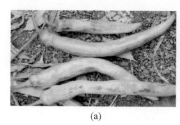

(a)　　　　　　　　　(b)　　　　　　(c)

图3-28　辣椒条斑病毒病

2. 病原及发病规律

主要由黄瓜花叶病毒和烟草花叶病毒引起。黄瓜花叶病毒寄主很广泛，其中包括许多蔬菜可受害，主要由蚜虫传播。烟草花叶病毒可在干燥的病株残枝内长期生存，也可由种子带毒，经由汁液接触传播侵染。

通常在高温干旱蚜虫严重为害时，黄瓜花叶病毒为害严重。多年连作，地势低洼，缺肥或施用未腐熟的有机肥，均可加重烟草花叶病毒为害。

3. 防治妙招

（1）**种子浸种**　可用 10% 磷酸三钠 400 倍液处理 40 分钟，可钝化病毒。

（2）**药剂防病**　在辣椒定植缓苗后和开花前初发现病毒病植株，可用奥力克（辣椒病毒专用）40 克，或 TY 病毒 2 号 30 毫升＋有机硅 1 包（或纯牛奶 240 毫升），兑水 15 千克全株喷雾。连用 2 天，间隔 5 天再用 1 次，待病情完全得到控制后，转为 7 天用 1 次药，连用 2～3 次。

病情严重，一般发病率≥10% 时，可用奥力克（辣椒病毒专用）60 克＋有机硅 1 包（或纯牛奶 240 毫升），兑水 15 千克全株喷雾，连用 2 天，间隔 5 天再连用 2 次。待病情完全得到控制后，转为每个疗程用 1 次预防。

注意　奥力克（辣椒病毒专用）需单独使用，现配现用。使用需经过 2 次稀释，首次稀释用水量应在 5 千克以上。稀释后药液正常颜色为深红色。使用过程中出现卷叶属正常现象，一般约经过 2 天即能恢复。用药时间最好在下午 4 时以后。叶片正反面全部均匀喷雾。用药后 4 小时内遇雨需重喷。首次用药或病情严重时可适当加大药量。

喷洒抗病毒药剂。治疗时可用 20% 病毒 A 500 倍液，或 1.5% 植病灵 1000 倍液＋磷酸二氢钾 400 倍液喷施。也可喷洒植病灵、菌毒清、病毒唑、宁南霉素、抗毒丰 2 号、病毒杀等防治病毒的药剂，可预防病毒病的发生或减轻为害。或喷洒铜制剂，叶面喷洒可杀得药剂 250 克兑 15 千克水，或冠菌清 1 袋兑 2 喷雾器等，对病毒病也有一定的抑制效果。

（3）**防治害虫**　严格控制烟粉虱、白粉虱为害，可在通风口处设防虫网、悬挂黄板等。防治蚜虫最好消灭在未迁飞的毒源植物上，药剂可用 2.5% 功夫乳油 3000 倍液，或吡虫啉、吡虫清、阿克泰等药剂叶面喷洒，每隔 7～10 天喷 1 次，可防止传播病毒病。

（4）加强肥水管理，增强植株抗病能力　可在叶面喷洒甲壳丰，或激抗菌 968，或 0.1% 的硫酸锌（1∶3 喷雾）等叶面肥。每隔约 7 天喷 1 次，可提高抗病力，进行有效预防。

二十五、辣椒绵腐病

1. 症状及快速鉴别

主要为害果实。果实发病初期产生水浸状斑点，随着病情的发展迅速扩展成褐色水浸状大型病斑。严重时病部可延及半个甚至整个果实，呈湿腐状。潮湿时病部长出白色絮状霉层（图 3-29）。

(a)　　　　　　　(b)　　　　　　　(c)

图 3-29　辣椒绵腐病

2. 病原及发病规律

病原为德里腐霉，属鞭毛菌亚门真菌。

病菌以卵孢子在土壤中越冬，也可以菌丝体在土中营腐生生活。病菌随雨水或灌溉水传播，由伤口或穿透表皮直接侵入。夏季遇雨水多或连续阴雨天气病害易发生和发展。

3. 防治妙招

（1）农业防治　选择地势高、地下水位低、排水良好的地块作苗床，播前一次性灌足底水。出苗后尽量不浇水，更不宜大水漫灌。育苗畦（床）及时放风、降湿，防止徒长，导致染病。密度适宜，及时适度摘除植株下部老叶，改善株间通风透光条件。果实成熟及时采收，尤其近地面果实要及早采收。发现病果及时摘除，带出园外集中深埋或烧毁。

（2）**药剂防治** 发病初期可用 50% 锰锌·氟吗啉可湿性粉剂 1000～1500 倍液，或 52.5% 噁酮·霜脲氰水分散粒剂 1000～2000 倍液，或 72% 甲霜·百菌清可湿性粉剂 600～800 倍液，或 60% 琥·铝·甲霜灵可湿性粉剂 600～800 倍液等药剂兑水喷雾。视病情为害程度每隔 7～10 天喷 1 次，连续防治 2～3 次。

二十六、辣椒黑霉病

1. 症状及快速鉴别

主要为害果实。一般先从果实顶部发病，也可从果面开始发病。发病初期病部颜色变浅，无光泽，果面逐渐收缩。后期病部有茂密的黑绿色霉层（图 3-30）。

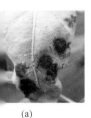 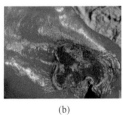   

(a)　　　　　　(b)　　　　　　(c)　　　　　　(d)　　　　　　(e)

图 3-30　辣椒黑霉病

2. 病原及发病规律

病原为匍柄霉菌，属半知菌亚门真菌。

病菌随病残体在土壤中越冬。翌年产生分生孢子进行再侵染。病菌喜高温、高湿条件，多在果实即将成熟或成熟时发病。湿度高时叶片也会发病。在田间温度 20～23℃，持续低温多雨时田间易发病。

3. 防治妙招

（1）**农业防治** 测土配方施肥，多施用腐熟有机肥，适时追肥，增强抗病力。播种前可用种子重量 0.3% 的 50% 异菌脲悬浮剂拌种。

（2）药剂防治　发病前期可用 50% 甲硫·硫黄悬浮剂 800～1000 倍液 +70% 丙森锌可湿性粉剂 600～800 倍液，或 64% 氢铜·福美锌可湿性粉剂 1000 倍液，或 50% 腐霉利可湿性粉剂 1000 倍液 +70% 代森锰锌可湿性粉剂 800～1000 倍液，或 50% 异菌脲悬浮剂 1500 倍液，或 50% 烟酰胺水分散粒剂 1000～1500 倍液 +70% 代森联干悬浮剂 600～800 倍液，或 30% 福·嘧霉可湿性粉剂 1000 倍液 +75% 百菌清可湿性粉剂 600～800 倍液，或 50% 腐霉利可湿性粉剂 1000～1500 倍液 +75% 百菌清可湿性粉剂 600～800 倍液，或 30% 嘧霉·多菌灵悬浮剂 1000～2000 倍液，或 50% 腐霉·百菌清可湿性粉剂 800～1000 倍液，或 30% 异菌脲·环己锌乳油 900～1200 倍液等药剂兑水均匀喷雾。视病情为害程度每隔 7 天喷 1 次，连续 2～3 次。

棚室栽培在坐果后发病前，可用粉尘法或烟雾法防治。傍晚喷撒 5% 百菌清粉尘剂（或 10% 腐霉利粉尘剂）1 千克 /667 米^2。或在傍晚点燃 45% 百菌清烟剂 200～250 克 /667 米^2，或 45% 百菌清烟剂 200 克 /667 米^2+3% 噻菌灵烟雾剂 250 克 /667 米^2，或 10% 腐霉利烟剂 300～450 克 /667 米^2，或 20% 腐霉·百菌清烟剂 200～250 克 /667 米^2，或 15% 异菌·百菌清烟剂 200～300 克 /667 米^2，分放 5～6 处，傍晚闭棚，由里向外逐次点燃，次日早晨打开棚室进行正常田间作业。每隔 7～9 天用 1 次，连续或交替轮换使用。

提示　在辣椒结果期田间发病较多时，应及时进行喷药防治，注意加入适量保护剂，防止再侵染。

二十七、辣椒黑斑病

1. 症状及快速鉴别

主要侵染果实，多侵染日灼果、脐腐病病果和过度成熟的各种颜色的彩椒果实。

发病初期，果实表面病斑淡褐色、椭圆形或不规则形，稍凹陷。后期病部密生黑色霉层。发病严重时一个果实可产生几个病斑，直径 10～20 毫米，或连片愈合成更大的病斑。斑上密生黑色霉层，即病菌分生孢子梗及分生孢子。常扩展到果实内部，导致种子变褐、变黑，不能食用（图 3-31）。

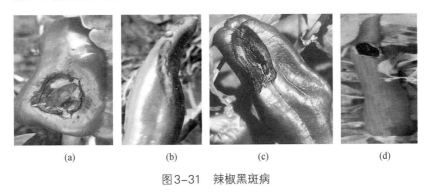

(a)　　　　　(b)　　　　　(c)　　　　　(d)

图 3-31　辣椒黑斑病

2. 病原及发病规律

病原为茄斑链格孢，属半知菌亚门真菌。

病菌以菌丝体随病残体在土壤中越冬，或以分生孢子在病组织外或附着在种子表面越冬。病菌随病残体留在栽培地越冬成为翌年的初侵染源，条件适宜时为害果实发病。病部产生分生孢子，借风雨传播、雨滴飞散和雨水反溅进行再侵染。病菌的寄生能力较弱，过度成熟或生长衰弱的果实易染病。与日灼病的发生轻重有关，被阳光灼伤的伤口最易被病菌利用，多发生在日灼病斑处，成为主要的侵入场所。制种的田块发病较重。病菌喜高温、高湿条件，温度为23～26℃，相对湿度 80% 以上有利于发病。

3. 防治妙招

（1）农业防治　播种前种子可用 55～60℃温水浸种 15 分钟。或用 50% 多菌灵可湿性粉剂 500 倍液浸种 20 分钟后冲洗干净催芽。也可用种子重量 0.3% 的 50% 多菌灵可湿性粉剂，或种子重量 0.5% 的 50% 异菌脲拌种。地膜覆盖栽培，促进植株根系发育，增强抗性，阻止病害传播。密度适宜。增施腐熟优质农家肥，促进植株健壮生长。防治其他病虫害。减少日灼果产生，防止病菌借机侵染。及时摘除病果。收获后彻底清除田间病残体，并深翻土壤。

（2）**药剂防治**　发病初期可用 68.75% 噁唑菌酮·代森锰锌水分散粒剂 1000～1500 倍液，或 20% 吡唑醚菌酯水分散粒剂 1000～2000 倍液 +75% 百菌清可湿性粉剂 800～1000 倍液，或 50% 腐霉利可湿性粉剂 1000 倍液 +70% 代森锰锌可湿性粉剂 800～1000 倍液，或 70% 甲基硫菌灵可湿性粉剂 800 倍液 +70% 代森锰锌可湿性粉剂 600～800 倍液，或 50% 异菌脲悬浮剂 800～1000 倍液，或 50% 多·霉威可湿性粉剂 800 倍液 +65% 福美锌可湿性粉剂 600～800 倍液，或 40% 氟硅唑乳油 3000～5000 倍液 +75% 百菌清可湿性粉剂 600～800 倍液，或 50% 腐霉利可湿性粉剂 1000 倍液 +75% 百菌清可湿性粉剂 500 倍液，或 64% 杀毒矾可湿性粉剂 500 倍液，或 40% 克菌丹可湿性粉剂 400 倍液等药剂兑水均匀喷雾。视病情为害程度每隔 7～10 天喷 1 次，连续防治 2～3 次。

保护地栽培在定植前，可用硫黄熏蒸消毒，杀死棚内残留的病菌。每 100 立方米空间用硫黄 0.25 千克 + 锯末 0.5 千克混合后，分几堆点燃熏蒸 1 夜。

也可用 45% 百菌清烟雾剂 400～600 克 /667 米 ^{2}，或 15% 腐霉利烟剂 300 克熏 1 夜。

二十八、辣椒褐腐病

1. 症状及快速鉴别

主要为害花器、果实及植株顶端生长点。发病时染病组织由褐转黑，脱落或掉落到枝上。湿度大时病部密生白色或灰白色毛状物，顶生肉眼可见的大头针状球状体，即孢囊梗或孢子囊。果实染病变褐软腐，果梗呈灰白色或褐色（图 3-32）。

2. 病原及发病规律

病原为茄笋霉，属接合菌亚门真菌。

病菌随病残体在土壤中越冬。病菌腐生性强，只能借助风雨或昆虫从伤口侵入生活力衰弱的花和果实。

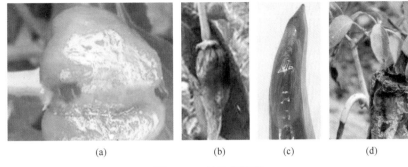

|(a)|(b)|(c)|(d)|

图3-32 辣椒褐腐病

3.防治妙招

（1）农业防治　与非茄科作物实行 3 年以上轮作。及时摘除残花病果，发现病株及时拔除，集中深埋或烧毁。高畦栽培，合理密植，注意通风，雨后及时排水，严禁大水漫灌。

（2）药剂防治　发病初期可用 70% 甲基硫菌灵可湿性粉剂 800倍液 +75% 百菌清可湿性粉剂 600～800 倍液，或 50% 嘧菌酯水分散粒剂 4000～6000 倍液，或 25% 啶氧菌酯悬浮剂 3000～5000 倍液 +70%代森锰锌可湿性粉剂 800～1000 倍液，或 10% 苯醚甲环唑水分散粒剂1500～2000 倍液 +70% 代森联干悬浮剂 800～1000 倍液，或 50% 苯菌灵可湿性粉剂 1500 倍液 +65% 代森锌可湿性粉剂 500 倍液等药剂兑水喷雾。视病情为害程度每隔 7～10 天喷 1 次，连续 2～3 次。

二十九、辣椒枯萎病

辣椒枯萎病也叫辣椒萎蔫病。

1.症状及快速鉴别

叶片自下而上逐渐变黄，大量脱落。与地面接近的茎基部皮层呈水浸状腐烂，地上部茎叶迅速凋萎。有时病部只在茎的一侧发展，形成一条纵向的条状坏死区，后期全株枯死。地下根系呈水浸状软腐，皮层极易剥落，从茎基部纵剖可见维管束变为褐色。湿度大时病部常产生白色或蓝绿色霉状物（图 3-33）。

(a)　　　　　　(b)　　　　　　(c)　　　　　　(d)　　　　　　(e)

图3-33　辣椒枯萎病

2. 病原及发病规律

病原为辣椒尖镰孢霉萎蔫专化型，属半知菌亚门真菌。只为害甜椒、辣椒。

病菌主要以厚垣孢子在土壤中越冬，或进行较长时间的腐生生活。在田间主要通过灌溉水传播，也可随病土借风吹向远处。遇适宜发病条件即从茎基部或根部的伤口、根毛直接侵入，进入维管束堵塞导管，导致叶片枯萎。田间积水、偏施氮肥的地块发病重。病菌发育适温24～28℃，最高37℃，最低17℃。在适宜的条件下发病后15天出现死株。潮湿特别是雨后积水发病更重。

3. 防治妙招

（1）**农业防治**　选用抗病品种。实行隔年轮作。选择排水良好的壤土或砂壤土栽培。避免大水漫灌，雨后及时排水。保护地在夏季高温季节用太阳能进行高温土壤消毒。先起垄灌满水后，全面铺上地膜，密闭棚室使土温升高，地表以下20厘米处温度达45℃以上保持20天，可杀死土壤中的多种病菌及害虫。采收后彻底清除病残体，集中烧毁。

（2）**药剂防治**　发病初期可用75%百菌清可湿性粉剂500～600倍液，或50%多·硫悬浮剂或36%甲基硫菌灵悬浮剂500倍液，或50%多·霉威可湿性粉剂1000倍液，或77%可杀得可湿性粉剂400～500倍液等药剂喷雾防治。每隔7～10天喷1次，连续防治2～3次。采前7天停止用药。

也可用 35% 福·甲霜可湿性粉剂 800 倍液，或 3% 甲霜·噁霉灵水剂 600 倍液，或 50% 福美双 600 倍液，或 14% 络氨铜水剂 300 倍液灌根，每株灌药液 0.2～0.3 千克。也可用 3% 农抗 120 水剂 100～200 倍液淋茎灌根。视病情为害程度连续灌 2～3 次。

（3）**生物防治**　在植株缓苗期和初开花结果期预防时，可用青枯立克 500 倍液沿茎基部进行灌根，约 7 天用药 1 次，每个时期分别连用 2～3 次。治疗时可用青枯立克 300 倍液 + 大蒜油 15～20 毫升，对严重病株及病株周围 2～3 米内区域植株沿茎基部进行小区域灌根，间隔 1 天连灌 2 次。根据病情为害程度第二次用药后，间隔 3～5 天再巩固用药 1 次。其余可采用 500 倍液进行穴灌，间隔 3～5 天预防 1～2 次。病情严重植株长势弱时，可同时配施海藻生根剂——根基宝 300 倍液，禁止与叶片接触，同时进行灌根，促进根系生长，强壮植株，提高抗病能力。

提示1　灌药时每株用水量以灌透为宜，苗期需 100～200 毫升。花期、结果期需 200～500 毫升。具体操作时应根据植株生长时期、土壤干湿度而定。

提示2　与大蒜油复配时需加水后依次稀释。植株弱时需要喷施沃丰素或多达素等叶面肥，强健植株，增强植株的抗病能力。

三十、辣椒根腐病

1. 症状及快速鉴别

植株矮小发育不良，中后期病株白天萎蔫，傍晚至次日清晨尚可恢复，反复十几日后植株枯死。病株茎基部及根部皮层变褐至深褐色，呈湿腐状。手触病根皮层脱落或剥离，露出暗色木质部，剖开病部维管束发生褐变（图 3-34）。

2. 病原及发病规律

病原为腐皮镰孢菌，属半知菌亚门真菌。

(a)   (b)   (c)   (d)   (e)

图3-34　辣椒根腐病

病菌以菌丝体和厚垣孢子在发病组织或遗落土中的病残体上越冬，厚垣孢子可在土中存活5～6年，甚至10年以上或更长。主要靠肥料、工具、雨水及流水传播。翌年产生分生孢子借雨水溅射传播，从伤口侵入致病。发病部位不断产生分生孢子进行再侵染。分生孢子可借雨水或灌溉水传播蔓延。阴湿多雨，地势低洼发病重。早春和初夏阴雨连绵，高温、高湿，昼暖夜凉的天气有利于发病。种植地低洼积水，田间郁闭高湿，茎节受蝼蛄等害虫为害，伤口多，或施用未充分腐熟的土杂肥会加重病情。温度22～26℃最适合发病。湿度越大发病越重。大水漫灌发病重。小水勤浇发病轻。

3. 防治妙招

（1）农业防治　播种前种子可用55℃温水浸种15分钟，后进行室温浸种再催芽播种。也可用次氯酸钠，浸种前先用0.2%～0.5%的碱液清洗种子，再用清水浸种8～12小时，捞出后置入配好的1%次氯酸钠溶液中浸5～10分钟，冲洗干净后催芽播种。还可用2.5%咯菌腈悬浮剂按种子重量0.2%～0.3%拌种，晾干后进行播种。连续多年种植辣椒菜田与大白菜、甘蓝、大蒜、大葱等蔬菜实行3～5年轮作倒茬。不要在发病区购买种苗，可有效杜绝因辣椒种子或苗引起辣椒根腐病的传播发生。采用高垄栽培，作成90厘米宽的高垄，一垄双行，塑料薄膜覆盖；不要大水漫灌，有条件可进行滴灌，保持土壤半干半湿状态。及时增施磷、钾肥，增强抗病力。使用充分腐熟的优质有机肥，中后期追肥，采用配制好的复合肥母液，随着浇水时浇施，或顺垄撒施后浇水，防止人为造成根部受伤。田间发现中心病株立即拔除，带出园外集中烧毁。然后用生石灰拌土处理掩埋病穴，杀菌消毒。

（2）**药剂防治**　定植时可用抗枯灵可湿性粉剂900倍液，或噁霉灵可湿性粉剂300倍液浸根10～15分钟。定植缓苗后在发病前，可用向农4号可湿性粉剂800倍液＋强力生根剂，隔7～10天对辣椒逐株灌根，连续3～4次。定植后浇水时随水加入硫酸铜冲入田中，每667平方米用量为1.5～2千克，可减轻发病。

发病初期及时施药防治。可用70%甲基硫菌灵可湿性粉剂500～800倍液＋75%百菌清可湿性粉剂600～800倍液，或25%嘧菌酯悬浮剂1000～3000倍液，或10%苯醚甲环唑水分散粒剂1500～2000倍液＋70%代森锰锌可湿性粉剂600～800倍液，或50%氯溴异氰尿酸可溶性粉剂1000倍液＋50%克菌丹可湿性粉剂400～500倍液，兑水均匀喷雾。视病情为害程度每隔7～10天喷1次，连续2～3次。

田间出现中心病株时立即浇灌5%丙烯酸·噁霉·甲霜水剂1000倍液，或2.5%咯菌腈悬浮剂1000倍液＋68%精甲霜·锰锌水分散粒剂600倍液，或40%多·硫悬浮剂500倍液，或35%福·甲霜可湿性粉剂800倍液，或50%氯溴异氰尿酸可溶性粉剂1000倍液，或50%福美双可湿性粉剂1000倍液，或20%二氯异氰尿酸钠可溶性粉剂300～400倍液，或3%甲霜·噁霉灵水剂600倍液等药剂均匀喷雾。视病情为害程度连续防治2～3次。

第二节　辣椒主要生理性病害快速鉴别与防治

一、辣椒缺氮症

1.症状及快速鉴别

缺氮时，植株瘦小，叶小而薄，发黄，后期叶片严重脱落（图3-35）。

2.病因及发病规律

前茬施用有机肥或氮肥少，土壤中含氮量低。施用稻草太多，降雨多、氮素淋溶多时，易造成缺氮。

(a)　　　　　　　(b)　　　　　　　(c)　　　　　　　(d)

图3-35　辣椒缺氮症

3. 防治妙招

① 为避免缺氮，基肥要施足。也可施用绿丰生物肥50～80千克/667米^2。温度低时施用硝态氮化肥效果好。

② 发现缺氮时可立即埋施发酵好的人粪尿。也可将尿素等混入10～15倍的腐熟有机肥中施在植株两侧后，覆土浇水。

③ 应急时也可在叶面上喷洒0.2%尿素或碳酸氢铵。

二、辣椒缺磷症

1. 症状及快速鉴别

苗期显症，植株瘦小，发育缓慢。成株缺磷，叶色深绿，叶尖变黑或枯死，停滞生长，从下部开始落叶。易形成短花柱花，结果晚、果实小，成熟晚或不结果。有时绿色果实上出现没有固定形状、大小不一的紫色褐斑，少的1块，多则数块。严重时半个果面布满紫斑（图3-36）。

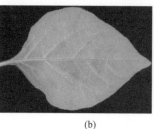

(a)　　　　　　　(b)　　　　　　　(c)　　　　　(

图3-36　辣椒缺磷症

2. 病因及发病规律

苗期遇低温影响磷的吸收。此外土壤偏酸或板结紧实，易发生缺磷症。

3. 防治妙招

育苗期及定植期注意施足磷肥，培养土中要求五氧化二磷1000～1500毫克。

叶面喷洒磷酸二氢钾500倍液，或过磷酸钙浸提液200倍液等。

三、辣椒缺钾症

1. 症状及快速鉴别

花期显症，植株生长缓慢，叶缘变黄，叶片易脱落。成株期缺钾下部叶尖开始发黄，后沿叶缘或叶脉间形成黄色麻点，叶缘逐渐干枯，向内扩展至全叶，呈灼烧或坏死状。从老叶向心叶或从叶尖端向叶柄发展，植株易失水造成枯萎，果小易落，减产明显（图3-37）。

(a)　　　　　　　　(b)　　　　　　　　(c)

图3-37　辣椒缺钾症

2. 病因及发病规律

土壤中含钾量低或沙性土易缺钾。果实膨大需钾肥多，如果供应不足易缺钾。

3. 防治妙招

① 缺钾时，在多施有机肥的基础上施入足够的钾肥，可从两侧

开沟施入硫酸钾、草木灰，施后覆土。

②叶面喷洒0.2%～0.3%的磷酸二氢钾，或1%的草木灰浸出液。

四、辣椒缺钙症

1.症状及快速鉴别

后期缺钙，叶片上呈现黄白色圆形小斑，边缘褐色，叶片从上向下脱落，后全株光杆。果实小、黄色或产生脐腐果（图3-38）。

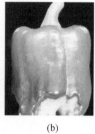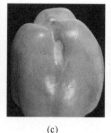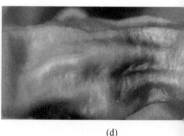

(a)　　　　　　　(b)　　　　　　　(c)　　　　　　　(d)

图3-38　辣椒缺钙症

2.病因及发病规律

土壤酸化，硼素被淋失或石灰施用过量，均易引起缺钙。

3.防治妙招

叶面喷洒过磷酸钙300倍液，或钙源"2000"1000倍液。

五、辣椒缺锰症

1.症状及快速鉴别

幼叶轻微黄绿，扩展后脉间呈暗褐色，小的暗褐色区域通常在叶尖向脉间扩展。在成熟叶片上小的黄化区扩展，不久变成褐色。严重时叶枯萎凋落（图3-39）。

2.防治妙招

可用0.05%～0.1%硫酸锰溶液叶面喷施，每次间隔7～10天。

(a)　　　　　　　　(b)　　　　　　　　(c)　　　　　　　　(d)

图3-39　辣椒缺锰症

六、辣椒缺硼症

1.症状及快速鉴别

花期缺硼，植株矮小，顶叶黄化，下部还保持绿色，生长点及其附近枯死或停止生长，引起果实下部变褐腐烂（图3-40）。

(a)　　　　　　　　(b)　　　　　　　　(c)　　　　　　　　(d)

图3-40　辣椒缺硼症

2.防治妙招

叶面可喷洒0.1%～0.2%硼酸水溶液。隔5～7天喷1次，共喷2～3次。

七、辣椒缺锌症

1.症状及快速鉴别

中部叶片开始褪色，叶脉清晰可见。随着叶脉间逐渐褪色，叶缘从黄化变成褐色。因叶缘枯死，叶片向外侧稍卷曲。生长点附近的节间缩短。新叶黄化。叶脉间失绿，黄化，生长停滞，叶片变小，叶缘扭曲或皱褶状，茎节缩短，形成小叶丛生。叶片上小紫色区域扩展，最终呈褐色。暗绿叶片上一些小紫色斑点随机交错扩散，并随着扩大成浅褐色（图3-41）。

(a)   (b)   (c)

图3-41　辣椒缺锌症

提示　缺锌症与缺钾类似，叶片黄化。缺钾是叶片边缘先黄化，逐渐向内发展。缺锌全叶黄化，逐渐向叶缘发展。缺锌症状严重时生长点附近节间缩短。

2. 防治妙招

在缺锌的土壤上种辣椒，或辣椒出现缺锌症状时，在现蕾至盛果期可喷施 0.05% 的硫酸锌溶液，连续喷施 2～3 次可大幅度增产，并有减轻病毒病的作用。

八、辣椒缺铁症

1. 症状及快速鉴别

幼叶及新叶黄白色，靠近果实的叶片叶脉间才开始发黄。顶端新叶、幼叶呈黄化、白化，叶脉残留绿色，以后整叶完全失绿。育苗期间有时出现幼苗的中心叶黄化也是缺铁症状。且苗期根数明显减少，多是苗床中施入了过多的没有腐熟的有机肥所致（图3-42）。

2. 防治妙招

可喷洒 0.5%～1% 硫酸亚铁溶液 1～2 次，每次间隔 7～10 天。

(a)   (b)

图3-42　辣椒缺铁症

九、辣椒缺镁症

1. 症状及快速鉴别

常始于结果期，常从叶尖开始，逐渐向叶脉两侧叶肉部分扩展。叶片沿主脉两侧黄化，逐渐扩展到全叶，但主脉、侧脉仍保持清晰的绿色。植株结果越多缺镁越严重。一旦缺镁，光合作用下降，果实小产量低（图3-43）。

(a)   (b)   (c)

图3-43　辣椒缺镁症

2. 病因及发病规律

土壤供镁不足是造成缺镁的主要原因。多雨导致镁的流失。干旱、强光诱发缺镁是小区域影响，干旱减少了蔬菜对镁的吸收。夏季强光会加重缺镁症，强光破坏了叶绿素，加速叶片褪绿。过量施用钾肥和铵态氮肥时会诱发缺镁。

3. 防治妙招

对于土壤供镁不足造成的缺镁可通过追施镁肥补充，一般可用硫酸镁每667平方米用量2～4千克（按有效镁计）。对酸性土壤最好用镁石灰（白云石烧制的石灰）50～100千克，既供给镁，又可改良土壤酸性。钙镁磷肥含有较高的镁，可根据当地的土壤条件和施肥状况，因地制宜加以选择。磷肥和镁肥配合施用有助于镁的吸收。

十、辣椒缺硫症

1. 症状及快速鉴别

植株生长缓慢，分枝多，茎木质化坚硬，叶呈黄绿色僵硬，渐渐枯黄，导致辣椒大面积叶片脱落。结果少或不结果（图3-44）。

(a)　　　　　　　　(b)　　　　　　　(c)　　　　　　(d)

图3-44　辣椒缺硫症

2. 病因及发病规律

在棚室等设施栽培条件下，长期连续施用没有硫酸根的肥料，易发生缺硫。

3. 防治妙招

施用硫酸铵、硫酸钾等含硫酸根的肥料。

十一、辣椒紫斑病

辣椒紫斑病也叫辣椒花青素症。

1. 症状及快速鉴别

果实在绿果面上出现紫色斑块，斑块无固定形状，大小不一。一个果实上紫斑少的1块，多的可达数块。严重时甚至半个果实表面上布满紫斑。有时植株顶部叶片沿中脉出现扇形紫色素，扩展后形成紫斑（图3-45）。

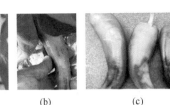

(b)　　　　　　(c)　　　　　　(d)　　　　　　(e)　　　　　　(f)

图3-45　辣椒紫斑病

2.病因及发病规律

该病为生理性病害。由于植株根系吸收磷素困难，出现花青素所致。

一般土壤中磷含量低、土壤过于干旱或地温过低，易造成缺磷。缺磷主要发生在多年种菜的老菜地。土壤水分不足或气温较低，导致土壤有效磷供应不足或吸收困难。特别是地温低于10℃极易造成植株根系吸收磷困难。

3.防治妙招

（1）做好增温、保温工作　保护地春提早或秋延迟栽培时，将地温提高到10℃以上就不会产生花青素，也不能形成紫斑。增高地温，适时浇水，使植株能够有效地吸收磷元素。

（2）合理施肥　施足农家肥，提高土壤中磷的有效供给。由于缺镁会抑制植株对磷的吸收，注意补充镁肥。在果实生长期适时喷布磷酸二氢钾200～300倍液。出现紫斑病症状后可喷洒磷酸二氢钾1000倍液+4%海藻酸500倍液，作为应急措施。

十二、辣椒落叶、落花、落果

辣椒、甜椒落叶、落花、落果，简称辣椒三落病。

1.症状及快速鉴别

辣椒生长前期有的先是花蕾脱落，有的是落花，有的是果柄与花蕾连接处变成铁锈色落蕾或落花，有的果柄变黄后逐个脱落，有的在生长中后期落叶，使生产遭受严重损失（图3-46）。

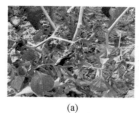 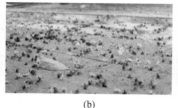 

(a)　　　　　　　　　　　(b)　　　　　　　　　　(c)

图3-46　辣椒落叶、落花、落果

2. 病因及发病规律

主要原因是选用的品种不适宜，播种过早或反季节栽培时温度得不到满足。生长季节气温过高、植株徒长、土壤肥力不足、病虫为害、肥害等均可引起发病。

3. 防治妙招

① 各地可因地制宜选用当地适宜的耐低温的早熟品种。

② 科学确定适于当地的播种期，满足生育期20～30℃，地温25℃，至少达到18℃以上，生长季节躲过高温为害。防止低温为害和太阳直射带来的伤害，通过加强管理满足生长发育的温、湿度的要求，防止徒长或停滞不长。

③ 施用充分腐熟的优质有机肥，配方施肥，防止生长后期脱肥。

④ 地膜覆盖，进入高温季节可破膜，防止土温过高。也可使用遮阳网覆盖。

⑤ 疏枝摘心。进入立冬前一次性疏除老枝、弱枝、病虫枝，并结合疏枝，增施1次速效肥，促进分枝和花芽形成后保证正常结果，防止早衰。

⑥ 注意防治炭疽病、病毒病、烟青虫等病虫为害。

⑦ 及时采摘。当果实由淡黄色转青色时即可采摘。

十三、辣椒僵果病

辣椒僵果也叫石果、单性果或雌性果。

1. 症状及快速鉴别

早期僵果呈小柿饼状，后期呈草莓形。直径 2 厘米，长约 1.5 厘米，皮厚肉硬，色泽光亮，柄长，剖开果内无籽或少籽，无辣味，果实不膨大。即使以后环境条件适宜时僵果也不再发育。但以后新结的果实基本正常，可表现出该品种的特征（图 3-47）。

   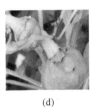

(a)　　　　　　(b)　　　　　　(c)　　　　　　(d)　　　　　　(e)　　　　　　(f)

图 3-47　辣椒僵果病

2. 病因及发病规律

越冬辣椒结果期正值寒冷季节，在华北 12 月至翌年 4 月温室内白天温度高达 35～40℃，下半夜只有 6～8℃，昼夜温差过大，授粉受精不良，易发生僵果或变形果。同一温室内定植深，主根长，吸收强，夜间冻害轻。水分营养充足，雌蕊形成长柱头花，受精完全可形成长角椒。整株、整枝或部分果实因受精不完全可形成畸形果。未受精的形成僵果。

影响授粉受精的外界因素主要是温度，其次是光照、湿度、病害、药害和水分，生理因素是营养失调。保证夜间温度在 15℃ 以上。即使在严寒的冬季温室内也会出现短暂的白天高温、夜间低温，因辣椒授粉受精适温范围窄，如果不及时调控就会受精不良，产生变形果或僵果。另外植株受肥害会造成矮化，受药害会造成僵化，高温高湿造成徒长，通风不良可造成严重的落花落果，僵果多，且持续时间长。一般受害 1 次要持续约 15 天，常出现僵果。土壤 pH 值达到 8 以上植物病毒干扰植物体中的营养物质激素等内在物，不能正常运转，同样也会受害形成僵果。

春季栽培时僵果主要发生在花芽分化期，即播种后约 35 天。植株受干旱、病害、温度 13℃ 以下或 35℃ 以上等不适因素的影响，雌蕊由于营养供应失衡形成短柱头花,花粉不能正常生长和散粉,不能正常授粉受精形成单性果。果实由于缺乏生长刺激素,影响对锌、硼、钾等促进果实膨大的元素的吸收,造成果实不膨大,时间长了就会形成僵果。

3. 防治妙招

(1)**选用抗寒力及越冬性强的品种** 如羊角王、太原 22、湘研 15 号等优良品种。

(2)**种子处理** 播种前种子可用高锰酸钾 1000 倍液浸种,杀灭病原菌。

(3)**合理定植,适时分苗** 越冬辣椒定植时宜将营养钵土坨置于地平面以下与地面相平,然后覆土厚 3~5 厘米。幼苗 2~4 片真叶时进行分苗,防止分苗过迟破坏根系,影响花芽分化时养分供应,造成瘦小花和不完全花。分苗时可用硫酸锌 700~1000 倍液浇根,增加根系长度和生长速度,促进根系生长,提高吸收能力和抗逆性。

(4)**环境调控** 在花芽分化期防止干旱,其他时间控水促根防止徒长形成不正常花器。花芽分化期和授粉受精期保证适宜的生长环境,最好保证室温白天 23~30℃,夜间 15~18℃,地温 17~26℃,土壤含水量 55%,pH 值 5.6~6.8。确保花器正常生长避免授粉受精不良。

(5)**合理疏果** 植株坐果数量要适宜,根据植株的长势留果,多余的果实及早疏掉。

(6)**防治病虫害** 及时防治病虫害的发生,保护植株茎叶,促进辣椒健壮生长。

十四、辣椒畸形果

1. 症状及快速鉴别

辣椒畸形果是指不同于正常果形的果实。果实常表现为扭曲、皱缩、僵小果等。横剖可见果实无种子或种子很少,有的果皮内侧变成褐色,失去商品价值(图 3-48)。

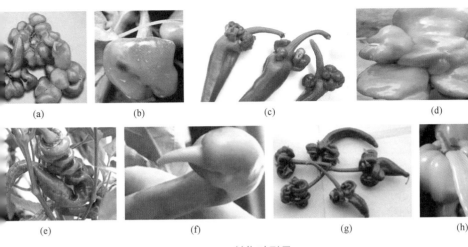

(a)　　　　　　(b)　　　　　　　(c)　　　　　　　　(d)

(e)　　　　　　(f)　　　　　　　(g)　　　　　　　(h)

图3-48　辣椒畸形果

2. 病因及发病规律

该病为生理性病害。花粉发芽适宜温度20～30℃，高于这个范围常引起花粉发芽率降低，容易产生不同于正常形的果实。温度低于13℃时基本上不能正常受精，出现单性结实形成僵果。当出现雌蕊比雄蕊短的短花柱花时容易形成单性结实的变形果。肥水不足，光照不良，果实养分少或不均匀也易产生变形果。根系发育不良容易出现顶端变尖的变形果。

3. 防治妙招

（1）做好温度管理　白天控制在23～30℃，夜间不低于15～18℃，地温保持在约20℃。

（2）加强肥水管理　必要时可增施磷肥。坐果后可喷洒0.1%磷酸二氢钾溶液。

十五、辣椒虎皮病

干辣椒要求保持鲜红色，但在生产中由于受到各种因素的影响，近收获期或晾晒的干辣椒往往褪色，称为辣椒虎皮病。

1. 症状及快速鉴别

虎皮病一般分四种类型：

（1）**一侧变白**　变白部位边缘不明显，内部不变白或稍带黄色，无霉层，通常 50% 以上。

（2）**微红斑**　病果产生褪色斑，斑上稍发红，果内无霉层。

（3）**橙黄花斑**　干椒表面斑驳状橙黄色花斑，病斑中有的有一黑点，果实内有的产生黑灰色霉层。

（4）**黑色霉斑**　干果表面有稍变黄色斑点，上生黑色污斑，果内有时可见黑灰色霉层（图 3-49）。

(a)　　　　　　　(b)　　　　　　　　　　　(c)

图 3-49　辣椒虎皮病

2. 病因及发病规律

该病有病理和生理两方面原因，大多是因存放条件不适的生理因素引起。室外贮藏时夜间湿度高或有露水，白天日照强曝晒不利于色素保持，易发病。炭疽病和果腐病也能引起病害。

3. 防治妙招

（1）**选用抗病优良品种**　选用抗炭疽病的皖椒 1 号，早杂 2 号，湘研 3 号、4 号、5 号、6 号等辣椒品种，减少因炭疽病引起的虎皮果。

（2）**选用成熟期较集中的品种**　减少果实在田间暴露时间可减轻虎皮果。

（3）**加强对炭疽病、果腐病的防治**　坐果期可喷 50% 苯菌灵可湿性粉剂 1500 倍液，或 2% 农抗 120 水剂 200 倍液，或 40% 多丰农 500 倍液，或 60% 防霉宝 2 号水溶性粉剂 800～1000 倍液。每隔 7～10 天喷 1 次，连续防治 3～4 次。

（4）及时采收　成熟的果实避免在田间雨淋、着露及曝晒。利用烘干设备及时烘干。

十六、辣椒脐腐病

1. 症状及快速鉴别

主要为害果实。初现暗绿或深灰色水渍状病斑，后扩展为直径2～3厘米的病斑。随着果实的发育，病部呈灰褐或白色、扁平、凹陷状，病部可以扩大到半个果实。病果常提前变红，一般不腐烂。有时湿度过大即使腐烂也没有臭味（图3-50）。

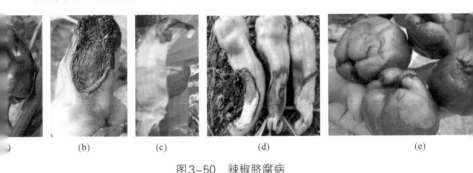

(b)　　　(c)　　　(d)　　　(e)

图3-50　辣椒脐腐病

提示　辣椒脐腐病症状与软腐病相似。脐腐病脐部发生坏死形成脐腐。而软腐病的病斑为淡褐色，果肉腐烂有明显臭味，有时果实变形，好像在袋子里装满了泥水，俗称"一兜水"。

2. 病因及发病规律

该病属生理性病害，主要是缺钙引起，植株不能从土壤中吸收足够的钙素，果实不能及时得到钙的补充。土壤中钙元素缺乏或偏施氮、钾肥，氮、钾过量影响对钙吸收，容易诱发脐腐病。当果实含钙量低于0.2%时导致脐部细胞生理功能紊乱，失去控制水分能力，发生坏死。多数土壤中不缺钙，主要是氮肥等使用过多使土壤溶液过浓，钙素吸收受到影响。

生长期间水分供应不足或不稳定。在花期至坐果期遇到天气干旱，叶片蒸腾消耗增大，果实特别是果脐部所需的大量水分被叶片夺走，导致生长发育受阻形成脐腐。6～7月气温较高，为降低棚温常采取昼夜通风，由于通风过度，浇水不及时，高温干旱，脐腐病发生严重。夏季辣椒容易发生脐腐病。该病还与品种有关，一般果皮较薄、果顶较平及花痕较大的品种易发生脐腐病。

3. 防治妙招

（1）选用抗病品种　夏季温室种植宜选用果皮较厚，果面光滑、果顶较尖、花痕较少的较抗病的优良品种。

（2）加强管理　选用富含有机质、土层深厚、保水保肥能力强的土壤栽培辣椒。育苗或定植时将长势相同的放在一起，防止个别植株过大缺水发病。浇足定植水，保证花期及结果初期有足够的水分。结果期后均衡浇水，防止忽干忽湿，土壤含水量不要变动太大。

（3）地膜覆盖　可保持土壤水分相对稳定，能减少土壤中钙质养分淋失。遇到持续高温强光天气，可在中午使用遮阳网覆盖，减少植株水分过分蒸腾。

（4）根外追施钙肥　结果后1个月内是吸收钙的关键时期。结果盛期可叶面喷施1%过磷酸钙，或0.5%氯化钙+5毫克/千克萘乙酸，或0.1%～0.2%的硝酸钙及爱多收6000倍液，或绿芬威3号1000～1500倍液。从初花期开始每隔10～15天喷1次，连续2～3次。

注意　用氯化钙及硝酸钙，不可与含硫农药及磷酸盐（如磷酸二氢钾）混用，以免沉淀。

十七、辣椒沤根

1. 症状及快速鉴别

苗期或反季节栽培易发生沤根。初幼苗叶片变薄，阳光照射后在白天萎蔫，叶缘焦枯，早晚复原，病苗容易拔出，根部不发新根和不定根，根皮发黄，呈锈褐色，须根或主根部分或全部变褐至腐烂，整株枯死（图3-51）。

(a)　　　　　　　　(b)　　　　　　　　　(c)　　　　　　　　　　　(d)

图3-51　辣椒沤根

2.病因及发病规律

该病为生理性病害。辣椒生长发育适温 20～30℃，适宜地温 25℃，温度越低生长越差，低于 18℃，根的生理功能下降生长不良，至 8℃时根系停止生长。此时低温持续时间长、连续阴天、光照不足或湿度大，就会发生沤根。

多发生在幼苗发育前期。主要是苗床土壤湿度过高，或遇连阴雨雪天气，床温长时间低于 12℃，光照不足，土壤过湿缺氧，妨碍根系正常发育，甚至超过根系忍耐限度，使根系逐渐变褐死亡。早春苗床发生较重，尤其育苗技术粗放、气候不良的地方极易发生沤根。

3.防治妙招

① 从育苗管理抓起，宜选地势高、排水良好、背风向阳的地块作苗床地，床土需增施有机肥兼施磷、钾肥。

② 出苗后注意天气变化，做好通风换气，可撒干细土或草木灰，降低床内湿度，同时做好保温，可用双层塑料薄膜覆盖，夜间可加盖草帘。有条件的可用地热线、营养盘、营养钵等方式培育壮苗。

③ 定植后加强水分管理，采用滴灌或畦面泼浇，雨后及时排水，适时松土，提高地温，促进幼苗逐渐发出新根。

十八、辣椒低温冷害和冻害

温度对辣椒的影响很大，8℃以下停止生长。温度再低造成落花落果，严重减产。

1.症状及快速鉴别

辣椒在生长发育过程中遇有轻微低温，出现叶绿素减少，或在近叶柄处产生黄色花斑，病株生长缓慢，产生低温冷害。当遇到冰点以上更低温度，叶尖和叶缘出现水浸状斑块，叶组织变成褐色或深褐色，后呈现青枯状，有的导致落花、落叶和落果。当遇到冰点以下的温度即发生冻害，果面出现大面积灰褐色、无光泽、凹陷，似开水烫过（图3-52）。

(a)   (b)   (c)   (

图3-52　辣椒低温冷害和冻害

2.病因及发病规律

该病为低温生理性病害。辣椒冷害临界温度一般在5～13℃。8℃时根部停止生长。果实遇到0～2℃也能发生冷害和冻害。0℃持续12天，果面出现大面积灰褐色、无光泽、凹陷，似开水烫过。叶片萎缩，褪色或腐烂。

3.防治妙招

（1）**提高地温**　苗床和定植地采用分层施肥法，施用充分腐熟的优质有机肥，保持土壤疏松和提高地温。采用双层膜或三层膜覆盖，提高苗床或棚室地温，使地温稳定在13℃以上。

（2）**低温锻炼，适期蹲苗**　辣椒生长点或3～4片真叶受冻时，可剪掉受冻部分，然后提高地温，通过加强管理，90%以上的植株都能从节间长出新的枝蔓，继续正常生长发育。

十九、辣椒日灼病

辣椒日灼病也叫日烧病。

1. 症状及快速鉴别

果实向阳面褪绿变硬，病部表皮失水变薄易破。病部易引发炭疽病，或被一些腐生菌腐生，并长出黑霉或腐烂（图 3-53）。

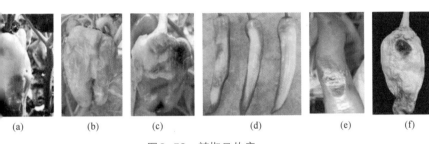

(a)　　(b)　　(c)　　(d)　　(e)　　(f)

图 3-53　辣椒日灼病

2. 病因及发病规律

该病为生理性病害。由于太阳光直射使表皮细胞灼伤，引起日灼病。在天气干热、土壤缺水，或忽雨忽晴、多雾等条件下容易发病。

3. 防治妙招

（1）**因地制宜选用耐热品种**　各地可根据实际情况选用适合本地的优良品种。

（2）**降低叶面温度**　光照强烈时可采用部分遮阴或使用遮阳网，防止棚内温度过高。

（3）**喷水降温**　喷清水可防日灼。

（4）**合理密植**　移栽时，双株合理密植，不仅遮阴，还可降低土温，以免产生高温为害。

（5）间作　与玉米等高秆作物间作，利用阴凉降温。

第三节　辣椒主要虫害快速鉴别与防治

一、辣椒茶黄螨

1.症状及快速鉴别

辣椒茶黄螨可为害叶片、新梢、花蕾和果实，以刺吸式口器吸取植株汁液。

叶片变厚、变小、变硬，叶片反面茶锈色，油渍状，叶缘向下弯曲，纵卷。幼茎变黄褐锈色。梢茎端枯死。花蕾受害，不能开花，出现畸形，直至枯死。果实受害，果面黄褐色粗糙。受害严重时植株矮小、丛枝，落花落果，形成秃尖，果柄及果尖变为黄褐色，失去光泽，果实生长停滞变硬。茶黄螨具有趋嫩性，喜欢在幼嫩部位取食，症状在顶部生长点显现，中下部无症状（图3-54）。

(a)　　　　　　(b)　　　　　　(c)　　　　　　(d)

图3-54　辣椒茶黄螨为害状

提示　茶黄螨为害常与病毒病相混淆，病毒病除顶部为害外，有时全株也表现症状。

2.形态特征

（1）成虫　雌螨体躯阔卵形，体长约0.21毫米，淡黄至橙黄色，半透明，有光泽。雄螨近六角形，腹部末端圆锥形，比雌螨小，体长约0.18毫米，淡黄至橙黄色，半透明。

（2）卵　椭圆形，长约0.1毫米，无色透明。

（3）幼螨　近椭圆形，淡绿色（图3-55）。

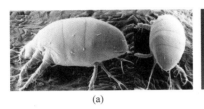

(a)　　　　　　　　　　　　　(b)

图3-55　辣椒茶黄螨

3. 生活习性及发生规律

一年可发生几十代。主要在棚室中的植株上或在土壤中越冬。棚室中全年均可发生。露地以6～9月受害较重。害虫生长迅速，在18～20℃条件下7～10天可发育1代。在28～30℃条件下4～5天发生1代。生长的最适温度16～23℃，相对湿度80%～90%。

湿度对成螨影响不大，在40%时仍可正常生活，但卵和幼螨只能在相对湿度80%以上条件下才能孵化、生活。因而温暖高湿有利于生长发育。以两性生殖为主，也可进行孤雌生殖，但未受精的卵孵化率低，且均为雄性。单雌产卵100余粒，卵多散产在嫩叶背面和果实的凹陷处。成螨活动能力强，靠爬迁或自然力扩散蔓延。大雨对害虫有冲刷作用。

4. 防治妙招

（1）农业防治　与韭菜、生菜、小白菜、油菜、香菜等耐寒叶菜类轮作能减轻为害。选择光照条件好、地势高燥、排水良好地块种植。合理密植，高畦宽窄行栽培。施用充分腐熟的优质有机肥，追施氮、磷、钾速效肥。科学施肥，盛花盛果前不施过量化肥，尤其是氮肥，避免植株生长过旺。控制浇水量，雨后加强排水、浅锄。及时整枝、合理疏密。培育壮苗壮秧，适当增加通风透光量，防止徒长、疯长，有效降低田间空气相对湿度，可减轻为害。清除渠埂和田园周围杂草，前茬蔬菜收获后及早拉秧，彻底清除田间的落果、落叶和残枝，集中焚烧。深翻耕地，消灭虫源，压低越冬螨虫口基数。

（2）药剂防治　加强药剂杀螨工作。保护天敌，避免使用高效、剧毒等对天敌杀伤力大的农药，维持生态平衡，可用人工繁殖的植绥螨向田间释放，可有效控制茶黄螨的为害。

田间发现害虫为害，在发生初期田间卷叶株率达到 0.5% 就要喷药控制。可用 15% 哒螨灵乳油 1500～3000 倍液，或 10% 除尽（溴虫腈）乳油 3000 倍液，或 1.8% 阿维菌素乳油 4000 倍液，或 20% 灭扫利乳油 1500 倍液，或 20% 三唑锡悬浮剂 2000 倍液，或 20% 双甲脒乳油 1000～1500 倍液，或 5% 唑螨酯悬浮剂 2000～3000 倍液，或 1.2% 烟碱·苦参碱乳油 1000～2000 倍液，或 5% 噻螨酮乳油 2000～3000 倍液，或 30% 嘧螨酯悬浮剂 2000～3000 倍液，或 10% 浏阳霉素乳油 1000～2000 倍液，或 50% 溴螨酯乳油 1000～2000 倍液等药剂兑水喷雾。

提示　为提高防治效果，可在药液中混加增效剂或洗衣粉等，并采用淋洗式喷药。喷药时重点喷洒植株上部的嫩叶背面、嫩茎、花器、幼果等幼嫩部位。

保护地可用 10% 哒螨灵烟剂 400～600 克/667 米^2 熏烟防治，效果好。

二、辣椒神泽氏叶螨

辣椒神泽氏叶螨属蜱螨目、叶螨科。

1. 症状及快速鉴别

成螨、若螨主要在叶背面栖息为害。叶片受害后常出现褪绿小斑点。发生严重时整个叶片变黄，导致叶片脱落（图 3-56）。

2. 形态特征

雌成螨体长 0.52 毫米、宽 0.31 毫米，宽椭圆形，红色，须肢端感器柱形，长为宽的 1.5 倍，气门沟末端呈"U"形弯曲，后半体背表皮纹构成菱形，具 13 对细长背毛。雄成螨体长 0.34 毫米、宽 0.16 毫米，须肢端感器长约为宽的 2 倍，刺状毛稍长于端感器（图 3-57）。

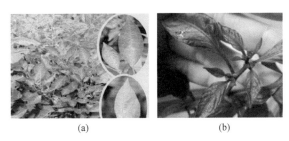

(a)   (b)

图3-56　辣椒神泽氏叶螨为害症状

(a)   (b)

图3-57　辣椒神泽氏叶螨成虫

3. 生活习性及发生规律

北方一般每年发生10余代。多以雌虫在缝隙或杂草丛中越冬。5月下旬开始为害，夏季发生最重。冬季主要在豆科、杂草等近地面叶片上栖息，发育适温15～30℃，卵期5～10天，从幼螨发育到成螨需5～10天。土壤较干旱，经常缺肥缺水，夏季降雨较少，虫害较严重。

4. 防治妙招

（1）农业防治　合理密植，加强肥水管理，夏季栽培在少雨月份适当加大浇水量。

（2）清园　收获后及时清除田间残枝败叶，集中烧毁或深埋，并进行土壤深翻。

（3）生物防治　可释放捕食螨、塔六点蓟马、钝绥螨、食螨瓢虫、草蛉、小花蝽等天敌。

（4）药剂防治　在叶螨发生中期可用20%灭扫利乳油

1000～2000 倍液，或 10% 浏阳霉素乳油 1000～2000 倍液，或 1.8%
阿维菌素乳油 2000～4000 倍液，或 15% 哒螨灵乳油 1500～3000
倍液，或 5% 唑螨酯悬浮剂 2000～3000 倍液，或 73% 炔螨特乳油
2000～3000 倍液，或 20% 三唑锡悬浮剂 2000～3000 倍液，或 20%
双甲脒乳油 1000～1500 倍液等药剂兑水喷雾防治。重点喷洒植株上
部的幼嫩部位，如嫩叶背面、嫩茎、花器、幼果等。

三、辣椒蚜虫

辣椒蚜虫以棉蚜为主，属同翅目，蚜科，在北方发生比较普遍。

1. 症状及快速鉴别

其在叶面上刺吸植物汁液，造成叶片卷缩变形，植株生长不良，
影响生长；大量排泄蜜露，蜕皮污染叶面；能传播病毒病，造成的损
失远远大于蚜虫的直接为害（图3-58）。

(a)　　　　　(b)　　　　　(c)　　　　　(d)　　　　　(e)

图3-58　辣椒蚜虫及为害症状

2. 生活习性及发生规律

北方一年发生 10～20 代，黄河流域、长江及华南 20～30 代。北
方以卵在植株近地面根颈凹陷处、叶柄基部和叶片上越冬。翌年春季
发芽后越冬卵孵化为干母，孤雌生殖 2～3 代后产生有翅胎生雌蚜，
4～5 月迁飞为害，随后繁殖。5～6 月进入为害高峰期。6 月下旬后
蚜量减少，但干旱年份为害期多延长。10 月中下旬产生有翅的性母，
迁回越冬寄主。一般以春、秋季为害较重。温暖地区全年可进行孤雌

胎生繁殖。

3. 防治妙招

（1）**清园**　蔬菜收获后及时处理残枝败叶，清除田间、地边的杂草。

（2）**药剂防治**　在苗期蚜虫发生较少时，可用持效期较长的药剂控制蚜虫为害。可用 240 克 / 升螺虫乙酯悬浮剂 4000～5000 倍液，或 10% 烯啶虫胺水剂 3000～5000 倍液，或 3% 啶虫脒乳油 2000～3000 倍液，或 10% 氟啶虫酰胺水分散粒剂 3000～4000 倍液，或 10% 吡虫啉可湿性粉剂 1500～2000 倍液，或 25% 噻虫嗪可湿性粉剂 2000～3000 倍液等药剂兑水均匀喷雾，7～10 天喷 1 次。

在辣椒结果期田间蚜虫发生较重时，常用速效性、持效期较短的药剂防治。可用 2.5% 高效氯氟氰菊酯乳油 1000～2000 倍液，或 2.5% 溴氰菊酯乳油 1000～2500 倍液，或 4.5% 高效氯氰菊酯乳油 2000～3000 倍液等药剂兑水均匀喷雾。视虫情为害程度每隔 5～7 天喷 1 次。

四、辣椒温室白粉虱

辣椒温室白粉虱属同翅目，粉虱科。

1. 症状及快速鉴别

成虫和若虫吸食汁液，被害叶褪绿、变黄、萎蔫，甚至全株死亡。此外能分泌大量蜜露，污染叶片和果实，导致煤污病，也可传播病毒病，造成减产，并降低商品价值（图 3-59）。

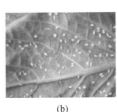

(a)　　　　　　　(b)　　　　　　　(c)　　　　　　　(d)

图3-59　辣椒温室白粉虱及为害症状

2. 生活习性及发生规律

其在温室条件下每年可发生 10 余代，以各虫态在温室越冬并继续为害。成虫群居在嫩叶叶背并产卵，在寄主植物打顶前成虫总是随着植株的生长不断追逐顶部嫩叶。因此自上而下白粉虱的分布为：新产的绿卵、变黑的卵、幼龄若虫、老龄若虫、伪蛹。新羽化成虫产的卵以卵柄从气孔插入叶片组织中，与寄主植物保持水分平衡，极不易脱落。若虫孵化后 3 天内在叶背可短距离游走，口器插入叶组织后失去爬行功能，开始营固着生活。

3. 防治妙招

（1）物理防治　黄色对成虫有强烈的诱集作用，在温室内设置黄板（1 米 ×0.17 米），可用纤维板或硬纸板，涂成橙黄色，再涂上一层黏油，每 667 平方米用 32～34 块，诱杀成虫效果显著。黄板设置在行间，与植株高度相平，黏油一般使用 10 号机油加少许黄油调匀。7～10 天再重涂 1 次，防止油滴在作物上造成烧伤。可与释放丽蚜小蜂等协调综合运用。

（2）药剂防治　在田间发病初期及时防治。可用 240 克 / 升螺虫乙酯悬浮剂 4000～5000 倍液，或 10% 烯啶虫胺水剂 3000～5000 倍液，或 10% 氟啶虫酰胺水分散粒剂 3000～4000 倍液，或 10% 吡虫啉可湿性粉剂 1500 倍液，或 10% 氯噻啉可湿性粉剂 1000～2000 倍液，或 20% 高氯·噻嗪酮乳油 1000～1500 倍液，或 10% 吡丙·吡虫啉悬浮剂 1000～1500 倍液，或 25% 噻虫嗪可湿性粉剂 2000 倍液等药剂兑水均匀喷雾。因世代重叠要连续防治，视虫情为害程度每隔 7 天喷 1 次。

在保护地内可用 10% 氰戊菊酯烟剂，或 22% 敌敌畏烟剂，用量 0.5 千克 /667 米 ^{2}。或 15% 吡·敌畏烟剂 200～400 克 /667 米 ^{2}，用背负式机动发烟器施放烟剂效果很好。或用 80% 敌敌畏乳油与水以 1 : 1 的比例混合后加热熏蒸。

五、辣椒烟青虫

辣椒烟青虫属鳞翅目，夜蛾科。

1. 症状及快速鉴别

辣椒烟青虫主要以幼虫蛀食果实为主，也可啃食为害嫩茎、叶片、芽及花蕾。花蕾受害可引起大量落蕾、落花。幼虫钻入果实内蛀食果肉，造成果实腐烂和大量落果，易诱发软腐病（图3-60）。

(a)　　　　　　　　(b)　　　　　　　　(c)

图3-60　辣椒烟青虫及为害症状

2. 形态特征

（1）幼虫　体色变化大，有绿色、灰褐色、绿褐色等多种颜色。幼虫两根前胸侧毛的连线远离前胸气门下端。体表小刺较短。老熟幼虫绿褐色，长约40毫米，体表较光滑，体背有白色点线，各节有瘤状突起，上生黑色短毛。

（2）蛹　体前段显得粗短，气门小而低，很少突起（图3-61）。

3. 生活习性及发生规律

在东北一年发生2代，华北3～4代，西北、云贵、华中地区及上海一年发生4～5代。

其以蛹在土中越冬。卵期3～4天，幼虫期12～23天，蛹期14～18天，成虫期5～7天。前期成虫卵散产于植株上、中部叶片背面的叶脉处，后期产在萼片和果实上。幼虫昼伏夜出。

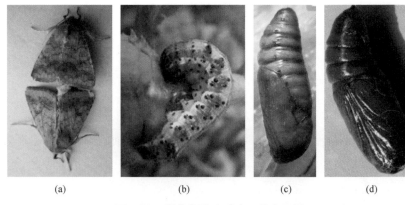

(a)   (b)   (c)   (d)

图3-61　辣椒烟青虫成虫、幼虫及蛹

4.防治妙招

（1）**农业防治**　及时整枝打杈，将嫩叶、嫩枝上的卵及幼虫集中带出田外销毁。收获结束后深耕土壤，破坏土中的蛹室，增加蛹的死亡率。

（2）**生物防治**　成虫产卵高峰后3～4天可喷洒苏云金杆菌乳剂或核型多角体病毒，或25%灭幼脲悬乳剂600倍液，连续喷2次。也可施放赤眼蜂或草蛉等天敌，防治效果好。

（3）**物理防治**　用黑光灯、杨柳枝诱杀。将杨柳枝剪下，长0.7～1米，每6大根捆成一束，上部捆紧，下部绑30厘米长的木棒，用80%敌敌畏乳油1000倍液喷洒，用药时间掌握在幼虫未蛀入果实以前进行，每隔7～10天喷1次。

（4）**药剂防治**　为害严重时可用2.5%高效氯氟氰菊酯乳油1500～3000倍液，或4.5%高效氯氰菊酯乳油1500～3000倍液，或30%氟氰戊菊酯乳油1000～3000倍液，或5%氟苯脲乳油800～1500倍液，或20%虫酰肼悬浮剂1500～3000倍液，或5%氟啶脲乳油1000～2000倍液，或24%甲氧虫酰肼悬浮剂2000～4000倍液，或1%甲氨基阿维菌素苯甲酸盐乳油3000～4000倍液，或2.5%多杀霉素悬浮剂1000～2000倍液，或2.5%溴氰菊酯乳油1500～2500倍液。在低龄幼虫盛期也可用8.2%甲维·虫酰肼20～40毫升兑水15千克喷雾，后期发生严重时使用 40 毫升。

六、辣椒网目拟地甲

1. 症状及快速鉴别

辣椒网目拟地甲以成虫和幼虫为害幼苗，取食蔬菜的嫩茎和嫩根，影响辣椒的正常出苗。幼虫还能钻入根茎、块根和块茎内取食，造成幼苗枯萎（图3-62）。

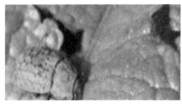

图3-62　辣椒网目拟地甲
为害症状

2. 形态特征

（1）成虫　雌成虫体长 7.2～8.6 毫米，雄成虫 6.4～8.7 毫米。黑色中略带褐色，一般鞘翅上都附有泥土。

（2）幼虫　虫体椭圆形，头部较扁（图3-63）。

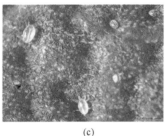

(a)　　　　　　　　　(b)　　　　　　　　　(c)

图3-63　辣椒网目拟地甲成虫及幼虫

3. 生活习性及发生规律

一年发生 1 代。以成虫在土层内、土缝、洞穴内越冬。翌年 3 月下旬成虫大量出土为害。其有假死性。成虫只能爬行，寿命较长，最长可达 4 年。一般发生在较干旱或黏重土壤中。

4. 防治妙招

（1）农业措施　提早播种或定植，错开网目拟地甲的发生为害期。

（2）**药剂防治**　可用爱卡士 5% 颗粒剂拌种，或 25% 喹硫磷乳油 1000 倍液喷洒或灌根。

七、辣椒甜菜夜蛾

1. 症状及快速鉴别

辣椒甜菜夜蛾是一种多食性害虫，以幼虫蚕食或剥食叶片为害，低龄时常群集在心叶中结网为害，然后分散，单虫分别为害叶片（图 3-64）。

(a)　　　　　(b)　　　　　(c)　　　　　(d)　　　　　(e)

图 3-64　辣椒甜菜夜蛾成虫、幼虫及为害症状

2. 生活习性及发生规律

其一年发生 4～5 代，以蛹在土中越冬。当土温升至 10℃ 以上时蛹开始孵化。长江以南周年均可发生。北方全年以 7 月后发生严重，尤其是 9～10 月份。成虫昼伏夜出取食花蜜，具有强烈的趋光性。卵产于叶片、叶柄或杂草上，以卵块产下，卵块单层或双层，上覆白色毛层。单雌产卵量一般为 100～600 粒，卵期 3～6 天。幼虫 5 龄，少数 6 龄，1～2 龄时群聚为害，3 龄以后分散为害。低龄时常聚集在心叶中为害，并吐丝拉网，防治困难。4 龄后昼伏夜出，食量大增，有假死性，受振动后即落地。数量大时有成群迁移的习性。幼虫当食料缺乏时有自相残杀的习性。老熟后入土作室化蛹。

3. 防治妙招

（1）**农业防治**　人工摘除卵块。晚秋或初春对发生严重田块深翻，消灭越冬蛹。

（2）**药剂防治** 甜菜夜蛾具有较强的耐药性。幼虫为害初期可用40%菊马乳油2000～3000倍液，或40%菊杀乳油2000～3000倍液，或10%氯氰菊酯乳油2000～3000倍液，或5%氟苯脲乳油3000倍液，或50%辛硫磷乳油1500倍液，或10%天王星乳油8000～10000倍液，或2.5%功夫乳油4000～5000倍液，或20%灭扫利乳油2000～3000倍液，或20%氟氨氰菊酯乳油3000倍液，或21%增效氰马乳油4000～5000倍液等药剂喷雾防治。每隔10～15天喷1次，连续2～3次。

八、辣椒沟金针虫

辣椒沟金针虫属鞘翅目，叩头虫科。

1. 症状及快速鉴别

其以幼虫在土中取食播下的蔬菜种子、萌出的幼芽、菜苗的根，使幼苗枯死，造成缺苗断垄，甚至毁种（图3-65）。

图3-65 辣椒沟金针虫为害症状

2. 形态特征

（1）**成虫** 体长16～28毫米，浓栗色。雌虫前胸背板呈半球形隆起。雄虫体形较细长，触角12节，丝状，长达鞘翅的末端。

（2）**卵** 椭圆形，长径0.7毫米，短径0.6毫米，乳白色。

（3）**幼虫** 老龄幼虫体长20～30毫米，金黄色。体背有1条细纵沟，尾节深褐色，末端有2个分叉（图3-66）。

（4）**蛹** 体长15～20毫米，宽3.5～4.5毫米。雄虫蛹略小，末端瘦削，有刺状突起。

|(a)|(b)|(c)|(d)|

图3-66　辣椒沟金针虫成虫及幼虫

3. 生活习性及发生规律

三年完成 1 代。幼虫期长，老熟幼虫 8 月下旬在 16～20 厘米深的土层内作土室化蛹，蛹期 12～20 天，成虫羽化后在原蛹室越冬。翌年春季开始活动，4～5 月为活动盛期。成虫在夜晚活动、交配，在 3～7 厘米深的土层中产卵，卵期 35 天。成虫有假死性。幼虫于 3 月下旬 10 厘米地温 5.7～6.7℃时开始活动。4 月严重达为害盛期。夏季温度高辣椒沟金针虫垂直向土壤深层移动，秋季又重新上升为害。

4. 防治妙招

（1）农业防治　深翻土地破坏辣椒沟金针虫的生活环境。在为害盛期多浇水可使害虫下移，减轻为害。

（2）药剂防治　播种或定植时，每 667 平方米可用 5% 辛硫磷颗粒剂 1.5～2.0 千克拌细干土 100 千克撒施在播种（定植）沟（穴）中，然后播种或定植。也可用 50% 辛硫磷乳油 1000 倍液，或 50% 杀螟硫磷乳油 800 倍液，或 50% 丙溴磷乳油 1000 倍液，或 25% 亚胺硫磷乳油 800 倍液灌根防治。

九、辣椒金龟子

辣椒金龟子属鞘翅目金龟甲科。蛴螬是各种金龟子幼虫的统称，俗名白地蚕、白土蚕、蛭虫等。其在地下啃食萌发的种子，咬断幼苗根茎，导致全株死亡，严重时造成缺苗断垄。

（一）辣椒黑绒金龟子

1.症状及快速鉴别

成虫食叶，幼虫食害苗根，导致辣椒苗根过早死亡，可使幼苗致死。为害严重时可造成田间缺苗断垄（图3-67）。

2.形态特征

成虫体长7～9毫米、宽5～6毫米。卵圆形，雄虫较雌虫略小，全体黑褐或紫黑色，密背灰黑色短茸毛，具光泽。前胸背板密布点刻，前缘角呈锐角状向前突

图3-67　辣椒黑绒金龟子
为害症状

出，侧缘生有刺毛；鞘翅上具有9条浅纵沟纹，两侧也有刺毛。腹部最后1对气门露出鞘翅外（图3-68）。

(a)　　　　　　　　(b)　　　　　　　　　　(c)

图3-68　辣椒黑绒金龟子成虫及幼虫

3.生活习性及发生规律

4月底～6月上旬为成虫盛发期。成虫在日落前后从土中爬出活动，傍晚取食叶、芽。成虫有较强的趋光性，可用黑光灯诱杀。幼虫食害苗根，导致辣椒苗根过早死亡。

4.防治妙招

（1）农业防治　未腐熟的土杂肥和秸秆中藏有大量金龟子的卵和幼虫，通过高温腐熟后大部分幼虫和卵被杀死。所以施基肥时务必用充分腐熟后的土杂肥。

（2）**诱杀**　架设黑光灯或荧光灯，下置糖醋液，对害虫进行诱杀。

（3）**药剂防治**　在幼虫发生期可地表撒施辛硫磷颗粒剂，每667平方米施3～5千克。或每667平方米用5%氯丹粉剂0.5～1.5千克掺细土25～50千克，充分混合制成毒土，均匀撒在地面。或在地面喷粉，播种前随施药，随耕翻，随耙匀。

成虫发生时可喷洒90%晶体敌百虫1000～1500倍液毒杀成虫。也可用50%辛硫磷乳油1500倍液，或80%敌百虫可溶性粉剂1000倍液，或25%西维因可湿性粉剂各1500倍液进行灌根。

（二）辣椒赤斑金龟子

1. 症状及快速鉴别

其为害辣椒种子，啃食辣椒幼苗嫩茎，导致辣椒植株死亡（图3-69）。

2. 生活习性及发生规律

北方多为二年发生1代，以幼虫和成虫在55～150厘米无冻土层中越冬。5月中旬～6月中旬为越冬成虫出土盛期。卵多散产在寄主根际周围松软潮湿的土壤中，以水浇地居多，每次可产卵约100粒。成虫有假死性、趋光性和喜湿性，对未腐熟的厩肥有较强的趋性。

图3-69　辣椒赤斑金龟子

当年孵出的幼虫在立秋时进入3龄盛期，土温适宜时可造成严重为害。秋末冬初土温下降后即停止为害，下移越冬。在翌年4月中旬形成春季为害高峰。夏季高温时下移筑土室化蛹。羽化的成虫大多在原地越冬。

3. 防治妙招

（1）**农业防治**　合理安排茬口，前茬为大豆、花生、薯类、玉米或与之套作的菜田蛴螬发生较重，适当调整茬口可减轻为害。施用的农家肥应充分腐熟，以免将幼虫和卵带入菜田，其还能促进作物健壮生长，增强耐害力。蛴螬喜食腐熟的农家肥，可减轻对蔬菜的为害。施用碳酸氢铵、腐殖酸铵、氨水、氨化磷酸钙等化肥，所散发的氨气对蛴螬等地下害虫有驱避作用。适时秋耕可将部分成虫、幼虫翻至地表风干、冻死或被天敌捕食或机械杀伤。

（2）灯光诱杀　在成虫盛发期每3公顷菜田可设置40瓦黑光灯1盏，距地面高30厘米，灯下挖直径约1米的坑，铺膜做成临时性水盆，加满水后再加微量煤油漂浮封闭水面，傍晚开灯诱集，清晨捞出死虫，并捕杀未落入水中的活虫。

（三）辣椒青铜金龟子

1.症状及快速鉴别

啃食辣椒幼苗的根茎，导致辣椒全株死亡（图3-70）。

2.防治妙招

（1）种子处理　用50%辛硫磷乳油、水、种子1∶50∶600拌种，将药液均匀喷洒在放塑料薄膜

图3-70　辣椒青铜金龟子

上的种子上，边喷边拌，闷种3～4小时，其间翻动1～2次，种子干后即可播种，持效期为20余天。或每667平方米用80%敌百虫可溶性粉剂100～150克，兑少量水稀释后拌细土15～20千克制成毒土，均匀撒在播种沟（穴）内，覆一层细土后再进行播种。

（2）药剂防治　在蛴螬发生较重的地块，可用80%敌百虫可溶性粉剂+25%西维因可湿性粉剂各800倍液进行灌根，每株灌150～250克，可杀死根际附近的幼虫。

（四）辣椒小青花金龟子

1.症状及快速鉴别

成虫喜食芽、花器和嫩叶及成熟有伤的果实。幼虫为害植物地下部组织（图3-71）。

2.形态特征

（1）成虫　体长约 13 毫米，宽 6～9 毫米，长椭圆形，稍扁。背面多为暗绿或绿色，有的呈古铜微红及黑褐色，颜色变化大。腹面黑褐色具光泽，体表密布淡黄色毛和点刻。

图3-71　辣椒小青花金龟子

（2）卵　椭圆形或球形。初为乳白色，渐变为淡黄色。

（3）幼虫　体乳白色，长 32～36 毫米。头棕褐或暗褐色。

（4）蛹　为裸蛹，长 14 毫米，初为淡黄白色，尾部后变为橙黄色。

3.生活习性及发生规律

一年发生 1 代。北方以幼虫越冬，江苏以幼虫、蛹及成虫越冬。以成虫越冬的翌年 4 月上旬出土活动，4 月下旬～6 月盛发，雨后出土多。成虫白天活动，中午前后气温高时活动频繁，取食为害最重。多群集在花上食害花瓣、花蕊、芽及嫩叶，导致落花。成虫飞行力强，具有假死性，喜食花器，随着寄主的开花早迟转移为害。风雨天或低温时常栖息在花上不动，夜间入土潜伏或在植株上过夜。取食后交尾产卵，散产土中、杂草或落叶下。

4.防治妙招

（1）人工捕捉　最好利用成虫的假死性进行人工捕捉防治。

（2）结合防治其他害虫进行药剂防治　可用 5% 溴氰菊酯乳油 4000 倍液，或 2.5% 三氟氯氰菊酯乳油 5000 倍液，或 5% S- 氰戊菊酯乳油 4000 倍液，或 20% 甲氰菊酯乳油 4000～6000 倍液，或 5% 氟苯脲乳油 1000～2000 倍液等药剂喷雾防治。

（五）辣椒豆蓝丽金龟子

1.症状及快速鉴别

成虫常聚集为害辣椒叶片，导致叶片参差不齐，残破不全，影响

(a)　　　　　　　　　　(b)

图3-72　辣椒豆蓝丽金龟子及为害症状

正常生长（图3-72）。

2. 形态特征

（1）成虫　体长11～14毫米，全体深蓝色，有绿色闪光，也有深绿色和暗红色的个体。

（2）幼虫　体长24～28毫米，肛腹片复毛区有两列端部相接的刺毛列，每列5～7根。

3. 生活习性及发生规律

一年发生1代，以3龄幼虫越冬。翌年春季由越冬土层上升到耕作层，继续为害春播作物、越冬的蔬菜以及杂草等。成虫在6月中下旬开始发生，7～8月上旬是成虫发生期。成虫夜晚静伏在为害的植株上，白天活动。7月中旬成虫开始产卵。幼虫孵出后为害寄主植物的根部。11月上中旬以3龄初幼虫下迁到40厘米处越冬。

4. 防治妙招

成虫发生期喷药防治。可用20%灭扫利乳油1500倍液，或2.5%敌杀死乳油2000倍液，或20%氰戊菊酯乳油1500倍液，或10%氯氰菊酯乳油1500倍液等药剂喷雾防治。

十、辣椒地老虎

1. 症状及快速鉴别

地老虎有大地老虎、小地老虎和黄地老虎3种。幼虫食性杂，3龄前仅取食叶片，形成半透明的白斑或小孔。3龄后咬断嫩茎，常造成严重的缺苗断垄。小地老虎幼虫将辣椒幼苗近地面的茎部咬断，造成毁苗，整株死亡。黄地老虎幼虫多从地面咬断幼苗，主茎硬化，可爬到上部为害生长点，为害辣椒幼苗，导致幼苗过早死亡（图3-73、图3-74）。

(a)   (b)   (c)

图3-73　大地老虎

(a)   (b)   (c)   (d)

图3-74　小地老虎

2.形态特征

以黄地老虎为例介绍。

（1）**成虫**　体长14～19毫米，翅展32～43毫米，灰褐至黄褐色。额部具钝锥形突起，中央有一凹陷。前翅黄褐色，后翅灰白色，半透明。

（2）**卵**　扁圆形，底平，黄白色，有40多条波状弯曲纵脊组成网状花纹。

（3）**幼虫**　体长33～45毫米，头部黄褐色，体淡黄褐色，体表颗粒不明显，体多皱纹。色淡，臀板上有2块黄褐色大斑，中央断开，小黑点较多。

（4）**蛹**　体长16～19毫米，红褐色（图3-75）。

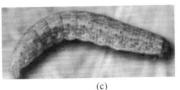

(a)　　　　　　　(b)　　　　　　　　(c)　　　　　　(d)

图3-75　黄地老虎

3. 生活习性及发生规律

大地老虎一年发生1代，常与小地老虎混合发生。春季田间温度8～10℃时幼虫开始活动取食，幼虫有假死性，遇到惊扰缩成环状。以第五代幼虫为害最重，其他各代较轻。田间温度20.5℃时老熟幼虫开始滞育越夏，越夏期长达3个月。秋季羽化为成虫。

小地老虎在北方一年发生4代。越冬代成虫盛发期在3月上旬，有显著的一代多发现象。成虫对黑光灯和酸甜味趋性较强，喜产卵在高度3厘米以下的幼苗或刺儿菜等杂草上或地面土块上。4月中下旬为2～3龄幼虫盛期，5月上中旬为5～6龄幼虫盛期。以3龄后幼虫为害严重。无滞育现象，条件适合可连续繁殖为害。

黄地老虎生活习性与小地老虎相近，主要区别是黄地老虎多在作物根茬和草梗上产卵，常串状排列。幼虫为害盛期比小地老虎迟约1个月。东北、内蒙古一年发生2代，西北2～3代，华北3～4代。多在春、秋两季为害，春季重于秋季。一般以4～6龄幼虫在2～15厘米深土层中越冬，7～10厘米最多。翌年春季3月上旬越冬幼虫开始活动，4月上中旬在土中作室化蛹，蛹期20～30天。管理粗放、杂草多的地块受害重。

4. 防治妙招

（1）大地老虎

① 物理防治。利用糖醋液和黑光灯可诱杀成虫，或用泡桐叶也可诱杀幼虫。

② 毒饵诱杀幼虫。5千克饵料炒香，与90%敌百虫150克加水拌匀撒施，用量1.5～2.5千克/667米^2。

③ 药剂防治。3龄前幼虫可用20%氰戊菊酯2000倍液等药剂喷雾防治。或用25%亚胺硫磷乳油250倍液灌根。

（2）黄地老虎、小地老虎

① 农业防治。早春清除菜田及周围杂草，可防止成虫产卵。已经产卵并发现1~2龄幼虫，先喷药后除草，以免个别幼虫入土隐蔽。清除的杂草远离菜田，集中进行沤粪处理。

② 诱杀。一是利用黑光灯。二是利用糖醋液诱杀成虫，糖6份、醋3份、白酒1份、水10份、90%敌百虫1份调匀，在成虫发生期设置有很好的诱杀效果。某些发酵变酸的食物，如甘薯、胡萝卜、烂水果等，加入适量药剂也可诱杀成虫。或用泡菜水加适量农药，在成虫发生期设置均有诱杀效果。三是堆草诱杀幼虫，在定植前地老虎仅以田中杂草为食，可选择地老虎喜食的小藜、刺儿菜、苦荬菜、打碗花、苜蓿、青蒿、白茅、鹅儿草等杂草堆放，诱集地老虎幼虫。或人工捕捉，或拌入药剂毒杀。

③ 药剂防治。地老虎1~3龄幼虫期耐药性差且暴露在寄主植物或地面上，是药剂防治的最佳期。可喷洒2.5%溴氰菊酯3000倍液，或20%氰戊菊酯乳油3000倍液，或20%菊马乳油3000倍液，或10%溴马乳油2000倍液，或21%增效氰马乳油8000倍液，或90%晶体敌百虫1000倍液，或50%辛硫磷800~1000倍液等药剂。

参考文献

［1］ 丘漫宇，林鉴荣.番茄茄子节本高效栽培.广州：广东科技出版社，2013.

［2］ 王迪轩.有机蔬菜科学用药与施肥技术.北京：化学工业出版社，2011.

［3］ 吴远彬.设施番茄栽培.北京：中国农业科学技术出版社，2006.

［4］ 杨维田，刘立功.辣椒.北京：北京金盾出版社，2011.

［5］ 郭书普.番茄、茄子、辣椒病虫害鉴别与防治技术图解.北京：化学工业出版社，2012.

［6］ 武玉环，李金生.棚室蔬菜病虫害防治.北京：化学工业出版社，2016.

［7］ 吕佩珂，苏慧兰，尚春明.茄果类蔬菜病虫害诊治原色图鉴.2 版.北京：化学 工业出版社，2017.